生物质钵育秧盘成型技术及移栽装置研究

马永财　王汉羊　张　伟　著

哈爾濱工程大學出版社
Harbin Engineering University Press

内容简介

本书结合钵育栽植技术与生态农业理念，对生物质钵育秧盘成型技术及关键移栽装置进行了研究：采用农作物秸秆与其他基质混合物作为原料，利用自主设计开发的钵盘成型模具，通过成型和干燥固化试验，得到钵盘压缩成型和干燥固化过程中各关键因素对钵盘性能评价指标的影响变化规律；探究了钵育秧盘成型机理，获得了制备钵育秧盘的方法；根据作物育苗移栽的农艺要求和自主研制的钵育秧盘性能，对关键移栽装置进行了设计与试验研究；并通过育苗移栽试验，对钵育秧盘的育苗效果和移栽装置的性能进行了验证。

本书研究可为农作物秸秆的综合化、资源化利用提供一种新途径，为钵育栽植技术提供配套的生物质钵育秧盘和关键移栽装置。

图书在版编目(CIP)数据

生物质钵育秧盘成型技术及移栽装置研究/马永财，王汉羊，张伟著.—哈尔滨：哈尔滨工程大学出版社，2021.7

ISBN 978-7-5661-3163-8

Ⅰ.①生… Ⅱ.①马… ②王… ③张… Ⅲ.①容器育苗-研究 Ⅳ.①S723.1

中国版本图书馆CIP数据核字(2021)第137642号

生物质钵育秧盘成型技术及移栽装置研究
SHENGWUZHI BOYUYANGPAN CHENGXING JISHU JI YIZAI ZHUANGZHI YANJIU

选题策划 刘凯元
责任编辑 张　彦　马毓聪
封面设计 李海波

出版发行 哈尔滨工程大学出版社
社　　址 哈尔滨市南岗区南通大街145号
邮政编码 150001
发行电话 0451-82519328
传　　真 0451-82519699
经　　销 新华书店
印　　刷 北京中石油彩色印刷有限责任公司
开　　本 787 mm×1 092 mm　1/16
印　　张 14
字　　数 360千字
版　　次 2021年7月第1版
印　　次 2021年7月第1次印刷
定　　价 48.00元
http://www.hrbeupress.com
E-mail:heupress@hrbeu.edu.cn

前　言

东北地区是我国玉米的主产区,其中部是著名的中国东北黄金玉米带。目前东北地区玉米播种面积有600多万hm^2,约占我国玉米种植总面积的一半,玉米年产量占全国的30%,其产量丰欠直接左右全国玉米生产的大局,关系到国家粮食安全。由东北气候特征导致的低温冷害、春旱以及积温不足等问题使得玉米产量不稳、品质不高,严重制约了玉米产量和品质的提高。本书将玉米钵育技术与生态农业理念相结合,构建了玉米植质钵育栽植技术,是寒区玉米种植技术的重要创新之一。

植质钵育秧盘是由水稻秸秆等植物性物质和其他基质混合物压制而成的可降解秧盘。玉米植质钵育是生态农业理念与玉米生产机械化技术深度融合的产物,主要体现在:

(1)植质钵育秧盘成型后具有一定的强度,能够满足成品秧盘在保存及销售过程中的强度要求。

(2)植质钵育秧盘采用农作物秸秆作为生产原料,使其具有可降解和营养化的性质,能够直接随秧苗移栽至田间,降解后成为秧苗的养料进而达到秸秆还田的目的。

(3)能够保证满足水解后在40 d内具有一定的强度,使植质钵育秧盘在育苗和运输过程中能保持苗间的相对位置及对秧苗的支撑作用,从而满足不同阶段秧苗的栽植要求。

(4)在移栽作业时植质钵育秧盘能够直接被分割,便于实现机械化移栽,且不伤根、无须缓苗期,有利于提高作物的产量和品质。本书在植质钵育秧盘研制与试验的基础上,对与其配套使用的机械化移栽关键装置进行了设计与试验。书中介绍的在植质钵育技术配套的材料制备、秧盘成型和秧苗移栽等过程均实现了较高程度的机械化生产。

本书是对以上内容的详细介绍。第1章主要阐述研究的背景、目的和意义;第2章介绍植质秧盘材料和结构设计;第3章介绍成型模具和装置的设计;第4章介绍秧盘成型机理与试验;第5章介绍秧盘干燥固化试验;第6章介绍玉米植质钵育排种器与供苗机构设计与试验;第7章介绍移栽供苗装置;第8章介绍玉米钵育栽植机;第9章介绍移栽机开沟覆土装置;第10章介绍玉米钵育育苗及移栽试验情况。

本书得到了黑龙江省自然科学基金联合引导项目(LH2019E073)、国家大豆产业技术体系“机械化研究室 - 智能化管理与精准作业”岗位支持计划(CARS - 04 - 01A)、黑龙江八一农垦大学三横三纵支持计划项目（TDJH201808）、黑龙江省教育厅“植质钵育全程机械化栽培技术”创新团队项目（2014TD010）、黑龙江农垦总局“十二五”重点科技计划项目（HNK125B－07－17）、黑龙江省教育厅科学技术研究项目（12531450）的资助。

本书由马永财、王汉羊和张伟撰写，其中马永财撰写了第1章、第2章、第7章、第9章和第10章（约12.2万字），王汉羊撰写了第3章和第5章（约12万字），张伟撰写了第4章、第6章和第8章（约11.8万字）。此书撰写过程得到了黑龙江八一农垦大学牛钊君、刁海丰、刘洪利和邹奇睿等的大力支持，在此致以谢意。

本书篇幅较大且章节较多，其中难免出现疏漏与错误，敬请读者批评指正。

著　者

2021年2月

目　　录

第1章 绪 论

1.1 研究背景

玉米是国际四大粮食作物之一，不仅是“饲料之王”和重要的工业原料，也是我国主要的粮食作物，其种植面积和产量居秋粮作物之首。2012 年我国玉米播种面积为 3.493×10^7 hm²，玉米总产量为 2.081×10^7 t，超过稻谷，成为中国第一大粮食作物。从 2002 年至 2015 年的 13 年中，我国玉米种植面积逐年增加，在 2014 年超过美国，到 2015 年达到 3.71×10^7 hm²，玉米产量达到 2.246×10^8 t。在 2015 年以前，我国玉米消费主要受工业和畜牧业需求影响而快速增长，并向供求偏紧的方向转变。东北地区是我国重点出口玉米商品粮生产基地，其中部是著名的中国东北黄金玉米带。目前东北地区玉米播种面积 600 多万 hm²，约占我国玉米种植总面积的一半，玉米年产量占全国的 30%，其产量丰欠直接左右全国玉米生产的大局，关系到国家粮食安全。由东北气候特征导致的低温冷害、春旱以及积温不足等问题使得玉米产量不稳、品质不高，严重制约了玉米产量和品质的提高。2016 年农业部实施的农业结构调整中，以玉米为重点推进种植结构调整，解决玉米阶段性、结构性的供过于求，统筹粮食生产，稳产能、保供给，并要求在玉米种植面积减少的情况下，提高玉米单产的质量和产量，降低生产成本，提质增效，实现绿色发展。这是我国自 2002 年以来的 13 年中首次减少玉米种植面积，调减面积超过 2×10^6 hm²。黑龙江省作为我国玉米主产区，全省玉米种植面积比 2015 年调减 1.33×10^6 hm² 左右。那么，随着玉米种植结构的调整和人均可耕地面积逐年减少，粮食产量可持续增长成为国家发展的头等大事。

北方地区地处高纬度地带，气候、土壤等环境条件差，无霜期短，玉米品种生育期的选择受到限制。生产中采用的传统种植方式为大田直播，而且只能采用中、早熟品种，尤其是春季低温阴雨严重影响了玉米出苗，容易出现出苗有早有迟、参差不齐、整齐度差、缺苗断垄等现象，即使补种或移苗补栽，也是生长不整齐，形成大株压小株，强株欺弱株，果穗瘦小，籽粒极少，甚至“光秆”。在玉米生长的后期，早霜又会给玉米生产带来不利影响。

在国家农业结构调整的政策背景下，一定时期内玉米种植面积会逐年缩减，北方地区继续采用大田直播的玉米种植方式，将使稳定或提高玉米的年产量和品质遇到瓶颈。农业生产者和农业专家、学者都在积极通过研究及实践，尝试改变北方地区的玉米种植方式，其中育苗移栽的玉米种植方式获得了较好的效果。玉米育苗移栽技术是将在温室中育出的钵苗用机械或人工方式栽植于田间的移栽技术，能够有效地防御低温冷害，避开春旱，解决积温不足问题,使产量和经济效益较常规栽培方式得到显著提高,并可提早成熟、防御秋霜,降低收获时籽粒含水率,提高玉米品质。因此,它是突破东北气候局限性,提高玉米产量和品质的有效方法。有研究表明,采用育苗移栽技术种植玉米的面积也相当大,该技术可充分利用阳光,增加玉米生育期 10 ~ 15 d,提早成熟 10 d 左右;可有效争取农时季节,避开早霜和后期伏旱,防御自然灾害;可保证苗齐、苗壮,抑制茎基部节间伸长,降低植株高度,增强抗倒伏性;可实现定向移栽,使叶片有序排列,空间分布均匀,充分利用光能,增加密度提高亩株数;每亩比直播节约用种 0.5 ~ 1 kg,降低成本。可见,玉米育苗移栽技术能有效解决北方地区玉米种植品质和产量问题。而且,我国在玉米移栽机械方面也取得了一定的研究成果,例如我国第一台用于玉米移栽的机械于 20 世纪 70 年代中期就已研制成功,之后研究者们又对适合烟叶、蔬菜等的栽植机械进行了自主开发或引进,但最后均由于育苗技术跟不上等原因未得到推广应用。究其根源主要是由于玉米移栽育苗载体结构和性能有待进一步开发,玉米育苗移栽自动机械化机具与目前的育苗载体配套的适应性也有待进一步提升,这些均限制了玉米育苗移栽技术的进一步发展。

植质钵育秧盘是由稻草等植物性物质和其他基质的混合物压制而成的可降解秧盘,植质钵育秧盘成型后具有一定的强度,能够满足成品秧盘在保存及销售过程中的强度要求;植质钵育秧盘采用农作物秸秆作为生产原料使其具有可水解和氧化的性质,并能够直接随秧苗进入泥土充当秧苗的养料进而达到秸秆还田的目的;能够保证满足水解后在 40 d 内具有一定的强度,使植质钵育秧盘在移动时能保持苗间的相对位置及对秧苗的支撑能力,从而满足不同阶段不同秧苗栽植要求;在移栽作业时植质钵育秧盘能够直接被分割,保证秧钵完整性,不伤根,使作物无须缓苗,有利于提高作物的产量和品质。目前水稻植质钵育栽培技术已经趋于成熟,育苗移栽的播种、育秧等环节所需要的设施已经逐渐完善,并在黑龙江垦区开始推广。由于植质钵育秧盘能够直接分割的特性在移栽机实现自动化方面与其他类型的育秧盘相比具有很强的优越性,所以本书在研究中拟设计出用于玉米移栽的植质钵育秧盘,以及适用于玉米植质钵育秧盘的玉米栽植机构,为实现玉米移栽的自动化,促进玉米育苗移栽技术的推广做前期准备。

1.2 国内外研究现状

1.2.1 国内外育苗钵盘的研究现状

目前,育苗采用的育苗载体主要有塑料钵盘(袋、杯)、纸质钵盘、营养钵(块)和以秸秆为原料的钵盘等。纸质钵盘的直立性和透气性等均比较好,即使存在成本高、制造时对环境会产生一定污染和不适应高湿环境,不能实现自动、准确和有序供秧等问题,在国外也得到了较为广泛的应用。而在国内多用塑料钵盘进行育苗,但塑料钵盘存在透气性差,不能在土壤中降解,残膜污染土壤,脱膜移栽则易伤根系而影响成活率等无法解决的问题。营养钵(块)都是单钵,不适应有序育苗、有序移栽的自动化移栽机的需求。目前常用的育苗载体如图 1-1 所示。

(a)塑料钵盘 (b)塑料育苗杯

(c)营养钵(块)

(d)塑料育苗袋

图 1-1 常用的育苗载体

为了解决移栽作业中钵盘存在的问题,近几年许多国家和研究机构对利用秸秆等原料制备的可降解育苗钵盘进行了研制。制备钵盘时利用的原材料采用作物秸秆,主要是因为其资源丰富,中国秸秆资源年产量达 7.9 亿 t,而且利用秸秆作为制造育苗钵盘的主要原料是对秸秆合理有效利用的新途径。截至目前利用秸秆作为可降解材料、作物肥料、新型能源原料、动物饲料、食用菌培养基料以及建筑材料等已有较多报道。

以作物秸秆为主要原料的植质钵盘除具备育秧秧苗齐壮、均匀、抗倒伏、抗病,移栽后无缓苗,延长作物有效生育期等优势外,还具备透水、透气性好,幼苗根系易穿透,利于秧苗生长发育,可与秧苗共同移栽,移栽后可自然降解等优点。同时秸秆腐解物及秸秆改良材料能显著改善土壤理化性质,分解成分可作为肥料增加土壤有机质含量,并有在高湿环境下保型能力强等优点。因此,国内外诸多学者对以作物秸秆为主要原料的育苗钵盘进行了一定研究。

1. 秸秆物理特性和压缩流变特性等方面的研究

秸秆的种类不同,其组成成分及晶体结构不同,从而呈现不同的物理化学特性。因此,国内外诸多研究者对秸秆的物理特性进行了相关研究。Kaparaju 等对小麦和玉米秸秆进行了水热预处理的研究;廖娜等对玉米秸秆的应力松弛的流变特性进行了研究;Kaliyan 和杨明韶等建立了五元件应力松弛模型，该模型可以表征不同压缩条件下玉米秸秆变化情况；胡建军等对玉米秸秆在不同压缩阶段的流变特性，以及压缩过程中不同密度区域的秸秆物料应力松弛规律进行了研究，获得了秸秆在不同含水率和初始密度条件下的应力松弛参数。

2. 以秸秆和胶黏剂为原料进行的钵盘成型质量和成型工艺等方面的研究

张志军等以秸秆为原材料制备育苗钵盘，然后在棉花育苗移栽上进行了应用与效益分析，得出采用秸秆育苗钵盘移栽棉花可显著提高出苗率，缩短缓苗期，提高移栽成活率，经济效益显著提高。同年他们利用玉米、小麦、棉花、紫苏秸秆和花生壳为原料制成育苗钵盘，用于蔬菜、花卉等移栽。其研究结果表明，秸秆育苗钵盘强度直接关系到其使用性能，秸秆种类与育苗钵盘成型率的相关性很小，秸秆粉碎的细度与育苗钵盘成型率和吸水性呈正相关性，但秸秆粉碎的细度越细加工成本越高，颗粒的表面积也会增加，还可能使育苗钵盘保水性发生差异。增加秸秆粉碎细度，秸秆纤维蓬松性也会发生一定变化，一般可塑性和胶接性增强。

王君玲等研究了秸秆类型对秸秆育苗钵盘成型质量的影响，得出秸秆育苗钵盘具有可降解性，能够实现钵盘和秧苗的一体化栽植，有利于移栽机械化作业。秸秆育苗钵盘在移栽过程中减少了塑料育苗钵盘所需的脱钵环节，且不会对环境造成污染，与纸质育苗钵盘相比成本要低。陈中玉、白晓虎等以成型压力、成型温度和黏结剂的使用量为试验因素，以玉米秸秆为主要原料进行了育苗钵盘成型试验。另外，孙启新等对秸秆类生物质冷压成型进行了仿真分析；庹洪章等进行了秸秆成型块的试验研究；周春梅等对秸秆成型工艺进行了试验研究，并对成型工艺能耗进行了分析；裘啸等对秸秆成型燃料自然干燥特性进行了试验研究。上述研究主要针对单一秸秆加入胶黏剂制备钵盘，为了保证钵盘的成型质量和强度，需要加入较大量的胶黏剂，而且制备的均为单钵，实现有序育苗工作劳动强度大，且无法实现机械移栽时的有序供苗。

3. 以秸秆等多种物料制备钵盘等方面的研究

高玉芝等进行了钵盘黏结剂对秸秆育苗钵盘成型质量的影响研究，得出以玉米淀粉、磷酸、NaOH、黏土四种黏结剂制成的育苗钵盘均能满足育苗过程中的机械强度要求，但其配方比例需进一步研究，且钵的密度较高，对钵苗的根系生长抑制较大。黑龙江八一农垦大学汪春等以作物秸秆为主要原料，加入一定胶黏剂和其他物料，系统研究了用于水稻育苗移栽的植质钵育秧盘，获得了较为丰硕的研究成果和实际应用。图 1－2 为汪春等研制的用于水稻植质钵育机械化栽培的水稻植质钵育秧盘，图 1－3 为白晓虎等以 1 mm×1 mm 玉米秸秆颗粒压制的单钵，图 1－4 为王君玲等利用 5 种不同秸秆压制的单钵。

1.2.2 国内外栽植技术研究现状

国外栽植技术的起源可以追溯到 20 世纪初期，但最初的单行马拉式移栽机仍为手动栽植，直到 20 世纪 30 年代后期，能使秧苗入沟的栽植机构或栽禾器才出现。自 20 世纪 50 年代开始，在欧洲的一些国家开始对压缩土钵育苗及移栽的生产技术进行研究，出现了半自动移栽机和制钵机。到20世纪80年代,国外已形成较为完整的制钵、育苗和移栽机械作业系统,半自动移栽机已广泛地应用于谷物或蔬菜(西红柿、辣椒)等的移栽。目前日本钵育栽培技术在国际上处于领先地位,其核心技术是围绕塑料钵盘展开研究的,在水稻钵育栽培技术方面增产效果明显,但是对于玉米钵育栽培技术方面的研究较少。

图1-2 水稻植质钵育秧盘

图1-3 以1 mm×1 mm玉米秸秆颗粒压制的单钵

(a)玉米秸秆

(b)水稻秸秆

(c)高粱秸秆

(d)花生秸秆

(e)大豆秸秆

图1-4 5种不同秸秆压制的单钵

育苗移栽的自动化栽植技术近十多年来得到较快发展,其中日本的钵苗栽植机器人可自动完成识苗、取苗和栽苗入沟的工作,自动化程度非常高,但是其作业速度较低,工作时受环境因素影响较大,目前还不能应用于大田作业。所以就目前而言,人工喂苗的半自动栽植机械还是国外发达国家普遍采用的钵苗栽植机械。

我国旱地栽植机械的研究始于20世纪50年代末60年代初,最早出现的是棉花营养钵育苗移栽和甘薯秧苗栽植机的试验研究;20世纪70年代开始研制用于甜菜移栽的裸根苗移栽机械;20世纪80年代研制成半自动化蔬菜栽植机。到目前为止,已成功研制了多种类型的移栽机械。据初步统计,国内已研制出超过12种规格型号的玉米移栽机。目前国内主要移栽机型号、栽植机构方式和研发单位见表1-1。

表1-1 国内主要移栽机型号、栽植机构方式和研发单位

序号	移栽机型号	栽植机构方式	研发单位
1	2ZT型旱地移栽机	钳夹式	吉林工业大学
2	2ZY-2型玉米钵苗移栽机	导苗管式	吉林工业大学
3	2Z-2型移栽机	钳夹式	黑龙江省农垦科学院
4	2ZB-4型杯式钵苗移栽机	导苗管式	黑龙江省农垦科学院
5	2YZ型移栽机	钳夹式	黑龙江垦区八五二农场耕作机械厂
6	2ZB-2型移栽机	钳夹式	唐山农机研究所
7	2ZT-2型甜菜纸筒移栽机	挠性圆盘式	黑龙江红兴隆管理局
8	2ZDF型半自动固定导苗管式移栽机	导苗管式	中国农业大学
9	2ZG-2型带喂入式钵苗移栽机	带喂入式	山东工程学院
10	2YZ-40型吊篮式钵苗栽植机	吊篮式	莱阳农业大学
11	2ZB-6型钵苗栽植机	吊篮式	黑龙江八五〇农场

到目前为止,虽然我国也有人对全自动移栽机进行了研究,但还未实现大面积的应用。所以长期以来,我国的移栽机基本都是半自动移栽机,主要采用人工辅助无序喂苗的半自动化机械栽培方式,存在生产效率低、劳动强度大和工作质量不可靠等问题,严重制约了北方大规模机械化玉米移栽生产技术的发展和应用。因此,自动化玉米育苗移栽技术发展缓慢的主要原因是目前的育苗钵盘与自动化移栽机适应性较差,自动化移栽机关键栽植部件的设计缺乏理论依据。

1.3 目的及意义

玉米传统育苗方式大多存在移栽伤根,缓苗期长,水、肥、温、光、气等资源利用不充分的问题,影响玉米移栽种植的产量和品质,有时还会存在育苗盘回收不彻底,对环境造成污染的现象。玉米植质钵育栽植技术是能较好解决上述问题的有效途径之一,在玉米育苗移栽技术和钵育秧盘研究方面,国内外一些学者已进行了一定的理论与试验研究,并取得了一定研究成果。但是仍存在一些亟待解决的问题:

(1)大多研究主要集中在对秸秆的理化属性、成型机具、成型工艺的改进等某一个方

面,没有提出系统性解决方案。

(2)获得较好成型质量和育苗效果的钵盘,大多是采用作物秸秆和大量胶黏剂制备的单钵,不满足结构简单、性能可靠、有序育苗移栽的自动化机械移栽机具的需求。汪春等研制的以作物秸秆和其他几种物料混合制备的钵盘,是针对水稻育苗移栽展开的研究,不适合玉米育苗移栽的农艺要求。

(3)对以作物秸秆、增强基质和其他辅助成型材料混合压制成型机理、干燥固化成型机理和钵盘性能变化规律的系统研究报道较少。有针对性地采用本研究中的钵盘成型材料,通过压制成型、干燥固化成型和育苗移栽试验进行成型机理、干燥固化成型机理、钵盘不同阶段剪切力学性能变化规律的系统研究与分析的报道更为少见。

另外,现有的半自动移栽机比较成熟,通过多年农业生产的实际应用,已明显地显现出了移栽机械的优越性,但采用人工喂苗限制了工作速度的提高。虽然近年来一直努力提高移栽机的自动化程度,研制和推广全自动移栽机,但由于其结构复杂,对秧盘和秧苗要求较高,使移栽成本过高,因而不能得到大面积推广。而且,目前没有能与本项目组自主研制的玉米移栽植质钵育秧盘配套使用的移栽机,有针对性地根据玉米移栽钵育秧盘的性能,开发植质钵育秧盘配套使用的移栽机及移栽关键部件是亟待解决的问题。

1.4 主要研究内容

本书得到了黑龙江省自然科学基金联合引导项目(LH2019E073)、国家大豆产业技术体系“机械化研究室-智能化管理与精准作业”岗位支持计划(CARS-04-01A)、黑龙江八一农垦大学三横三纵支持计划项目(TDJH201808)、黑龙江省教育厅“植质钵育全程机械化栽培技术”创新团队项目(2014TD010)、黑龙江农垦总局“十二五”重点科技计划项目(HNK125B-07-17)、黑龙江省教育厅科学技术研究项目(12531450)的资助,旨在根据玉米自动机械化移栽的农艺要求,以及自动化移栽钵盘所需的生物适应性和机械特性(对环境和土壤无害,能满足高湿环境下育苗过程的需求,钵盘强度既能满足运输和移栽时的要求,又能保证不阻碍秧苗根系生长,随秧苗一起移栽到田间后能自然降解),研究玉米植质钵育秧盘结构、钵盘模具及成型工艺,获得钵盘的制备方法及较佳的钵盘成分配比,分析影响钵盘性能主要因素和评价指标,得出主要影响因素对钵盘性能的影响规律,研究机械化移栽时钵盘的切割方式,确定玉米植质钵育机械化移栽机关键部件上的切割刀的基本结构,分析影响钵盘剪切力学特性的关键环节和因素,获得钵盘剪切力学性能随各影响因素的变化规律,设计满足育苗农艺要求和自动化机械移栽需求的钵盘,研发适用于玉米植质钵育秧盘的玉米栽植机构,为实现玉米移栽的自动化和促进玉米育苗移栽技术的推广提供了技术支持。

第2章　玉米植质钵育秧盘材料及结构设计

2.1　钵盘主要制备材料的确定

2.1.1　钵盘制备材料确定的原则

玉米植质钵育栽培技术配套的钵育秧盘,应具有一定的保水性,且透水、透气性好,有利于秧苗生长,移栽作业时可与培育的秧苗共同移栽,移栽后在一定时间内可自然降解,原料本身和降解后的产物对土壤和作物生长无害,并能改善土壤结构和有机质含量。同时育苗钵盘合成原料易于成型,成型后保型能力强,尤其在高湿环境和作物生长过程中根系对钵盘产生作用力的情况下保型能力要强。制备后的玉米植质钵育秧盘在储存堆码、搬运和运输过程中要具有一定抗弯强度和抗压强度,在育苗后钵盘强度既要满足运输的需求,又要具有适宜的抗剪强度,确保育苗后的钵盘在移栽时栽植器的切刀工作强度不要太大。而且钵盘合成原料的价格要便宜,资源要丰富,且易于获取和加工成备用原料。

2.1.2　钵盘制备主要材料

依据确定玉米植质钵育秧盘制备材料的基本原则,综合分析目前应用较多的育秧钵盘或钵体,塑料钵盘保水性、透气性不符合钵育秧盘的要求,而且不能同秧苗一起移栽到田间;纸质钵盘和以育苗土和育苗基质为制备原料的营养块在高湿环境下的保型能力较差,不能完全适应玉米植质钵育栽培技术育苗和移栽的要求,而且纸质钵盘生产过程对环境污染较大。因此,塑料材料和纸质材料均不适合作为玉米植质钵育秧盘的主要制备材料。

研究发现,近年来汪春、白小虎和王君玲等以作物秸秆为主要原料制成的育苗单钵,一定程度上满足了植质钵育栽培技术所需求的育苗钵盘的性能,对水稻和蔬菜等经济作物的育苗效果较好,而且汪春等以作物秸秆为主要原料研制的水稻植质钵育秧盘应用效果获得了广大农户的普遍认可。同时,大量研究表明,以作物秸秆为主要原料的植质钵育秧盘具备诸多优点,而且我国是农业大国,作物秸秆是农作物生产过程中产生的一种生物资源,秸秆资源十分丰富,约占世界秸秆总量的25%。

面对如此丰富的秸秆资源，其利用方式越来越多地受到研究者的关注，利用形式也越来越多样。从世界范围来看，在露天下将秸秆进行田间焚烧，仍是大部分国家处理秸秆的主要方法之一。直到20世纪80年代，不少欧美国家的秸秆露天焚烧问题仍存在，甚至在有的区域较为严重。虽然田间焚烧有一定的肥田效果，而且农民处理起来方便，但是会造成严重的环境污染。直接还田不但可减少环境污染，而且可改善田间土壤的理化性状，增加有机质含量，培肥地力。据不完全统计，欧美国家直接还田的秸秆比例一般可达到2/3左右。其中，美国可达到68%，英国可达到73%，日本直接还田的稻草超过2/3，韩国近20%的稻麦秸秆直接还田。

可见，秸秆还田是秸秆利用的一种重要方式。秸秆中富含氮、磷、钾等微量营养元素，是一种重要的有机肥料来源，秸秆还田可以将作物中的营养元素归还给土壤，在一定程度上可以缓解土壤养分不足，减少化肥的施用量。秸秆还田可以增加土壤当中微生物量和原生生物的丰富度，利于土壤中养分的转化，平衡农田生态系统；秸秆还田可以避免资源浪费，实现农业可持续发展。

既然将作物秸秆进行合理有效还田对农业的可持续发展和缓解环境污染问题升级有积极的作用，那么将作物秸秆转化为高附加值的农业产品应用到农业生产中，产生的积极作用便会显著增强。目前我国虽然在秸秆高附加值利用方面已取得了一些成效，例如利用秸秆制沼气和发电、利用秸秆栽培食用菌等，但是高附加值利用秸秆所占的比例并不高。同时，将秸秆转变为用于农业生产的产品，并实现秸秆还田，目前的相关研究和应用较少。因此，本研究中采用将秸秆作为制备玉米植质钵育秧盘的主要材料，将秸秆和其他物料一起制备成钵盘，作为玉米钵育栽培的育苗载体，并将育苗完成后的钵盘随同玉米秧苗移栽一起还田，既为玉米植质钵育栽培技术提供了良好优质的钵盘原料，实现了秸秆的高价值应用，又实现了秸秆还田，促进农业生产的可持续发展。

因此，研究中首先确定作物秸秆为玉米植质钵盘制备的主要材料，在此基础上，针对东北地区主要农作物秸秆的资源总量、理化性质，以及加工成型的难易程度进行综合分析。目前水稻秸秆已成为粮食加工生产中数量最大的农业废弃物之一，高附加值利用水稻秸秆也引起了人们的重视。以2015年为例，我国水稻种植面积占国内粮食种植面积的26.9%，约占世界水稻种植面积的1/6，稻谷产量世界第一，约占世界稻谷产量的27.5%。而且水稻秸秆有着易于加工成型的理化性质，其中木质素是水稻秸秆重要组成部分之一，占所有成分的20%～30%，其结构为刚性的苯环结构，并富含酚羟基等活性官能团，近似酚类。当温度达到70～110 ℃时，秸秆中的木质素开始软化，黏合力增加；当温度为140～180 ℃时开始塑化，黏性增强；在200～300 ℃时可熔融。所以，木质素是一种内在的黏合剂。水稻秸秆中的木质素也是将秸秆在不用黏结剂的情况下挤压成型的关键影响因素。

钵盘制备试验前，首先把水稻秸秆通过自然晾晒，将其含水率控制在15%左右（利用烘干法测定含水率在14%～16%为宜），然后先用铡刀切成100～150 mm的小段，再利用锤片式粉碎机将其粉碎成草粉，较长秸秆长度控制在5～10 mm范围内，然后装袋打包备用。

在以秸秆为主要原料的研究中，研究者们绝大部分均利用大量的黏结剂来保证钵盘的成型能力和育苗、移栽过程中的钵盘强度，但是大量黏结剂的使用会带来一系列问题，一方面会造成育苗钵盘制备价格高,另一方面对钵盘的透水性、透气性和秧苗的生长条件产生不利影响。因此,本研究中考虑加入一定的基质与秸秆混合进行钵盘制备,增强钵盘的强度。试验中采用的增强基质由 A、B 两部分按一定比例合成,基质 A 主要成分为 SiO_2,基质 B 的物理性状与磷石膏相似,主要成分为 S 和 Ca。

2.2 制备钵盘的其他材料

在确定钵盘主要制备材料的基础上,确定钵盘的其他制备材料分别为胶黏剂、固体凝结剂和适量水。

胶黏剂:为保证钵盘压制成型的生产效率,制备方法适应工厂化生产的需求,在压制钵盘时采用常温模压成型,虽然在压制过程中钵盘物料由于受力和摩擦的作用,温度会有一定提高,但是达不到秸秆木质素发挥较佳黏结性的条件,因此在物料中加一定量胶黏剂,确保钵盘成型率和烘干后不断裂。原料中的胶黏剂由黑龙江八一农垦大学植质钵育栽培技术研究组提供(生物淀粉胶)。

固体凝结剂:模压成型工艺对混料的性能要求很高,混料在模具中要容易成型,且具有较好的流动性和热稳定性,在成型模具中应有较快的固化速度,试验用胶黏剂的固化速度需要在固化剂的辅助作用下提高,因此在配料中需要加入一定量的固化剂。试验中用的固化剂由黑龙江八一农垦大学植质钵育栽培技术研究组研制和提供(固体凝结剂)。

适量水:试验中使用自来水或经过过滤的河水均可。

2.3 制备钵盘的成型设备及方式

2.3.1 钵盘压制成型设备及方式

对于以秸秆等松散物料制备育苗载体而言,国内外成型设备的外形、尺寸等都不尽相同,可谓百家争鸣,但是根据松散物料成型的形状,一般分为两种:压块成型机和颗粒成型机。本研究中要将钵盘的合成物料压制成一定形状,因此压块成型机的工作原理和基本结构更加适合。压块成型机根据成型原理一般可分为活塞式成型机、螺旋式成型机、压辊式成型机和卷扭式成型机。活塞式成型机又分可为机械式和液压式两种。物料成型设备的类型和成型工艺不同,成型方式也不一样。

其中,螺旋式成型机、压辊式成型机和卷扭式成型机根据其各自的成型原理,一般均是将物料压制成块、段或棒等形状,若将松散物料压制成一定结构的产品,实现起来较为困难。因此,初步确定活塞式成型机为制备钵盘的成型设备。

机械式活塞式成型机进料、压缩和出料的工作过程不具有连续性,因此其工作效率一般不是很高。增加活塞的转动速度可以有效提高生产效率,但是会增大对零部件的冲击力,而液压式活塞式成型机能很好地解决上述问题,因此试验中确定钵盘成型设备为液压式活塞式成型机。

根据不同的填料方式和成型原理,目前主要的成型方式包括四种:注射成型、压缩成型、压注成型和挤出成型。通过对主要的四种成型方式的优缺点和主要应用范围的比较分析,压缩成型方式更加适合粒状、粉状及纤维状物料的制备成型,而且压缩成型设备结构相对简单,使用维护方便。因此,试验中最终确定采用液压式活塞式压缩成型设备和自主开发的钵盘成型模具配套使用,以闭式模压方式制备钵盘。四种主要成型方式的优缺点和主要应用范围见表2-1。

表2-1 四种主要成型方式的优缺点和主要应用范围

成型方式	优点	缺点	主要应用范围
注射成型	成型周期短,生产效率高,能一次完成外形复杂、尺寸精确、带有金属或非金属嵌件的塑料成型件,易于实现自动化生产,生产适应能力强	所需加工设备昂贵,成型模具结构复杂,制造成本比较高	各种大批量塑料加工件的生产
压缩成型	可将粒状、粉状及纤维状的物料放入模具型腔内压缩成型,生产过程易于控制,使用设备及模具均相对较简单,易成型较大加工件,加工件变形较小	成型周期长、效率低	粒状、粉状及纤维状的物料成型,多用于热固性塑料的生产加工
压注成型	改进压缩成型的基础上发展起来的一种成型方式	模具结构较复杂,成本较高,成型原料浪费较大,成型工艺条件要求较严格,生产操作时难度较大	粒状、粉状及纤维状的物料压缩成型,多用于热固性塑料的生产加工
挤出成型	可以连续成型,生产效率极高,加工件截面稳定,形状简单	对成型物料属性要求较高	塑料成型加工

通过分析,确定钵盘压制成型设备采用由浙江省台州市翔阳机械厂生产的设备型号为YJ-1000的液压式活塞式成型设备,其公称压力为1 000 kN,工作行程为300 mm,通过单液压缸实现模具开启和压缩物料的过程。

同时,将自主设计的多钵孔连续单条状植质钵盘成型模具与钵盘成型机配套使用,模具利用UG软件进行三维实体设计,通过运动仿真检查部件间的干涉情况,利用有限元分析优化钵盘的整体结构。压缩成型设备结构示意图及其安装调试后的效果如图2-1所示。

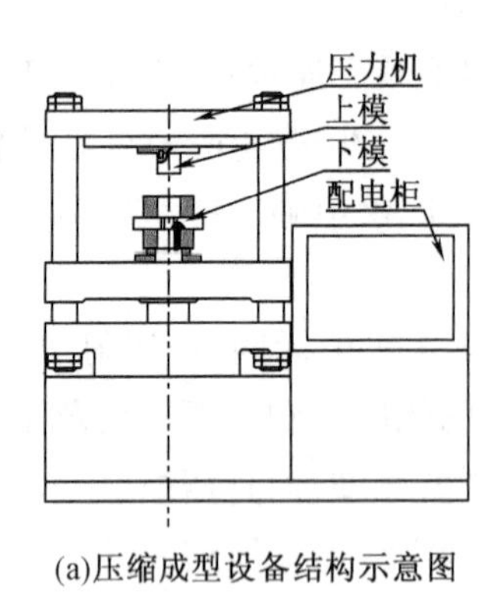

(a)压缩成型设备结构示意图

(b)压缩成型设备安装调试后的效果

图 2-1 压缩成型设备结构示意图及其安装调试后的效果

2.3.2 钵盘干燥固化成型设备及方式

玉米植质钵育秧盘压制成型后，需要采用干燥固化工艺对钵盘进行强度固化和灭菌处理，因此成型后钵盘的品质和使用性能在很大程度上依赖于干燥设备性能及干燥方式，一些学者针对工、农业生产中的实际需求已对物料干燥进行了大量研究。经过初步试验，传统的热风干燥方式容易使钵盘产生裂纹、翘曲和变形等缺陷，微波干燥、真空干燥、冷冻干燥等方式干燥成本较高、过程控制也较为严格。因此，本研究利用过热蒸汽干燥技术来干燥固化压制成型后的钵盘。

过热蒸汽干燥是指利用过热蒸汽直接与物料接触而去除水分的一种干燥方式，被广泛认为是一种具有较大潜力的新型干燥技术。近年来其应用相当广泛，如用于干燥褐煤、污泥、木材、纸张、糟渣和食品等，并在实际的干燥过程中取得了较好的效果和较大的研究进展。采用过热蒸汽干燥植质钵育秧盘，能够有效地预防钵盘变质和虫害，提高钵盘的尺寸稳定性，防止钵盘变形和开裂，提高钵盘的力学强度，改善钵盘的物理性能。

在玉米植质钵育秧盘进行过热蒸汽干燥试验时，选用的试验装置为黑龙江八一农垦大学植质钵育栽培技术研究组研制的过热蒸汽干燥试验台，其总体结构示意图如图 2-2 所示。

过热蒸汽干燥试验台主要技术参数如下。

(1)过热蒸汽干燥试验装置的总体尺寸：长 × 宽 × 高为 1 000 mm × 1 000 mm × 1 500 mm。

(2)工作压力：常压。

(3)蒸汽最高温度可达 300 ℃，精度达到 ±1 ℃；湿度范围为 5% ~ 95%，精度达到 ±3%。

(4)风速范围为 0.5 ~ 4.0 m/s，精度为 ±0.1 m/s。

(5)过热蒸汽发生装置采用电热方式。

(6)主要测量仪器：蒸汽质量流量计、温控仪、湿度计、温度计、天平等。

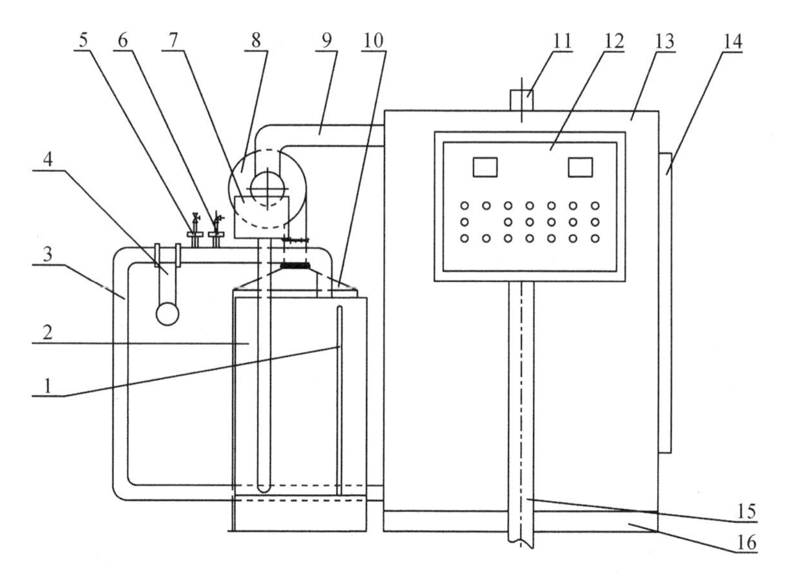

1—水位仪；2—过热蒸汽发生装置；3—蒸汽输入管道；4—质量流量计；5—阀门；6—安全阀；7—注水装置；
8—风机；9—蒸汽回流管道；10—蒸汽加热装置；11—排气门；12—控制系统；13—干燥箱体；
14—干燥室门；15—总线盒；16—冷凝水回收装置。

图2－2　过热蒸汽干燥试验台总体结构示意图

2.3.3　钵盘制备的其他相关设备及仪器

（1）物料粉碎机：400型饲料粉碎机，功率为13 kW。

（2）WDW－1型微机控制电子万能试验机。

（3）其他附属设备和工具：拌料设备、游标卡尺、量杯、清选筛、盛料盘和橡胶手套等。

2.4　钵盘制备成型工艺流程

2.4.1　钵盘压缩成型工艺流程

成型设备确定后，根据物料的属性和成型设备的成型原理以及物料成型的要求设计钵盘压缩成型工艺流程，如图2－3所示。

2.4.2　干燥试验台工作原理及工艺流程

工作时，首先将待干燥的钵盘规则有序地摆放在干燥室内的钵盘托架上，关闭密封门，并检查干燥室整体密封情况。然后，向过热蒸汽发生装置内注水，并利用水位仪观测和确定注水高度，再通过温控仪操作面板设置干燥温度，启动电器控制箱操作面板上的蒸汽加热按钮，加热产生的热蒸汽由蒸汽输入管道进入干燥室。热蒸汽充满后启动加热装置开关，利用风机将蒸汽从干燥室输送到蒸汽加热装置，然后再将加热后的蒸汽从加热装置送回干燥室，该过程反复持续一定时间后，过热蒸汽便达到了试验设定的温度。在干燥过程中产生的冷凝水，由冷凝水回收装置收集，因此过热蒸汽能够循环往复使用。通过调节过热蒸汽流量控制阀门的开度来控制流量的大小，流量计监测其数值，由温、湿度传感器监测和控制过热蒸汽温度和湿度。待达到设定的干燥时间，完成此次干燥过程后，首先将过热蒸汽排出干燥室，顺次关闭设备的所有工作按钮，打开干燥室密封门，取出干燥固化后的钵盘，作为待测的试验材料。过热蒸汽干燥固化钵盘的工艺流程如图 2－4 所示。

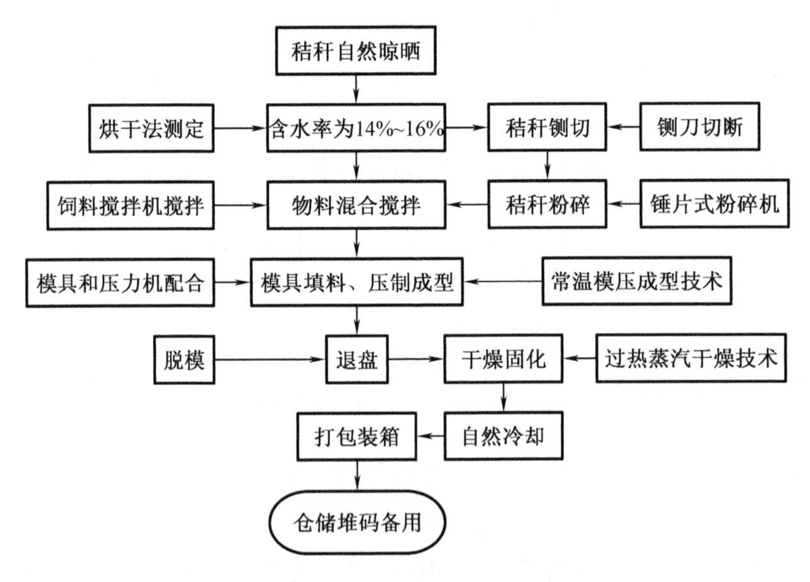

图 2－3　钵盘压缩成型工艺流程

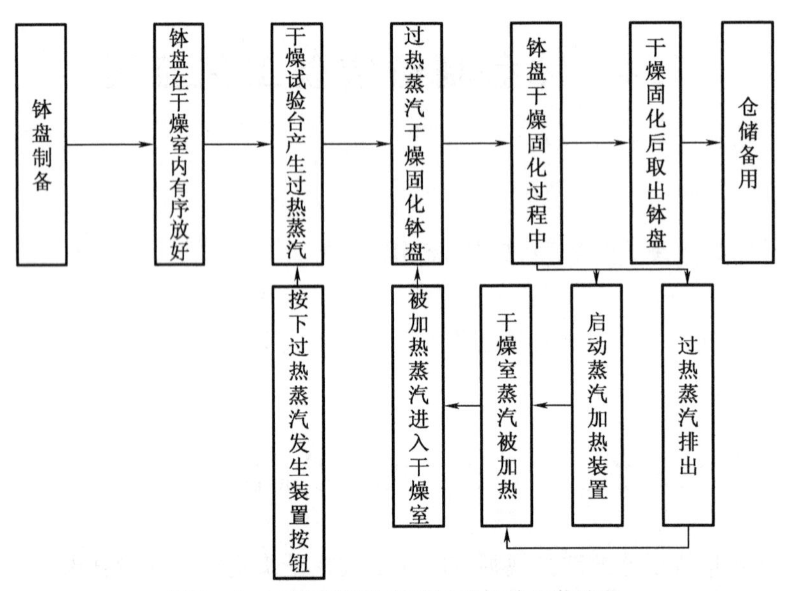

图 2－4　过热蒸汽钵盘干燥固化的工艺流程

2.5　本章小结

本章根据玉米植质钵育秧盘需满足的农艺要求和育苗及移栽时的使用要求，分析了制备材料确定的原则，然后对制备钵盘的主要材料进行了分析，确定了水稻秸秆和增强基质（主要成分为 SiO_2、S 和 Ca）为钵盘制备的主要材料，胶黏剂、固体凝结剂和水为钵盘制备的辅助材料；通过对物料成型的设备和方式、干燥设备及方式的对比分析，确定了钵盘压制成型设备为配套钵盘成型模具的液压式活塞式成型机，成型方式为闭式模压成型；完成了钵盘压制成型的工艺流程的设计；确定了钵盘干燥固化的方式为过热蒸汽干燥，分析了过热蒸汽干燥原理和工作过程，并设计了钵盘干燥固化的工艺流程。

第3章　玉米植质钵育秧盘成型模具及装置设计

3.1　玉米植质钵育秧盘设计思路

根据玉米植质钵育秧盘设计时应满足的育苗农艺要求，以及机械移栽作业时钵盘需达到的性能，针对需考虑的具体因素，提出设计要求，形成的植质钵育秧盘设计思路如图3－1所示。

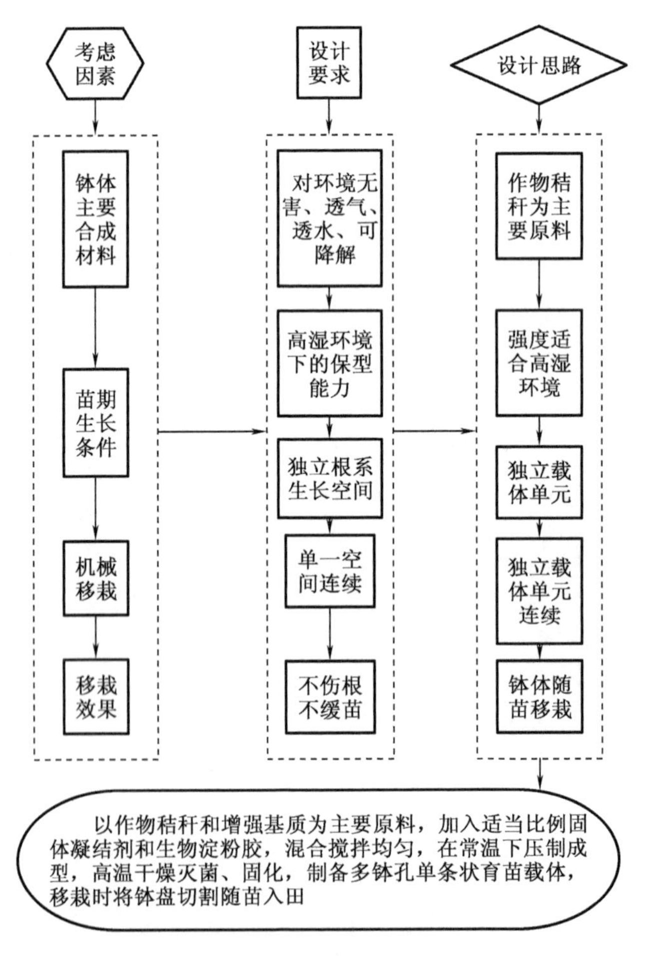

图3－1　植质钵育秧盘设计思路

3.2　钵盘结构设计

3.2.1　钵盘单穴钵孔

1. 单穴钵孔体积

玉米属于旱地种植作物,为保证玉米钵盘在育苗期间育出壮苗,钵盘单穴钵孔要达到一定体积和满足秧苗生长的农艺要求,即钵盘单穴钵孔中营养土的养分能保证秧苗在育苗期间的生长需求。一般而言,钵盘单穴钵孔的体积稍大些较好,这样能保证秧苗生长过程中有足够的养分供给,且根系有足够的自由生长空间,不会出现窝根或根部相互缠结的现象。但是,钵盘单穴钵孔体积过大,会造成营养土消耗量的大量增加,移栽作业的生产劳动强度也会加大。通过市场调研,以市场上应用较多的梯形台状塑料钵盘为例,钵体的尺寸如图3－2所示。尺寸较大的育苗钵尺寸为上口45 mm×45 mm、下口23 mm×23 mm、高48 mm;较小尺寸的育苗钵尺寸为上口38 mm×38 mm、下口19 mm×19 mm、高41 mm。经计算大钵体积约55 cm^3,小钵体积约33 cm^3,因此初步确定玉米植质钵育秧盘单穴钵孔体积范围为33～55 cm^3。

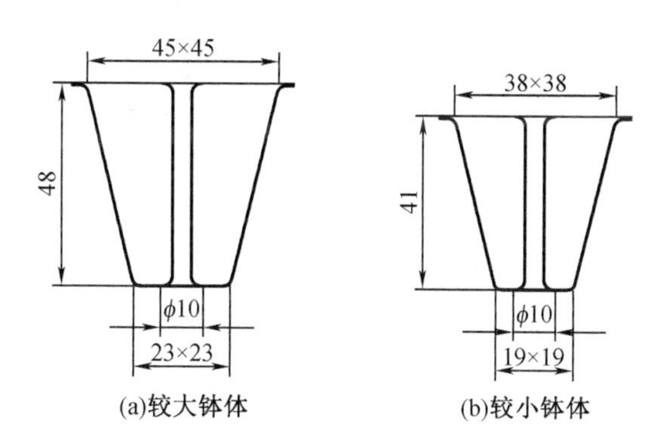

图3－2　设计参考的两种尺寸塑料钵体尺寸(单位:mm)

2. 钵孔深度

根据玉米育苗农艺要求,育苗时首先在钵盘底部放上底土4～5 mm,然后利用玉米精量播种技术及配套装置播种,每个钵孔精播1粒玉米种子,然后覆土20～40 mm,能保证出苗率近100%,那么钵盘钵孔深度最少不能低于25 mm。另外考虑钵盘底部具有一定厚度,以及钵盘在育苗过程中要有一定的存水能力(钵盘壁高要略高于覆土的高度),因此研究中将钵盘的高度确定为35 mm,钵孔的深度即为钵盘高度减去钵盘底部厚度。

3. 钵盘单穴钵孔截面

从冲压模具加工的角度来考虑，一般加工成圆形孔或方形孔（包括正方形孔和长方形孔），在保证钵孔侧壁最薄厚度一样的情况下，钵体外廓尺寸相同时方形孔容积率更高，能提供给玉米钵苗更大的生长空间，因此确定方形孔为钵盘单穴钵孔截面。

3.2.2 钵盘底部厚度

玉米秧苗到3叶期时，种子贮存的营养已耗尽，这是玉米一生中的第一个转折点，开始从自养生活转向异养生活。从3叶期进入拔节期，玉米主要进行根、叶的生长和茎节的分化，为保证玉米秧苗从自养生活进入异养生活获得更加良好的生长条件，保证根系生长所受限制较小，玉米植质钵育栽培技术确定在玉米秧苗3叶1芯时开始进行移栽。同时在保证钵盘强度的前提下，确保玉米秧苗达到4~5叶1芯时，大部分根系能穿透钵盘底部，使钵盘在绝大部分秧苗达到3叶1芯时随秧苗一起移栽到田间后，根系正常生长不受到较大限制。通过试验验证钵盘厚度为3.5 mm时钵盘育苗后完整率保持基本完好，强度满足移栽时运输和机械化作业的要求，根系能穿透钵盘底部生长，因此确定钵盘底部厚度为3.5 mm，进而钵孔深度确定为31.5 mm。玉米钵苗在钵盘中生长到4~5叶1芯时根系的生长情况如图3-3所示。

图3-3 玉米钵苗在钵盘中生长到4~5叶1芯时根系的生长情况

3.2.3 钵盘侧壁和间隔立壁的厚度

在育苗期间，玉米秧苗根系生长对钵盘底部的影响要比钵盘侧壁和间隔立壁大一些，钵盘底部厚度取3.5 mm基本能较好地满足钵盘成型和育苗的要求，因此钵盘侧壁和间隔立壁厚度设计中取3.5 mm应能满足育苗强度要求。

3.2.4 钵盘纵向和横向尺寸

1. 钵盘的纵向尺寸

钵盘的纵向尺寸即单条钵盘的宽度，在参考市场上应用较多的塑料育苗钵盘尺寸的基础上，根据设计的钵盘单穴钵孔体积取值范围，设定钵盘纵向尺寸为42 mm。

2. 钵盘的横向尺寸

目前水稻钵育栽培技术最为成熟，与之配套的自动化移栽机具也最为先进，因此在开发玉米植质钵育秧盘的同时，考虑借鉴水稻插秧机的先进结构来开发与玉米植质钵育秧盘配套的自动化移栽机具。现在市场上应用最多的水稻插秧机秧箱可放置钵盘的横向最大空间尺寸为285 mm，忽略秧箱加工误差和使用过程中变形引起的微小误差，仅考虑钵盘在育秧大棚温湿环境下会发生的膨胀变形，钵盘移栽时的横向最大尺寸，即单条钵盘的长度应满足如下计算公式：

$$y_1 = 2.45787 - 0.44376x_1 + 1.03573x_2 - 0.34287x_1x_2 - 0.038125x_1x_3 + 0.058625x_2x_3 + 0.17485x_1^2 + 0.21108x_2^2 \tag{3-1}$$

$$y_{1max} = 1.691845 - 0.062765x_1 + 0.17485x_1^2$$

$$y_{1pmax} = 2.45787 - 0.44376x_1 + 0.17485x_1^2$$

其中，y_{1max}为单条钵盘长度，即钵盘横向尺寸最大值，mm；y_{1pmax}为单条钵盘膨胀最大时在长度方向上的值，mm。

依据单条钵盘长度最大值不应超过285 mm，结合初步确定的单穴钵孔的体积范围，设定单条钵盘上连续布置6个钵孔，钵盘与输送装置尺寸配合情况如图3-4所示。

图3-4 钵盘与输送装置尺寸配合情况

经测试和计算，当单条钵盘长度为276.5 mm时，单条钵盘在长度方向上的最大膨胀率为3.07%，代入式(3-1)计算得276.5 mm，小于276.511 mm，因此钵盘横向最大尺寸设计为276.5 mm。

3.2.5 钵盘单穴钵孔尺寸

单条钵盘的宽度为 42 mm，一侧边壁厚为 3.5 mm，得出钵盘单穴孔纵向边长为 35 mm。设钵盘单穴钵孔横向边长为 L_{DH}，其计算公式为

$$L_{DH}=\frac{B_H-7\times3.5}{6} \tag{3-2}$$

式中 B_H——单条钵盘长度，即钵盘横向尺寸最大值，mm；

7——表示有 7 个立壁间隔；

6——表示有 6 个单穴钵孔；

3.5——表示立壁间隔的厚度为 3.5 mm。

最终确定出单穴钵孔的体积为 35 mm×42 mm×31.5 mm＝46.305 cm^3，基本为初步确定的单穴钵孔体积范围的中间值，因此单穴钵孔体积设计较为合理。本研究设计的玉米植质钵育秧盘整体尺寸长×宽×高为 276.5 mm×42 mm×35 mm，总体尺寸如图 3－5 所示。

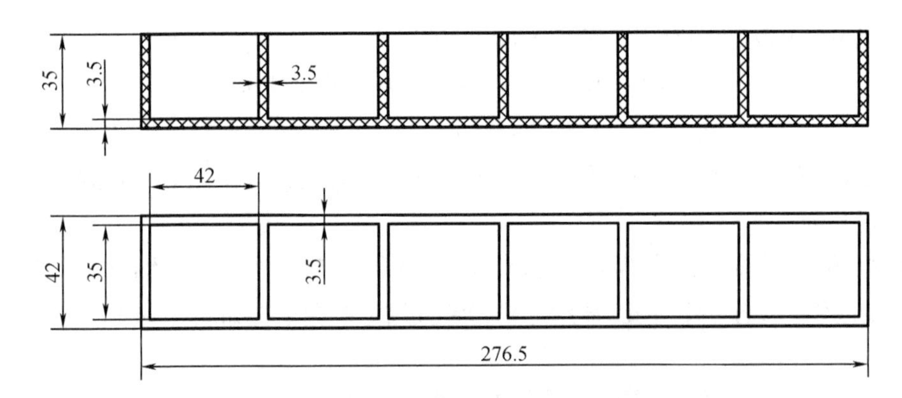

图 3－5 玉米植质钵育秧盘总体尺寸(单位:mm)

对于玉米移栽育苗钵盘的尺寸规格，中国农业大学耿端阳等曾对 70 mm×70 mm、50 mm×50 mm、35 mm×35 mm 圆柱形营养钵育苗的生长情况做过试验研究，试验所得出的不同规格钵盘玉米秧苗生长的平均高度变化情况见表 3－1。结果表明：三种规格钵盘所育的玉米秧苗生长高度没有明显差异，其中尺寸为 35 mm×35 mm 圆柱形钵盘容纳营养土的体积为 33.66 cm^3，因此试验中确定的钵盘单穴体积为 46.305 cm^3 应较为合理。

表 3－1 不同规格钵盘玉米秧苗生长的平均高度变化情况 (单位:mm)

生长时间/d	钵盘规格/mm		
	70×70	50×50	35×35
6	10.6	10.2	10.4
12	17.8	16.9	17.2
18	31.6	31.4	30.8

3.2.6 钵盘物理参数

钵盘结构确定后,根据玉米钵盘前期试验数据,制备单穴钵孔所需的物料质量为320 g,干燥固化后平均质量为316.34 g,育苗至秧苗3叶1芯时平均质量为10 259 g。根据上述基础数据,确定钵盘的体积、密度、表面积等物理参数如下。

钵盘成型后体积:$V = 0.000\ 128\ 625\ \mathrm{m}^3$;

钵盘的密度:$\rho = 2\ 460\ \mathrm{kg/m}^3$;

钵盘单穴钵孔的体积:$V_d = 46\ 305\ \mathrm{mm}^3$;

钵盘穴孔总体积:$V_z = 0.000\ 277\ 83\ \mathrm{m}^3$;

钵盘的表面积:$S_b = 0.036\ 554\ \mathrm{m}^2$。

3.3 玉米植质钵育秧盘成型模具结构设计

3.3.1 钵盘成型模具总体结构设计

以粉碎秸秆、增强基质为主要原料的钵盘合成物料为黏弹性物料,从松散状态将其转变为具有一定形状和密实程度的钵盘是一个大变形过程,试验研究中的钵盘合成物料具有流体的性质,但它的流动性比散粒体差,比流体更差,所以它不是流体,也不同于散粒体,其成型采用闭式模压的方式较容易实现。因此,在基础研究的前提下,确定试验中采用闭式模压压缩成型的方式制备玉米植质钵育秧盘。

在钵盘模具研究中,最初采用了木质模具,木质模压模具及其压制的秧盘如图3-6所示。

但是,木制模具的强度仅适宜在实验室进行一定的研究性试验,无法满足长时间高压力下的工厂化生产要求。因此,在木质模具研究基础上,研制了金属材质(钢制)的成型模具,同时结合移栽机的尺寸等因素,将钵盘设计成多钵孔连续长条状。然后,根据设计确定的玉米植质钵育秧盘总体结构和形状进行钵盘成型模具基本尺寸的设计,设计流程图如图3-7所示。

设计的成型模具基本组成按照在成型过程中的功能主要分为成型部件和结构零件。成型部件包括凸模、凹模、料框、退盘板、底座和顶板型芯等,在成型过程中与钵盘合成物料直接接触,并完成钵盘成型的主要功能。结构零件包括长拉杆,退盘拉杆,上、下限位杆,弹簧组件和定位销等,结构零件在成型过程中不与钵盘物料直接接触,在成型过程中具有安装、定位等功能。钵盘模具部分结构示意图如图3-8所示。

(a)设计的第一代模具

(b)制备的第一代钵盘

图 3－6　木质模压模具及其压制的秧盘

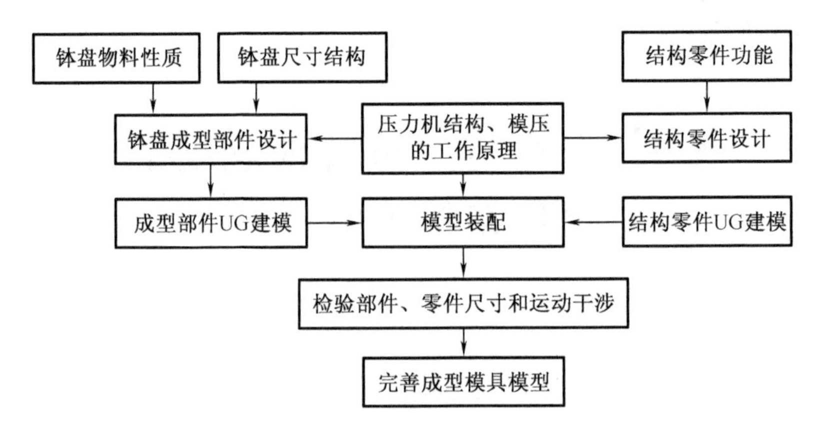

图 3－7　玉米植质钵育秧盘成型模具设计流程图

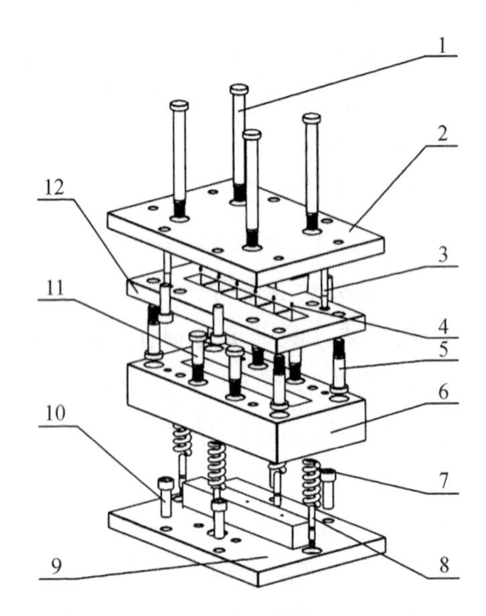

1—长拉杆;2—顶板型芯;3—定位销;4—头钉;5—上限位杆;6—料框;7—弹簧;8—弹簧附杆;9—底座;10—内六角固定螺栓;11—下限位杆;12—退盘板。

图 3－8　钵盘模具部分结构示意图

3.3.2　钵盘模具成型部件建模和仿真分析

1. 顶板型芯

钵盘成型模具中顶板型芯决定玉米钵盘内腔形状，顶板型芯尺寸根据钵盘内腔尺寸设计，并考虑带有一定拔模斜度。拔模斜度的起始位置根据钵盘钵孔内腔深度确定，顶板型芯其他部分的高度结合退盘板的厚度确定。利用 UG 三维设计软件建立顶板型芯三维模型，如图 3 -9 所示。

图 3 -9　顶板型芯三维模型

2. 料框

料框集盛料、钵盘成型、连接中介等功能于一体，是钵盘成型模具的重要组成部分，分布着上限位杆埋藏通孔、长拉杆螺纹孔、定位销配合孔、弹簧安置孔、下限位杆安置孔。料框盛料腔的尺寸根据钵盘外形总体尺寸设计。料框三维模型剖面图如图 3 -10 所示。

料框在钵盘压制成型过程中是受力的关键部件，其外形尺寸在满足各孔的合理布置后，应尽量减少制作用料以降低制作成本和减少不必要的钵盘模具原料的消耗。

本研究中利用 UG NX 8.0 高级仿真应用中的 NX NASTRAN 和 ANSYS 求解器，对料框进行有限元分析，首先对料框整体壁厚和承受载荷能力进行评估和分析。料框厚度承受载荷能力和受力变形情况仿真分析分别如图 3 -11、图 3 -12 所示。

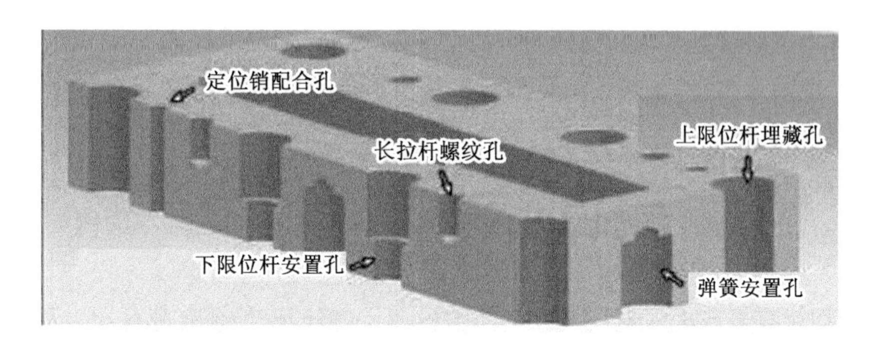

图 3 -10　料框三维模型剖面图

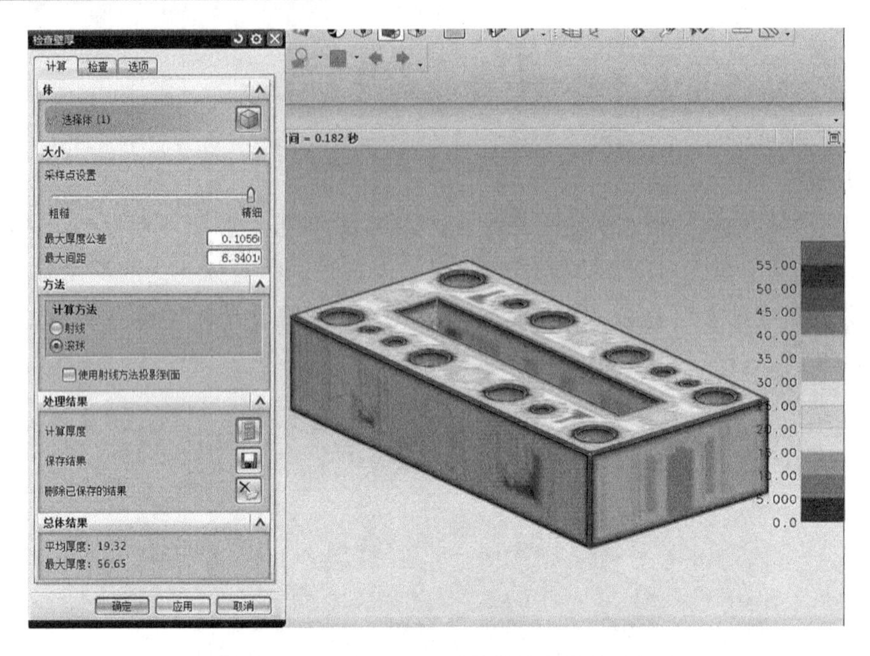

图 3－11　料框厚度承受载荷能力仿真分析

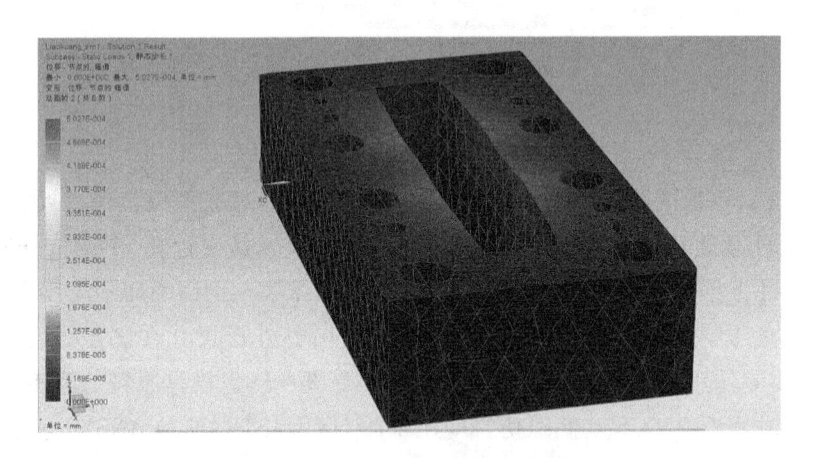

图 3－12　料框受力变形情况仿真分析

施加载荷从 0 到 55 MPa，载荷对料框壁厚影响集中的部位如图 3－11 所示，但施加载荷在 30 MPa 以下时钵盘壁厚所受影响不明显。钵盘料框内腔受压变形部位集中在内腔边缘上，最大变形量为 5.027×10^{-4} mm，完全能保证钵盘的总体外形尺寸，对钵盘总体结构尺寸产生的影响可忽略不计。

3. 退盘板

退盘板的功能是将压制成型后的钵盘从顶板型芯上退下来，其三维模型如图 3－13 所示。

考虑到物料有可能进入退盘板方格间隙内，对方格四壁仍会有载荷压力存在，所以对每个方格四壁加以同样载荷进行仿真分析，验证退盘板的强度是否满足要求。由图 3－14 所示退盘板变形受力仿真分析可知，退盘板受力后最大变形量为 1.38×10^{-2} mm，几乎对钵盘总体结构无影响。

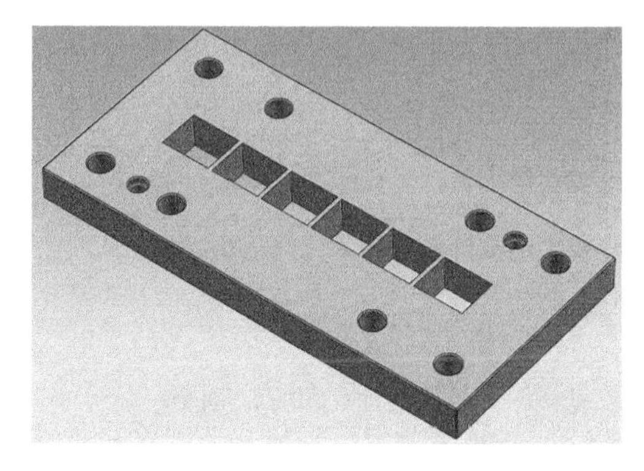

图3－13　退盘板三维模型

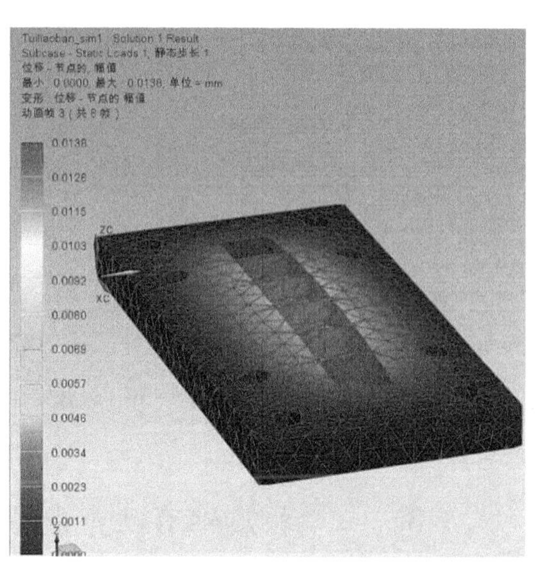

图3－14　退盘板受力变形仿真分析

4. 底座

底座是模具与压力机直接连接部件，工作时通过内六角固定螺栓固定在液压式压力机下平台上，其三维模型如图3－15所示。底座上设计有下限位杆螺纹孔、弹簧附杆螺纹孔、弹簧沉孔。中间长方形凸台与料框密闭配合，与料框一同形成盛料腔体和成型腔体。凸台上等距钻有三个通气孔，作用是防止开模时形成底面真空，将秧盘抽裂，影响秧盘成型。

连接模具底座和压力机平台的螺栓必须满足强度要求，设计中连接螺栓的杆件采用了相同形式，如果最长的螺栓杆件满足了强度要求，所有杆件就均符合要求。因此，对整体模具中涉及的杆件中最长螺栓杆件进行危险截面和整体受力分析。图3－16表明，最长螺栓杆件受力后最大变形量为6.317×10^{-5} mm，该变形量对螺栓杆件的性能基本无影响。

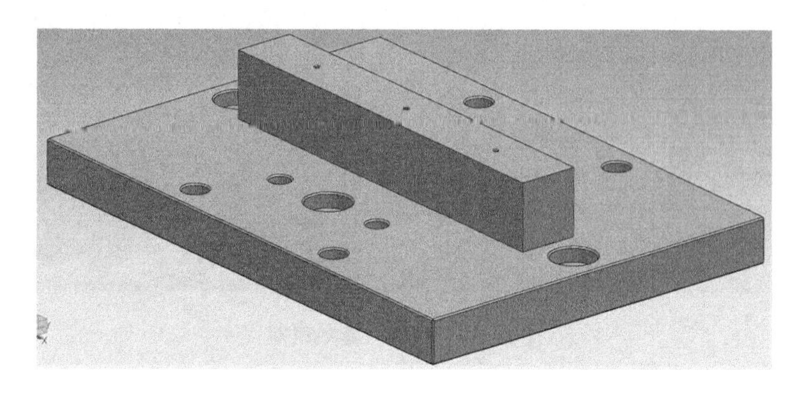

图3－15　底座三维模型

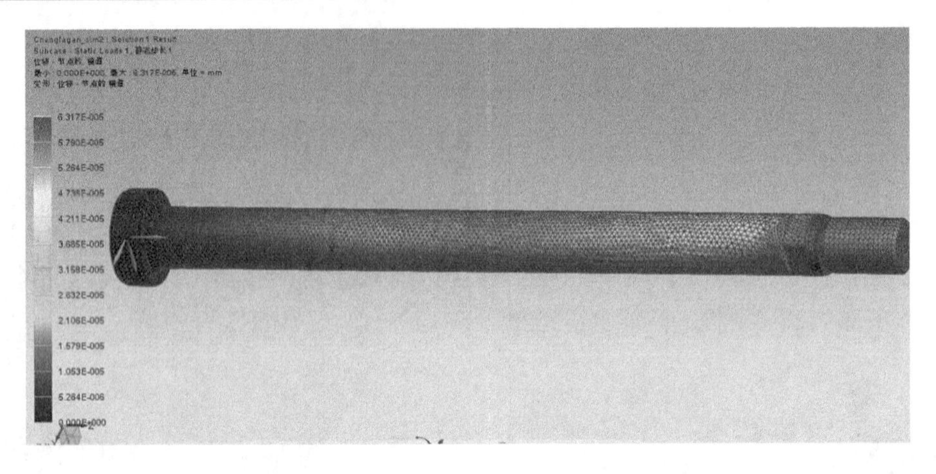

图 3－16　最长螺栓杆件受力仿真分析

3.3.3　玉米植质钵育秧盘成型模具整体装配和加工制造

当模具的整个结构和部件的特征设计完成后，首先要对整体模具进行装配评估，查看零部件是否存在设计错误造成部件间的干涉及错位等。设计的模具三维部件经过整体装配和渲染后的效果图如图 3－17 所示。

三维仿真装配中对模具合模和退盘的工作过程进行了重点检查，整体部件配合合理。模具合模后状态和退盘工作状态分别如图 3－18、图 3－19 所示。

在三维设计和部件整体装配仿真分析的基础上，本研究在黑龙江八一农垦大学工程训练中心进行了模具的加工制造。加工制造后的模具关键部件如图 3－20 所示。模具装配并调试完成如图 3－21 所示。

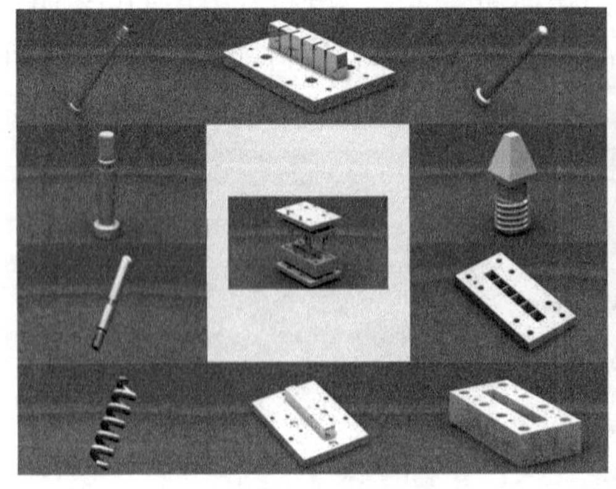
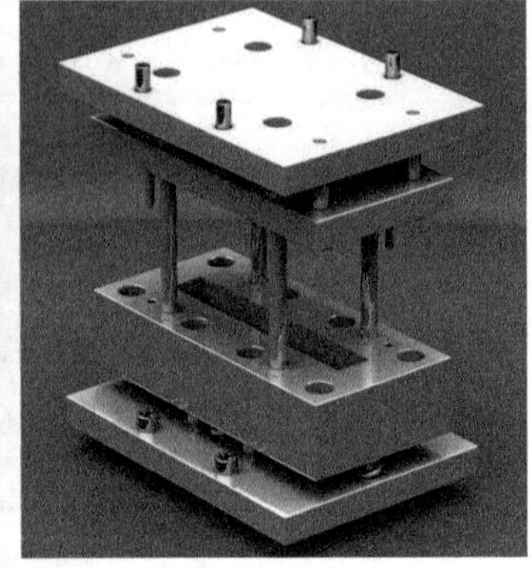

图 3－17　模具三维效果图

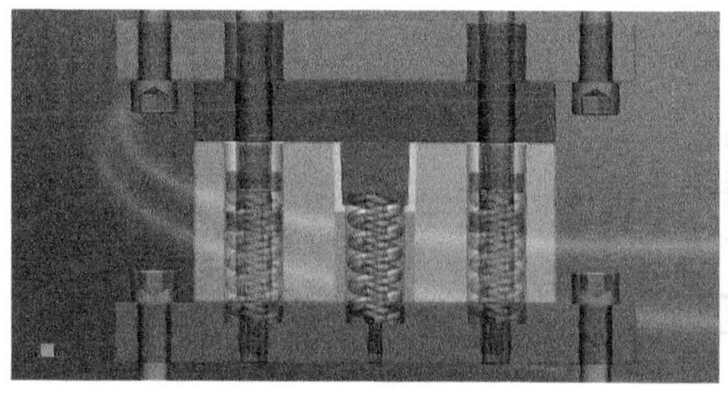

图 3－18　模具合模后状态

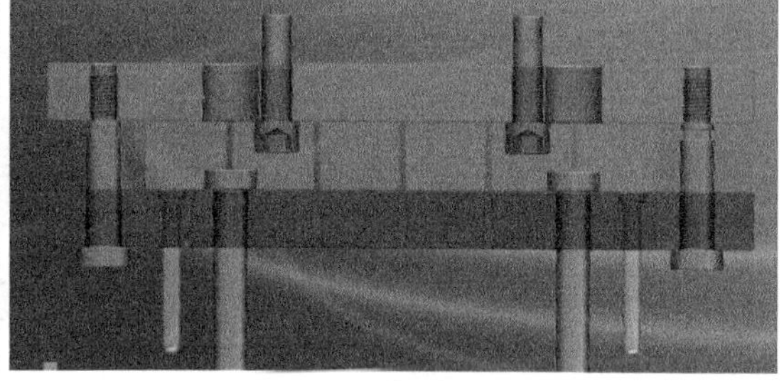

图 3－19　模具退盘工作状态

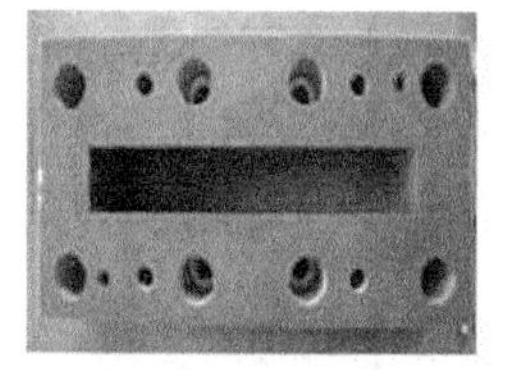

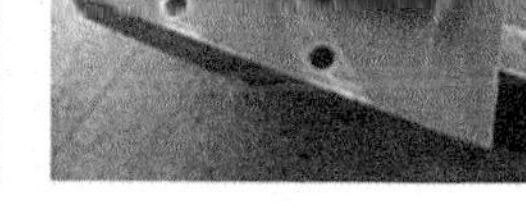

图 3－20　加工制造后的模具关键部件

图 3－21　模具装配并调试完成

3.4　本 章 小 结

本章形成玉米植质钵育秧盘的设计思路，对钵盘整体结构进行了设计，确定钵盘整体尺寸长×宽×高为 276.5 mm×42 mm×35 mm，具体结构为多钵孔连续长条状；钵盘由 6 个连续的钵孔组成，单穴钵孔体积为 46.305 cm^3，钵孔深度为 31.5 mm，侧壁及底部厚度为 3.5 mm；根据钵盘设计的整体结构尺寸，利用 UG NX 8.0 仿真软件，建立了钵盘模具成型部件和其他部件模型，并应用 UG NX 8.0 仿真软件中的 NX NASTRAN 和 ANSYS 求解器，对模型进行了有限元分析，从而确定了合理的钵盘成型模具总体结构；检验了钵盘成型部件承受压力能力满足需求，然后对钵盘成型模具进行了加工制造，并完成了与液压式活塞式成型机的配套连接，为钵盘压制成型奠定了成型设备条件。

第4章　玉米植质钵育秧盘成型机理及试验研究

4.1　影响钵盘压缩成型质量和性能的主要因素

4.1.1　成型压力

成型压力是将钵盘物料压缩成型的最基本条件，并直接影响钵盘的成型质量和单位能耗。钵盘物料在成型压力作用下产生弹塑性变形，合成钵盘的原材料只有在足够的成型压力下才能被压缩成型。因此，为了保证较高的成型质量，就需要提供较高的成型压力，但随着成型压力的增大压缩成型的单位能耗也相应增大。相关研究中一般通过建立压力与质量之间的关系间接找到成型质量与单位能耗的一个较佳的平衡点。对于此问题，1938 年 Skalweit 开始对压缩过程中的作物纤维物料的形变机理进行研究，并建立了第一个压力与密度之间关系的数学模型：

$$p = c\gamma^{m}, 且\ c = \frac{p_0}{\gamma_0^{m}} \tag{4-1}$$

式中　p——最大成型压力，MPa；

p_0——初始压力，MPa；

γ——压缩成型后成品的密度，kg/cm^3；

γ_0——压缩成型前物料的初始密度，kg/cm^3；

m——试验常数。

钵盘制备试验中发现，钵盘密度在压力处于较小阶段时，随压力增加而增大的趋势明显，当压力达到一定数值时增加趋势变平缓。当成型压力达到一定数值(20 MPa 左右)时，压制的钵盘性能已达到使用要求，而且钵盘在使用中应具有一定的透气性、吸水性和保水性，钵盘的育苗质量才更好。因此，在试验中钵盘的成型压力无须达到使物料密度最大，而是达到一个较佳数值足以保证钵盘成型质量和良好的使用性能即可，这样还可以降低钵盘成型的单位能耗。

另外，成型压力与模具的形状尺寸有密切关系，针对确定的钵盘具体结构来压制钵盘，只有靠提高成型压力来增大钵盘的压实密度。

4.1.2 保压时间

钵盘物料在压制成型过程中,产生复杂的黏弹-塑性变形,在刚开始的压缩过程中,钵盘物料发生可恢复的弹性变形量较大,不可恢复的塑性变形量较小,此时钵盘成型物料内部存在较高的残余应力。到主压缩过程结束时,钵盘物料还有一定的可恢复弹性变形量,此时若撤去作用在钵盘物料上的成型压力,物料的松弛度较大,而且有时可能会使物料重新变得松散。因此,常采用保压措施确保被压缩的物料有时间产生蠕变,并消除物料内部的残余应力,保证制备的钵盘具有良好的成型质量。

显然,钵盘压缩成型保压时间越长,制备成本越高,加工效率越低,所以保压时间直接影响钵盘的成型质量和加工成本。针对以生物质为主要原材料的成型,国内外研究者对物料压缩的保压时间进行了一定研究,发现在将生物质压缩成燃料的试验中保压时间在0~10 s,物料的成型质量随保压时间增大提高明显,并且保压时间越长,成型后的产品在长时间的保存过程中也不会出现明显的松弛现象。O'Dogherty 和 Mewes 等在研究中发现当保压时间超过1 min后,其松弛密度增加相对很小。Henry Liu 提出了更精准的研究结论,保压时间在前10 s对生物质成型的性质影响最大,超过10 s后对成型质量的影响就微乎其微了。试验中为了保证钵盘的成型质量,降低成型能耗,保压时间确定为10 s。

4.1.3 成型温度

成型温度也是物料压缩成型的一个主要影响因素。钵盘在成型过程中加热,一方面可使钵盘物料中秸秆含有的木质素软化,起到胶黏剂的作用;另一方面还可以使钵盘合成物料本身变软,变得容易压缩。钵盘制备时的成型温度不但影响钵盘物料成型,而且影响成型机的工作效率。试验中为了降低成型能耗,减少制备钵盘的压缩成型成本,采用常温下进行压缩成型,因此试验中不再考虑钵盘压缩成型的成型温度对钵盘质量和性能的影响。

4.1.4 钵盘物料配比

钵盘物料的配比直接影响钵盘成型的质量和性能,因此需要通过试验来获得钵盘成型物料的较佳质量分数,即钵盘成型物料中秸秆、增强基质、固体凝结剂、胶黏剂和水的质量分数要确定出较为理想的组合,以确保成型的质量和成型后的钵盘性能满足使用要求。

4.1.5 物料粒度

钵盘成型物料的粒度也是压缩成型的重要影响因素。一般来说,在相同的压力和试验条件下,物料粒度越小越容易压缩成型;另外,当物料粒度形态差异较大时,物料成型的质量和成型后的性能会有所下降。因此,钵盘物料粒度要在成型之前做适当处理,增强基质和固体凝结剂经过处理粒度已变得很小和均匀,秸秆物料要在钵盘成型过程中起到加强筋和骨架的作用,不需要加工后的粒度特别小,试验中将秸秆加工到 5 ~ 10 mm 为宜。

4.2 钵盘成型机理

4.2.1 生物质物料热压成型机理

目前对生物质物料成型机理的研究还不是很多,并且主要集中在热压成型方面。包含生物质秸秆在内的原材料热压成型机理主要总结如下。

1. 黏结机理

生物质秸秆中均含有纤维素、半纤维素、木质素,其中木质素属非晶体,没有熔点,但有软化点,当达到一定温度范围时会产生较好的黏合力。因此,在包含生物质秸秆物料的热压成型过程中,木质素被加热后充当了成型时的胶黏剂,起到了增强秸秆细胞壁、黏合纤维素的作用。在压制成型中,当木质素的黏合力得以发挥时,生物质秸秆物料之间或与其他物料颗粒相互胶结,冷却后固化成型。

2. 物料颗粒的填充、变形机理

松散的物料堆积时具有较高的空隙率,物料颗粒之间存在着大量的空隙。将物料制备成型时,颗粒之间的空隙在受到一定压力条件下会变小,并使位置发生移动而重新排列,颗粒接触状态也会发生变化。在完成对模具有限空间的填充之后,伴随着原始颗粒的弹性变形和因相对位移而造成的表面破坏,实现密实填充。由应力产生的塑性变形会随着压力的增大继续降低颗粒之间的空隙率,进一步增大物料填充密度。当施加的成型压力撤去后,物料颗粒之间由于互相填充、缠绕和绞合而改变的物料结构形状已不能再恢复,具有一定密度和结构形状的产品制备完成。

4.2.2 粉粒体物料常温高压成型机理

本书研究的玉米移栽植质钵育秧盘,是在常温下将含有秸秆和其他物料的颗粒压制成型,可通过分析粉粒体物料致密成型技术的成型机理,结合制备钵盘的物料属性,深入分析以秸秆和增强基质等物料为制备材料的钵盘成型机理。针对粉粒体物料常温高压致密成型技术的成型机理,从粉粒体技术手册中可以总结出以下结论。

(1)依据德国的 Rumpf 提出的观点,粒子间具有的 5 种结合力使造粒物得以成型。5 种粒子间的结合力分别为固体粒子间引力、界面张力和毛细管力、黏结力、粒子间固体桥和粒子间的机械镶嵌。

(2)粉状物料粒子在胶黏剂的作用下聚结成颗粒时,其成长机理有下列不同方式:

①一级粒子在液体架桥剂的作用下,聚结在一起形成粒子核。

②具有微量多余湿分的粒子核表面随意碰撞时,发生塑性变形并黏结在一起,聚合成较大颗粒。

③有些颗粒在磨损、震裂等作用下变成粉末或小碎块,再重新聚结形成大颗粒。

④颗粒摩擦掉下的部分重新黏附于另一颗粒的表面上。

⑤已形成的芯粒子表面不断黏附周围的粉末层,促使颗粒不断成长。

4.2.3 钵盘物料成型机理

目前为止,还没有一种较为成熟的成型理论能完全用于生物质原料和其他物料混合压制成型。钵盘物料成型试验研究中,物料包括生物质秸秆、粉粒体(增强基质和固体凝结剂)、胶黏剂和水,因此本研究中分别借鉴生物质和粉粒体成型的一部分理论进行钵盘成型机理的探讨,具体分析如下。

钵盘成型过程与生物质成型燃料的制备过程比较接近,可分为预压段、成型段和保型段三个阶段。制备钵盘时的物料准备期间要将物料进行混合搅拌,在混合搅拌过程中物料颗粒之间首先发生机械镶嵌作用。

1. 预压段

钵盘物料颗粒在压缩前具有松散的结构,物料颗粒之间存在较多空隙,在成型压力作用下,物料颗粒之间的空隙逐渐减少,颗粒相对位置发生变化和重新排列,颗粒的接触面积变大。预压段主要是降低颗粒间的空隙,使颗粒位置发生改变和重新排列,形成较为密实的压实体。成型压力主要用于克服物料颗粒之间和物料颗粒与模具内壁之间的摩擦力。因此,预压段物料颗粒基本上保持原来的特征和形状。

2. 成型段

在成型压力作用下,物料颗粒之间互相填充,颗粒之间空隙进一步减小,机械镶嵌作用进一步增强,弹性变形和塑性变形加大,物料中的秸秆起支撑作用的组织发生塌陷,颗粒接触面积继续增加。钵盘物料与模具之间和物料颗粒与颗粒之间,在压缩成型过程中会产生摩擦作用,由于摩擦作用物料颗粒温度升高,秸秆里含的木质素随着温度升高会有一定程度的软化,黏性得到发挥,加上添加的生物淀粉胶,物料颗粒在胶黏剂的作用下进一步聚结成较大的颗粒,然后破碎成粉粒体或小碎块,再聚结形成颗粒,如此反复,直至物料成型。在这个过程中,聚结在一起的物料会产生黏弹塑性变形和流动。

3. 保型段

在成型压力作用下,钵盘成型模具上下完全闭合时,钵盘物料已经被压缩成型,成型的钵盘的密度已基本不变。但是如果钵盘成型后立即撤去成型压力,钵盘成型物料内部之间由于有一定弹性应变量,在撤去成型压力对钵盘的约束后,成型后的钵盘物料会有一定弹性恢复发生,影响钵盘的成型质量,严重时甚至会导致成型后的钵盘重新变得松散。为了保证钵盘成型质量,此时要对成型的钵盘进行一定的保型,即此刻不马上撤去成型压力,而是让成型压力保持一定时间不变，为钵盘物料产生应力松弛和蠕变提供时间。保型段的黏弹塑性变形和流变特性可以用西原模型来模拟，如图 4－1 所示。

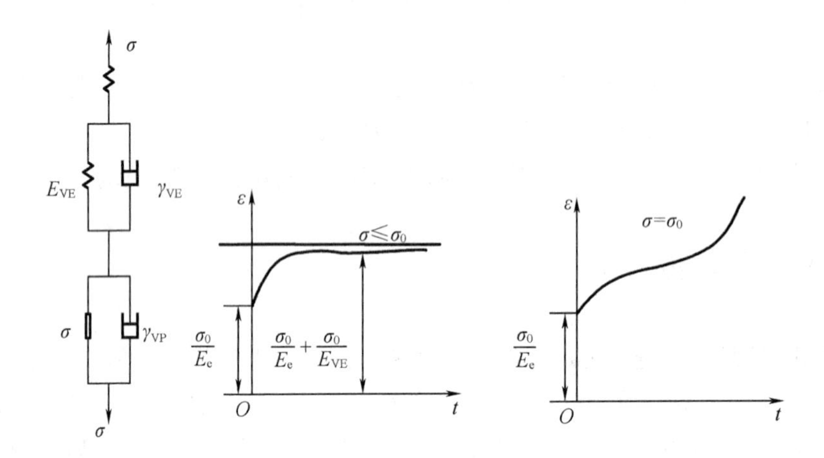

图 4－1　西原模型

在模型受到应力 σ 压缩时，相应的弹性变形量、黏弹性变形量和黏塑性变形量分别可以用式(4－2)、式(4－3)、式(4－4)表示。

$$\varepsilon_E = \frac{\sigma_0}{E_e} \tag{4-2}$$

$$\varepsilon_{VE} = \frac{\sigma_0}{E_{EP}}[1 - \exp(-\gamma_{VE}E_{VE}t)] \tag{4-3}$$

$$\varepsilon_{VP} = \begin{cases} 0 & (\sigma_0 = \sigma^0) \\ \gamma_{VE} & (\sigma_0 < \sigma^0) \end{cases} \tag{4-4}$$

模型在受到外力压缩时总的变形量为

$$\varepsilon = \varepsilon_E + \varepsilon_{VE} + \varepsilon_{VP} \tag{4-5}$$

整理得线性(一维)状态下模型的蠕变方程为

$$\varepsilon = \begin{cases} \frac{\sigma_0}{E_e} + \frac{\sigma_0}{E_{EP}}[1 - \exp(-\gamma_{VE}E_{VE}t)] & (\sigma_0 = \sigma^0) \\ \frac{\sigma_0}{E_e} + \frac{\sigma_0}{E_{EP}}[1 - \exp(-\gamma_{VE}E_{VE}t)] + \gamma_{VP}(\sigma_0 - \sigma^0) & (\sigma_0 < \sigma^0) \end{cases} \tag{4-6}$$

式中　ε_E——弹性变形量；

E_e——弹性模量，MPa；

ε_{VE}——黏弹性变形量；

E_{VE}——黏弹性模量，MPa；

γ_{VE}——黏弹性流动参数；

ε_{VP}——黏塑性变形量；

γ_{VP}——黏塑性流动参数。

但是，钵盘物料颗粒在压缩成型过程中处于三维应力状态，上述模型仅适用于描述一维状态下的物料压缩成型，那么用上述模型中的蠕变公式来表示三维应力状态下的钵盘物料成型不严谨。然而，对三维应力状态下的钵盘物料成型进行形象化的描述非常困难。因此，研究中对调相应的符号，即令 $\sigma \to \varepsilon_{ij}, \varepsilon \to e_{ij}, E \to 2G, \frac{1}{\gamma} \to 2H$，利用类比的方法，从上述模型中直接得到钵盘物料成型的三维流变模型，得出钵盘成型物料实际压缩成型状态下的蠕变方程：

$$\varepsilon_{ij} = \frac{I_1}{9K} + \frac{S_{ij}}{2G_e} + \frac{S_{ij}}{2G_{VE}}\left[1 - \exp\left(\frac{G_{VE}}{H_{VE}}\right)t\right] + \frac{1}{2H_{VP}}[\varphi(F)]\frac{\partial Q}{\partial \sigma} \tag{4-7}$$

式中 ε_{ij}——偏应变张量，N/m^2；

I_1——第一应力不变量，$I_1 = \sigma_1 + \sigma_2 + \sigma_3$，$N/m^2$；

S_{ij}——偏应力张量，N/m^2；

G——弹性剪切模量，MPa；

$\varphi(F)$——开关函数，表征塑性和屈服后的发展程度。

根据式(4-7)，同时考虑钵盘物料受压缩时的轴向应力为 σ_1，侧向应力为 $\sigma_2 = \sigma_3 = k_0\sigma_1$，其中 $\sigma_{\mathrm{I}} = \sigma_1 - \sigma_2$，$\sigma_{\mathrm{II}} = \sigma_1 + 2\sigma_3$，得出钵盘物料压缩成型时轴向应变表达式为

$$\varepsilon_1(t) = \frac{\sigma_{\mathrm{II}}}{9K} + \frac{\sigma_{\mathrm{I}}}{3G_e} + \frac{\sigma_{\mathrm{I}}}{3G_{VE}}\left[1 - \exp\left(\frac{G_{VE}}{H_{VE}}\right)t\right] + \frac{1}{2H_{VP}}[\varphi(F)]\frac{\partial Q}{\partial \sigma}t \tag{4-8}$$

为了计算简便，引入 Drucker-Prager 流动法则和屈服准则，其屈服函数的表达式为

$$F = \alpha I_1 + \sqrt{J_2} \tag{4-9}$$

等效屈服力初始值 $F_0 = k$，$k = \frac{6\cos\varphi}{\sqrt{3}(3 - \sin\varphi)}$。式(4-9)中，$\alpha = \frac{2\sin\varphi}{\sqrt{3}(3 - \sin\varphi)}$（$\varphi$ 为钵盘物料颗粒间的内摩擦角）；J_2 为应力偏量第二不变量。

$$J_2 = \frac{1}{6}[(\sigma_1 - \sigma_2)^2 + (\sigma_1 - \sigma_3)^2 + (\sigma_2 - \sigma_3)^2] \tag{4-10}$$

所以有

$$\frac{\partial Q}{\partial \sigma_1} = \frac{\partial F}{\partial \sigma_1} = \alpha + \frac{\sigma_1}{3\sqrt{J_2}} \tag{4-11}$$

因此，得出三维状态下钵盘物料压缩成型时的黏弹塑性轴向应变表达式为

$$\varepsilon_1(t) = \frac{\sigma_{\mathrm{II}}}{9K} + \frac{\sigma_{\mathrm{I}}}{3G_e} + \frac{\sigma_{\mathrm{I}}}{3G_{VE}}\left[1 - \exp\left(\frac{G_{VE}}{H_{VE}}\right)t\right] + \frac{1}{2H_{VP}}[\varphi(F)]\left(\alpha + \frac{\sigma_1}{3\sqrt{J_2}}\right)t \tag{4-12}$$

通过上述分析可知，要想揭示钵盘物料压缩的成型机理，必须获得钵盘压缩成型时物料颗粒内部受力情况和黏弹塑性参数，但是由于物料颗粒内部受力的复杂性和黏弹塑性参数的不断变化性，以及压缩变形过程中不断变化参数的难测定性，即使使用现代化的测试手段或仿真软件也很难得出正确的结论。因此，本研究中采用正交试验与统计分析相结合的方法，分析钵盘物料压缩成型过程中影响钵盘质量和性能的主要因素，研究钵盘主要性能指标受各因素影响的变化规律，并确定出各因素对相应评价指标的影响顺序，获得较好的参数优化组合，从不同的角度揭示钵盘物料的成型机理。

4.3 钵盘的性能评价指标分析

玉米植质钵育秧盘制备先经过压制成型过程、干燥固化成型过程、储存和运输过程和工厂化育苗过程，再用于移栽作业。因此，钵盘从制备到使用有诸多影响因素和不同阶段的评价指标。

对于钵盘在压缩成型、干燥固化以及育苗过程中，影响钵盘相关性能的因素及变化规律将在后续章节中通过具体试验研究进行分析，本章仅分析钵盘整个制备和使用过程中评价钵盘性能的主要评价指标。本研究对钵盘性能的主要评价指标总结如下。

4.3.1 成型率

钵盘成型率以钵孔完整率为标准，其计算公式为

$$K_{CX}=\frac{K_1}{K_2}\times 100\% \tag{4-13}$$

式中 K_1——钵盘压制成型后合格钵孔数，个；

K_2——钵盘压制成型后的总钵孔数，个。

4.3.2 干燥固化后不断裂率

钵盘经过干燥固化后不发生断裂是确保钵盘使用性能的一个重要指标，干燥固化后不断裂率的计算公式为

$$D_{bl}=\frac{D_1}{D_2}\times 100\% \tag{4-14}$$

式中 D_1——未断裂的钵盘数量，条；

D_2——制备的总的钵盘数量，条。

4.3.3 成型密度

钵盘成型密度是反映成型压力对物料颗粒的压实程度，表明成型物料结合程度的一项重要指标。一般来说，成型密度越大，钵盘的强度越大。钵盘成型密度的计算公式为

$$\rho_b=\frac{M_b}{V_b} \tag{4-15}$$

式中 M_b——单个钵盘物料的总质量，kg；

V_b——单个钵盘的总体积，m^3。

4.3.4 抗跌碎性

双手各持钵盘一端,在离地面高度为1 m的情况下自然松开双手,钵盘在自身重力下做自由落体运动落到地面上,钵盘的材料由于与地面撞击而产生部分剥落,撞击过程中钵盘物料剥落的质量越少表明其抗跌碎性越好。试验中抗跌碎性计算公式为

$$d=\frac{(B_2-B_1)}{B_2}\times 100\% \tag{4-16}$$

式中 B_1——钵盘跌落后的质量,kg;

B_2——钵盘跌落前的质量,kg。

4.3.5 膨胀率

钵盘制备完成后,经过干燥固化灭菌、仓储堆码存放和育苗环境后,钵盘的总体尺寸会发生一定变化。通过试验验证,钵盘会发生一定的膨胀,一定程度上会提高钵盘的吸水性和透气性,对育苗是有利的,但是膨胀率过大会影响钵盘的使用性能,使之与钵盘移栽时的供给机构适应性变差或无法使用,因此膨胀率应在一定范围内,不应过大。试验中钵盘膨胀率主要考虑钵盘长度方向上的尺寸变化率,评价时用式(4-17)进行计算:

$$\delta=\frac{(L_2-L_1)}{L_1}\times 100\% \tag{4-17}$$

式中 L_1——钵盘原始长度, mm;

L_2——钵盘育苗后长度, mm。

4.3.6 吸水性和保水性

将干燥固化后的钵盘在水中浸泡直至质量不再增加,质量增加越多的钵盘其吸水性越好。将吸水性达到饱和的钵盘在育苗环境下自然放置,直至钵盘质量不再发生变化,钵盘质量越高表明保水性越好。试验验证钵盘的吸水性和保水性与钵盘中的秸秆质量分数相关性最大,秸秆质量分数越高,其吸水性和保水性越好。

4.3.7 抗弯强度

在储存、搬运和运输过程中,抗弯强度是决定钵盘性能的重要因素之一,为了确保研制的钵盘的抗弯性能达到实际使用要求,现对钵盘抗弯强度性能进行理论分析,在仅考虑钵盘结构的条件下,首先假设钵盘受到均布载荷,其受力简图如图4-2所示,其横截面如图4-3所示。

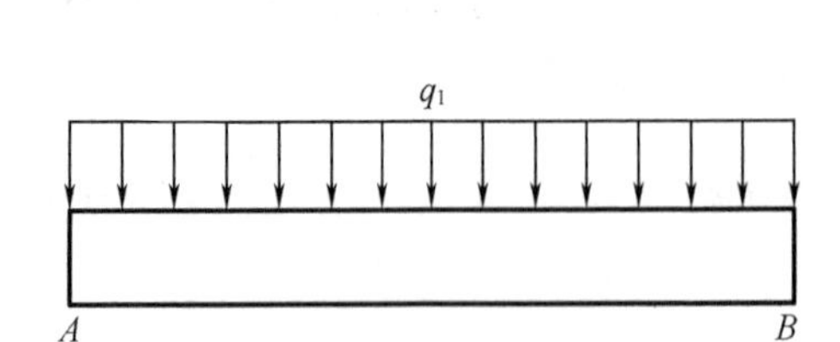

图 4－2　钵盘受力简图

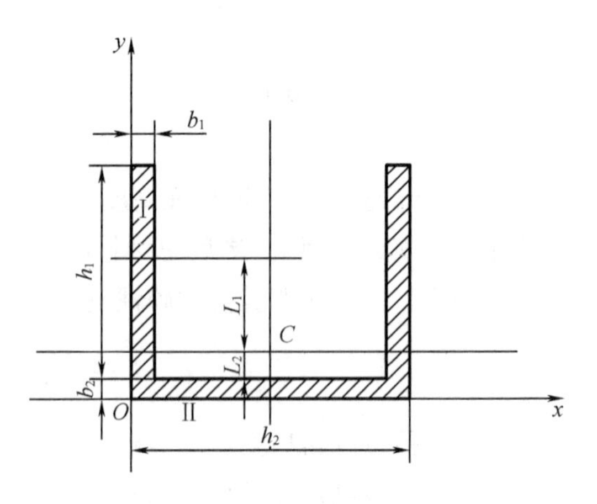

图 4－3　钵盘横截面

为得到钵盘的抗弯强度指标，需先确定最大弯矩 M_{max} 和截面对中性轴的惯性矩 I_Z。

$$M_B = M_A + \int_a^b F(x)\mathrm{d}x \tag{4-18}$$

$$M_{max} = M_{\frac{l}{2}} = 0 + \int_0^{\frac{l}{2}} qx\mathrm{d}x \tag{4-19}$$

钵盘所受的最大弯矩为

$$M_{max} = \frac{ql^2}{8} \tag{4-20}$$

然后，确定截面形心以确定截面对中性轴的惯性矩 I_Z：

$$\bar{x} = \frac{\sum_{i=1}^{n} A_i \bar{x}_i}{\sum_{i=1}^{n} A_i};\bar{y} = \frac{\sum_{i=1}^{n} A_i \bar{y}_i}{\sum_{i=1}^{n} A_i} \tag{4-21}$$

式中，$n=3$。

经计算求得：$\bar{x}=21$ mm，$\bar{y}=\frac{A_{\mathrm{I}}Z_{\mathrm{I}}+A_{\mathrm{II}}Z_{\mathrm{II}}}{A_{\mathrm{I}}+A_{\mathrm{II}}}=11.025$ mm（$A_{\mathrm{I}}=b_1h_1$；$A_{\mathrm{II}}=b_2h_2$；$\overline{Z_{\mathrm{I}}}=\frac{h_1}{2}=17.5$ mm；$\overline{Z_{\mathrm{II}}}=\frac{b_2}{2}=1.75$ mm）。

利用常用截面惯性矩计算公式：

$$I_Z = \frac{Be_1^3 - bh^3 + ae_2^3}{3} \tag{4-22}$$

式中，B、b、e_1、e_2、a、h 的含义如图 4－4 所示，单位为 mm。计算得出 $I_Z = 25\ 530.301\ 8$ mm^4。

钵盘抗弯截面系数为

$$W_Z = \frac{I_Z}{y_a} \tag{4-23}$$

当 $y_a = y_{max}$ 时，最大抗弯强度为

$$\sigma_{max} = \frac{My_{max}}{I_Z} \tag{4-24}$$

其中,钵盘空置状态时质量为0.316 34 kg,加土育苗后为1.052 59 kg。由式(4-20)求得钵盘空置状态下的 $M_{k-max}=0.107\ 147\ 8\ N\cdot m$,再将该结果代入式(4-24)求得抗弯强度指标 $\sigma_k \geq 0.100\ 62\ MPa$,同理求得 $M_{k-max}=0.356\ 524\ 55\ N\cdot m$,$\sigma_m \geq 0.334\ 8\ MPa$。至此,得出在不考虑钵盘材料,也不对钵盘施加外力的条件下,仅从钵盘结构和自身质量角度考虑,获得钵盘制备成多钵孔连续长条状至少要达到的抗弯强度。

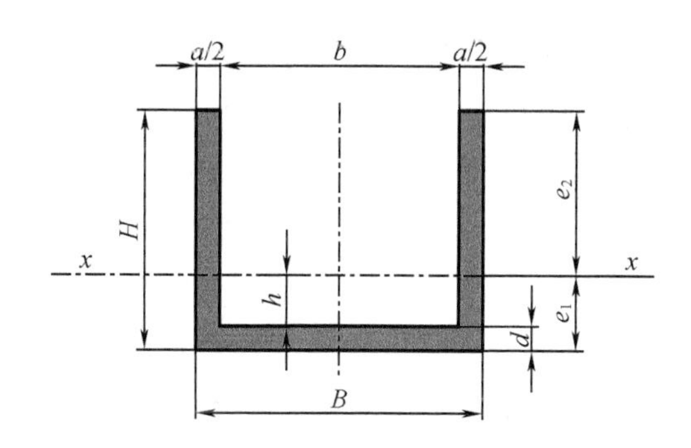

图4-4 钵盘横截面惯性矩计算示意图

4.3.8 抗压强度

假设钵盘材料是均匀分布的,且横截面上各点处的正应力 σ 都相等。

$$F_N = \int_A \sigma dA = \sigma \int_A dA = \sigma A \tag{4-25}$$

$$\sigma = \frac{F_N}{A} \tag{4-26}$$

$$\sigma_{max} = \frac{F_{N,max}}{A} \tag{4-27}$$

式中,钵盘轴向横截面积 $A=1\ 739.5\ mm^2$。

由式(4-26)求得钵盘抗压强度指标 $\sigma_{ky}=0.002\ 965\ MPa$。为了保证存储堆码和运输的要求,钵盘的抗压强度提升100倍,所以 $\sigma_{ky} \geq 0.296\ 5\ MPa$。

因此,钵盘育秧时的抗弯强度应满足 $\sigma_{max} \geq \sigma_k$,$\sigma_{max} \geq \sigma_m$;钵盘育秧时的抗压强度应满足 $\sigma_{max} \geq \sigma_{ky}$。

4.3.9 抗剪强度(干强度、湿强度、最大剪切力)

通过试验发现,钵盘在剪切过程中,到切刀运行一定位移后,钵盘即被剪断,也就是说,剪切时切刀并不需要运行到钵盘的最底部,钵盘已被切断,并在自身重力作用下自然撕裂未剪部分而脱落。因此,实际剪切钵盘分为两个过程,即剪切阶段和撕裂阶段,剪切阶段需要消耗能量,撕裂阶段一般是加载载荷逐渐卸载的过程,钵盘在被剪下部分的重力和切刀卸载下行撕裂作用下完全断裂,一般认为不消耗能量。因此,试验研究中计算剪切力所用的面积为剪切阶段所对应的剪切面积,撕裂阶段对应面积不计算在内,另外剪切时采用双刀分别剪切钵盘的两个侧边,不考虑钵盘和育苗土之间的作用对剪切力的影响。

一般情况下,材料的抗剪强度 $\tau=(0.6\sim0.8)\sigma_{ky}$,因此理论上钵盘抗剪强度 $\tau\geqslant$ 0.177 9 ~0.237 2 MPa 时钵盘的结构能满足对抗剪强度的基本要求。切割钵盘时,切刀所能承受的最大剪切强度要大于移栽时钵盘所能承受的最大剪切强度。即钵盘移栽时的抗剪强度应满足 $\tau_{max}\leqslant\tau_{qd}$。

本研究中对钵盘的抗剪强度用钵盘的干强度、湿强度和所能承受的最大剪切力来评价。其中干强度是指钵盘干燥固化后的抗剪强度,湿强度是指钵盘育苗移栽前的抗剪强度,钵盘所能承受的最大剪切力是指钵盘育苗移栽时所能承受的最大剪切力。

4.3.10 秧苗根系对钵盘底部的穿透能力

玉米秧苗长到 5 叶 1 芯时,采用秧苗的根系穿透钵盘底部根系的数量来衡量秧苗对钵盘的穿透能力。但是在秧苗长到 3 叶 1 芯前,根系不应完全穿透钵盘底部。否则,在育苗期间会发生秧苗窜根或相邻秧苗根系相互缠绕的现象。

因此,在钵盘压制成型过程中,成型压力、保压时间、成型温度、钵盘物料的成分配比(秸秆、增强基质、固体凝结剂、生物淀粉胶和水的质量分数)均会影响钵盘的成型和相关性能。该阶段钵盘的成型率、干燥固化后的断裂率、成型密度、抗弯强度和抗压强度、育苗后的膨胀率均是评定钵盘性能的主要指标。

在干燥固化灭菌过程中,干燥固化成型的工艺组合参数(干燥时间、干燥温度、蒸汽质量流量)是影响钵盘性能的直接因素,钵盘干燥固化后的干强度、育苗后钵盘的湿强度和钵盘所能承受的最大剪切力均为钵盘性能的主要评价指标。

在钵盘储存堆码和运输过程中,钵盘的抗跌碎性和抗压强度、抗弯强度为评价钵盘的重要指标。

育苗过程中,钵盘的吸水率、保水性、膨胀率、秧苗根系对钵盘底部的穿透能力均为钵盘性能的主要评价指标,同时钵盘要满足育苗过程的农艺要求,并确保能满足机械化移栽的要求,因此钵盘的最大剪切力成为移栽作业时评价钵盘性能的关键指标。

4.4 切刀结构和切割钵盘位置仿真分析

玉米植质钵育秧盘经过育秧环节,在秧苗移栽时需经秧盘切刀切断后栽植到田间,钵盘在切刀切断力作用下产生变形,钵孔内育苗土会产生松动,对秧苗根系会产生一定影响。所以,被切割下的钵体、钵孔内的育苗土变形和松动,在一定程度上会影响供苗机构对钵盘的机械化输送,以致影响钵苗有序移栽和最后的栽植质量。因此,在实验室试验和移栽作业时钵盘的切割方式、切刀的结构会直接影响到钵盘的切割质量。本研究对钵盘在不同的切割方式、不同的切刀结构作用下，钵盘受力变形情况进行了仿真分析，确定钵盘切刀的合理结构和较佳的切割位置，为试验中测试钵盘的剪切力奠定基础，从而为玉米植质钵育秧盘配套移栽机械的切割部件设计提供理论依据。

4.4.1　钵盘三维仿真模型的建立

建立可靠、准确的物理仿真模型是进行钵盘剪切力学性能有限元分析的重要步骤之一。本研究首先利用三维绘图软件 PROE 按照所设计的钵盘结构尺寸建立实体模型。建立的空钵盘模型和装满育苗土的钵盘模型分别如图 4－5 和图 4－6 所示。

图 4－5　空钵盘模型

图 4－6　装满育苗土的钵盘模型

将在 PROE 软件中建好的空钵盘模型和装满育苗土的钵盘模型分别导入 ANSYS Workbench 中，如图 4－7 和图 4－8 所示。

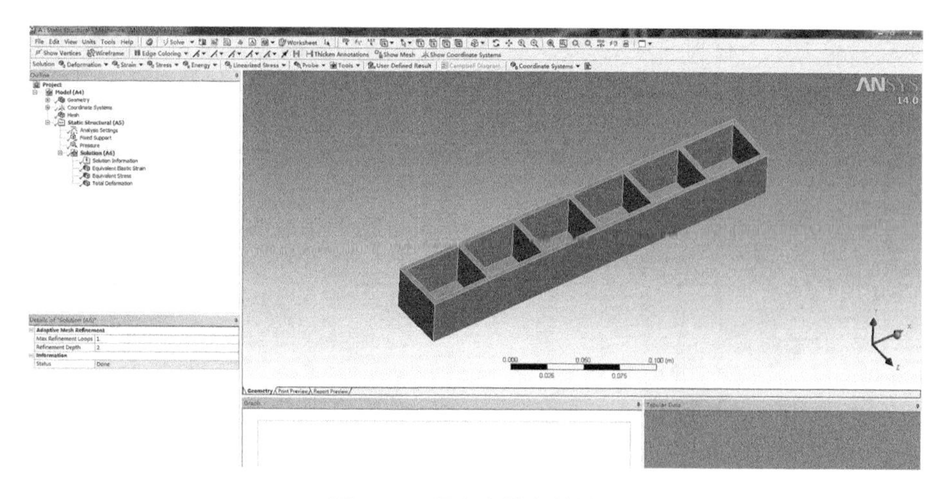

图 4－7　导入空钵盘的模型

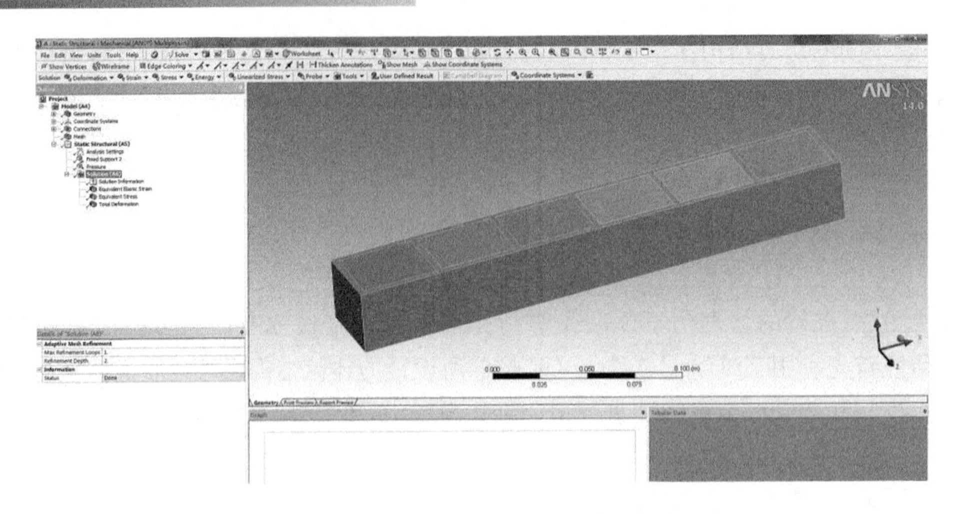

图 4-8 导入装满育苗土的钵盘模型

导入模型后，分别设置空钵盘模型和装满育苗土的钵盘模型的材料属性，并将设置好的材料属性赋给模型，材料属性见表 4-1 和表 4-2。

表 4-1 植质钵育秧盘材料属性

秧盘质量/kg	秧盘密度/($kg \cdot m^{-3}$)	秧盘体积/m^3	秧盘弹性模量/MPa	秧盘泊松比
0.316 34	2 459.39	0.000 128 625	40	0.2

表 4-2 育苗土材料属性

秧土总质量/kg	秧土密度/($kg \cdot m^{-3}$)	秧土总体积/m^3	秧土弹性模量/MPa	秧土泊松比
0.736 25	2 650	0.000 277 83	2	0.35

对建立的模型赋予材料属性后，分别对空钵盘模型和装满育苗土的钵盘模型进行网格划分，得到两种钵盘的有限元模型，如图 4-9、图 4-10 所示。

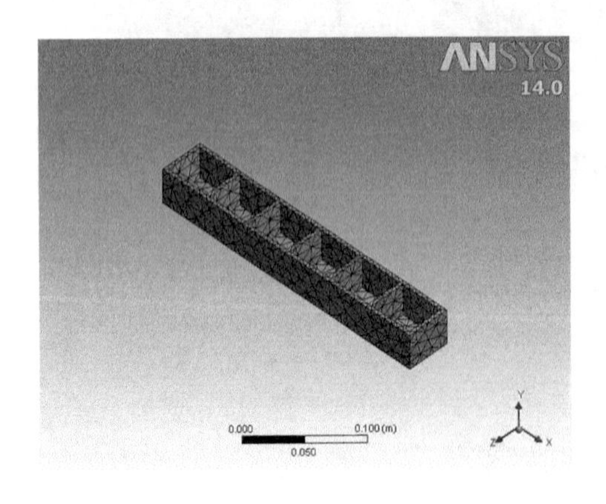

图 4-9 划分网格后的空钵盘模型

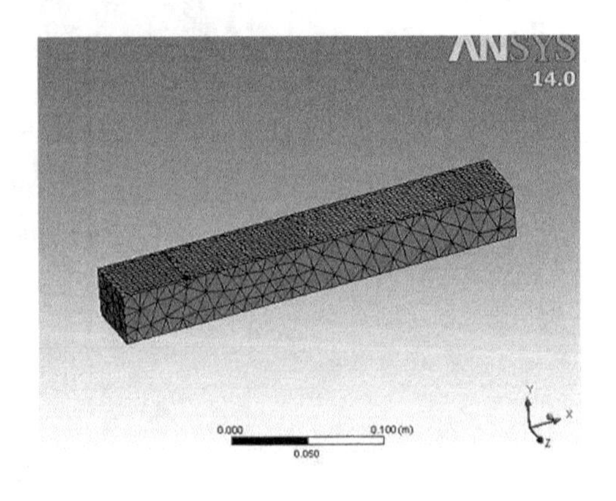

图 4-10 划分网格后的装满育苗土的钵盘模型

4.4.2 施加载荷与约束

分别对空钵盘模型和装满育苗土的钵盘模型施加载荷和约束，根据玉米植质钵育移栽作业的实际情况，结合制备的钵盘结构，设计移栽时切割钵盘的切刀形状和结构。对空钵盘进行切割作业时，主要承受力的部分为两侧的钵盘侧壁；装满土进行育苗后的钵盘，主要承受力的部分是钵盘的两个侧壁和育苗土。试验中考虑用单刀或分两片的双刀切割钵盘。

在移栽作业时，要保证一穴一钵苗，切割钵盘时尽量减小对切刀的磨损，那么切割的位置应该选在贴近相邻钵盘的立壁一侧，并保证不直接切割到两个钵孔之间的间隔立壁上。这样一方面能尽量保证被切割下的单个钵体的完整性，又使需要钵盘的剪切力较小。仿真试验时，单刀对空钵盘和装满育苗土的钵盘施加载荷和约束的位置分别如图 4－11 和图 4－12 所示，双刀对空钵盘和装满育苗土的钵盘施加载荷和约束的位置如图 4－13 和图 4－14 所示。

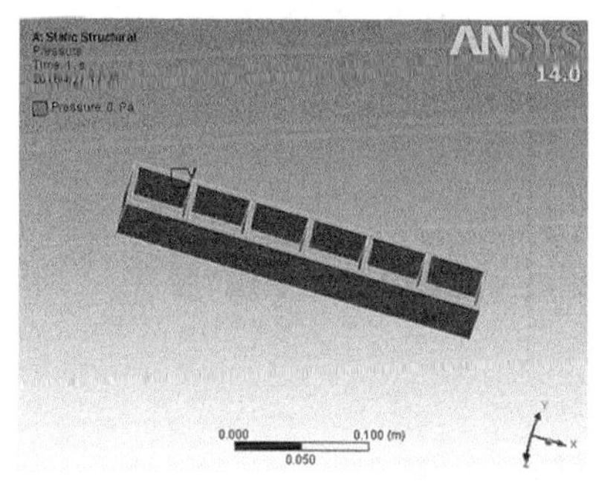

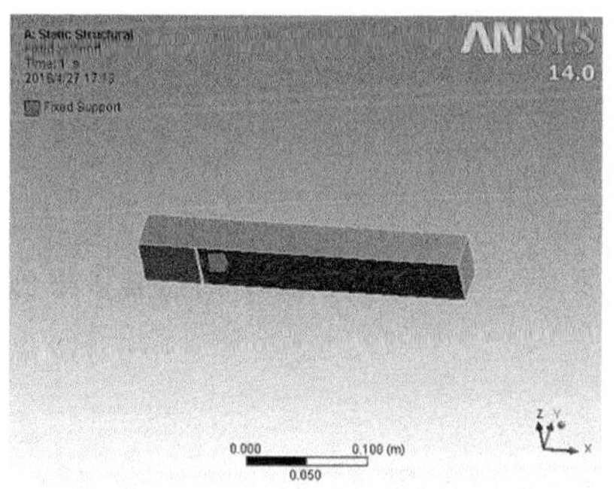

图 4－11　单刀对空钵盘施加载荷和约束的位置

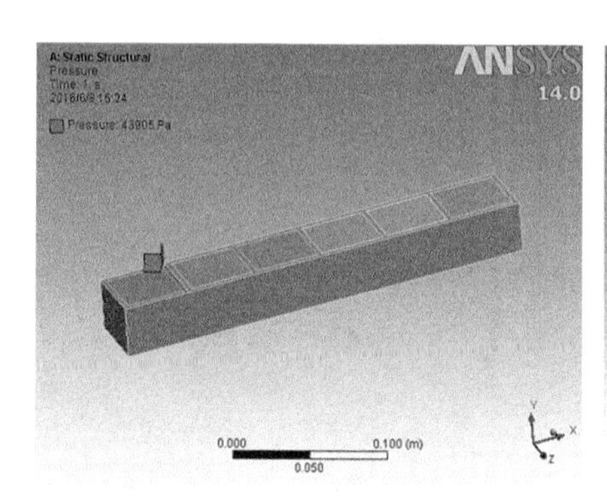

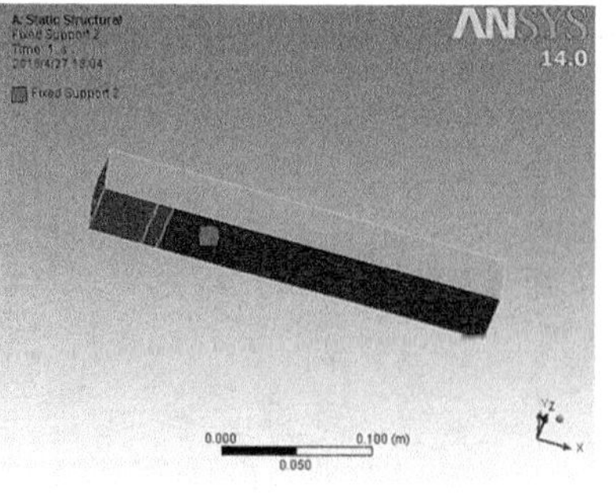

图 4－12　单刀对装满育苗土的钵盘施加载荷和约束的位置

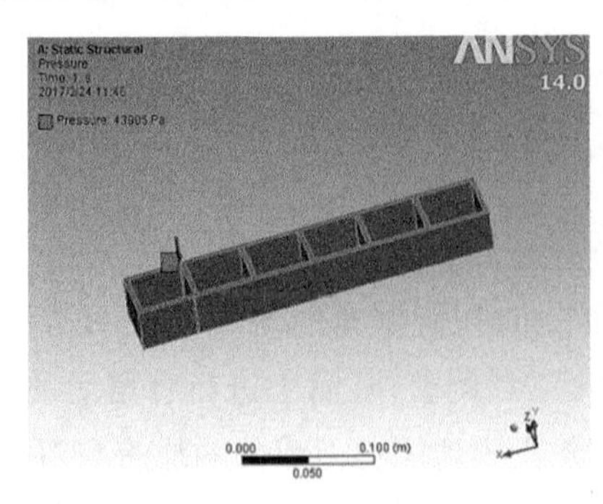

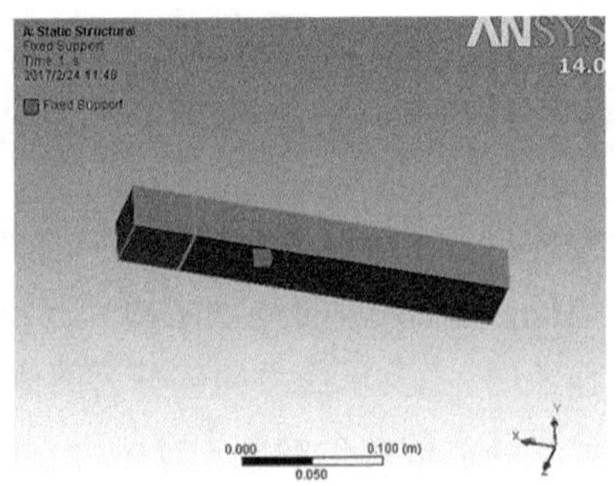

图 4－13　双刀对空钵盘施加载荷和约束的位置

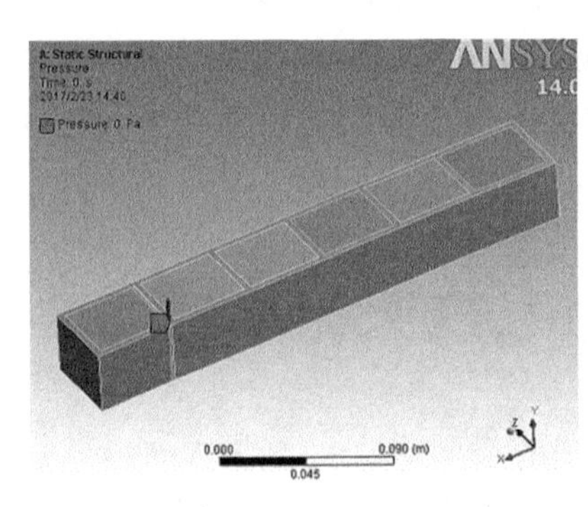

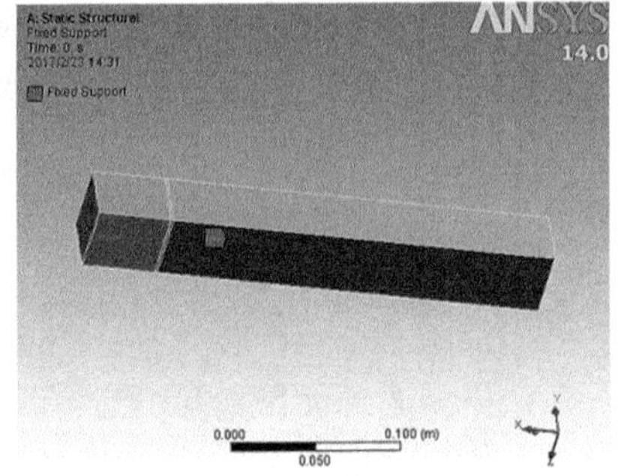

图 4－14　双刀对装满育苗土的钵盘施加载荷和约束的位置

4.4.3　仿真计算和结果分析

1. 钵盘剪切应力分析

经过仿真计算和处理后得到空钵盘和装满育苗土的钵盘的应力分析云图如图 4－15 至图 4－18 所示。

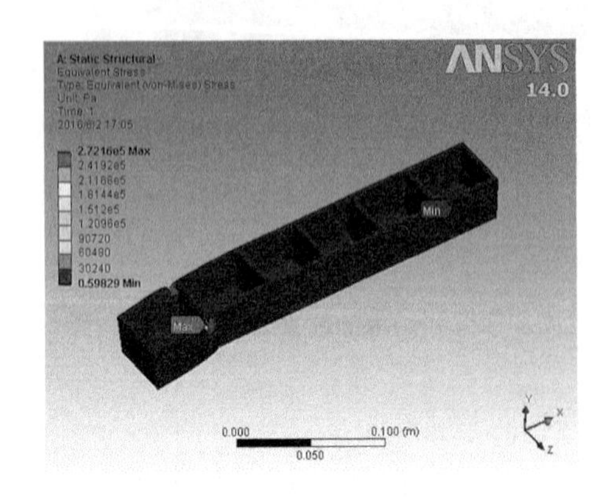

图 4－15　单刀作用下空钵盘的应力分析云图

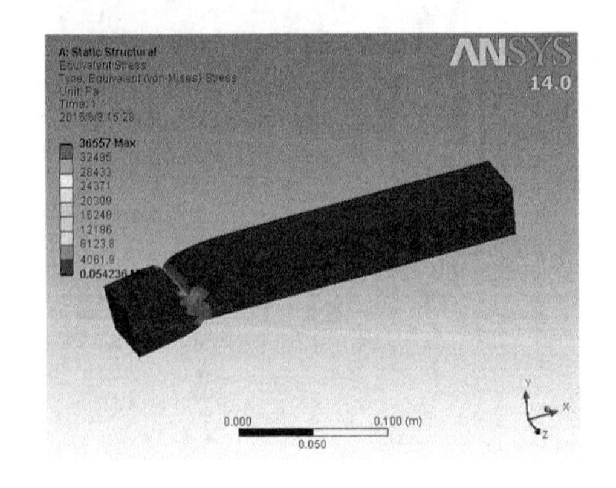

图 4－16　单刀作用下装满育苗土的钵盘的应力分析云图

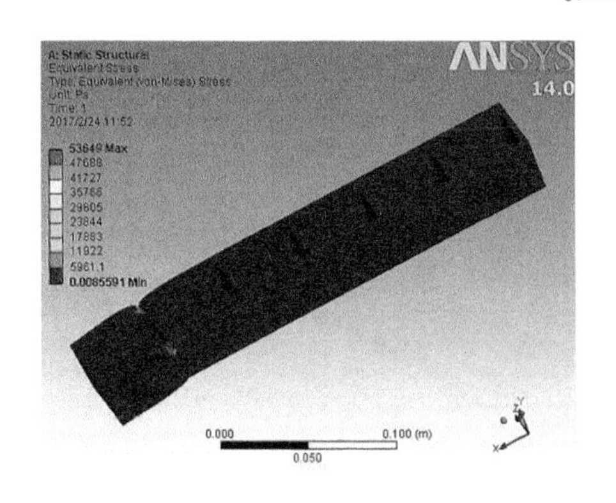

图 4-17 双刀作用下空钵盘的应力分析云图

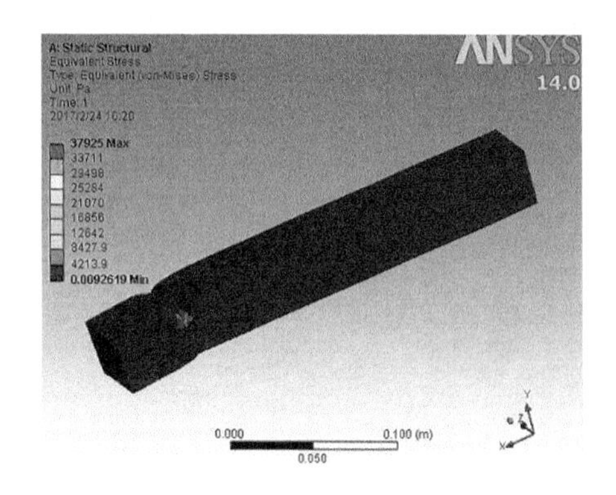

图 4-18 双刀作用下装满育苗土的钵盘的应力分析云图

图 4-15 和图 4-17 表明，对空钵盘进行切割时，单刀作用下产生的最大应力为 2.7216×10^{5} Pa，双刀作用下产生的最大应力为 5.3649×10^{4} Pa，即钵盘在双刀作用下产生的应力较大，对钵盘破坏较严重；图 4-16 和图 4-18 表明，在对装满育苗土的钵盘进行切割时，单刀作用下产生的变形区域明显大于双刀作用下产生的变形区域，对钵盘破坏较严重。因此，切割空钵盘时，单刀的切割方式优于双刀的切割方式。

2. 钵盘变形仿真分析

经过仿真计算和处理后得到空钵盘和装满育苗土的钵盘的变形分析云图（图 4-19 至图 4-22）。图中表明，无论是空钵盘还是装满育苗土的钵盘，在单刀作用下产生的变形量和变形影响到的区域均明显大于双刀，因此在减少钵盘切割时的变形，尽量保证被切割钵体及邻近钵体完整的条件下，双刀的剪切效果优于单刀。

基于上述分析，试验中采用双刀来切割钵盘，两片刀刃作用的位置为钵盘侧壁棱上，设钵盘底面（除去被切割的一个钵孔）为约束面，约束类型是固定约束。设计切刀与试验机的连接板和切刀的结构尺寸示意图分别如图 4-23 和图 4-24 所示，设计的用于移栽机构上的钵盘切刀三维模型和物理模型如图 4-25 所示。

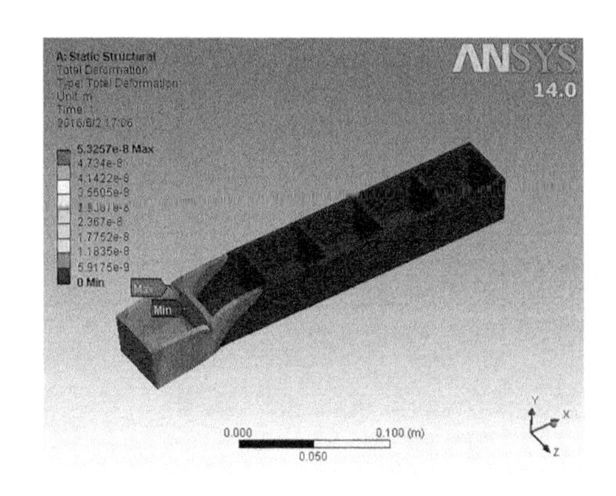

图 4-19 单刀作用下空钵盘的变形分析云图

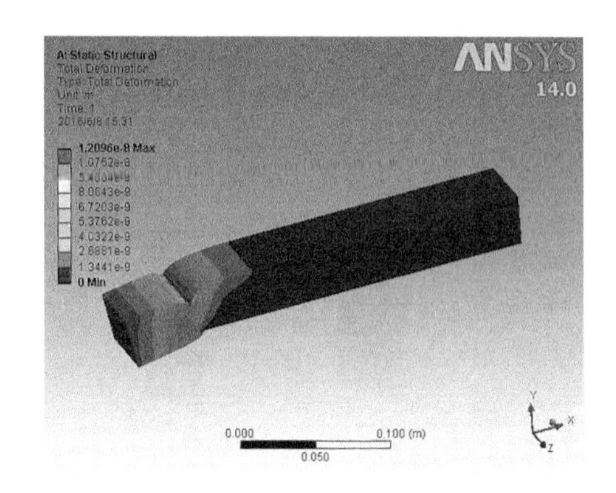

图 4-20 单刀作用下装满育苗土的钵盘的变形分析云图

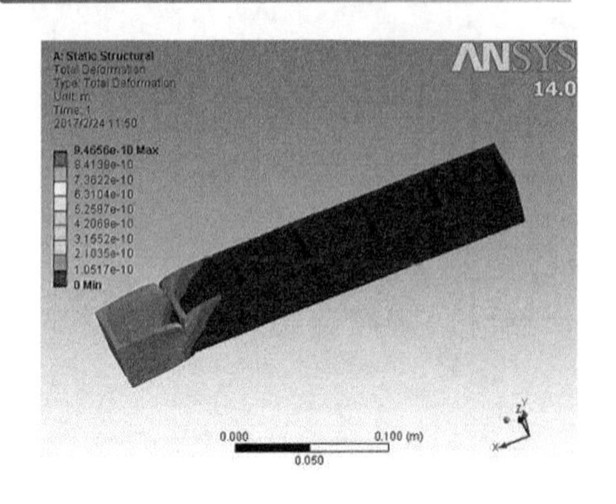

图 4－21　双刀作用下空钵盘的变形分析云图

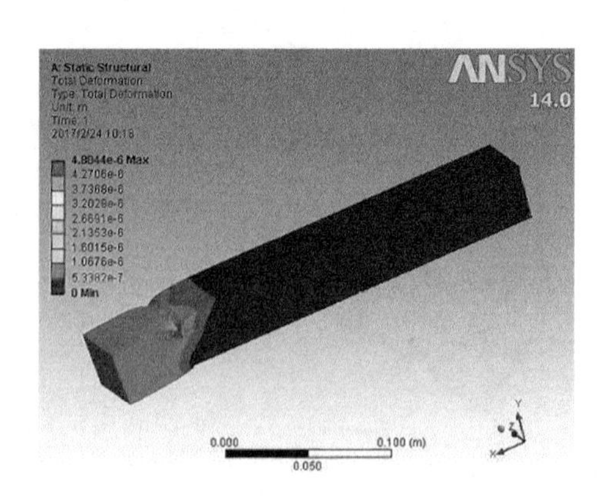

图 4－22　双刀作用下装满育苗土的钵盘的变形分析云图

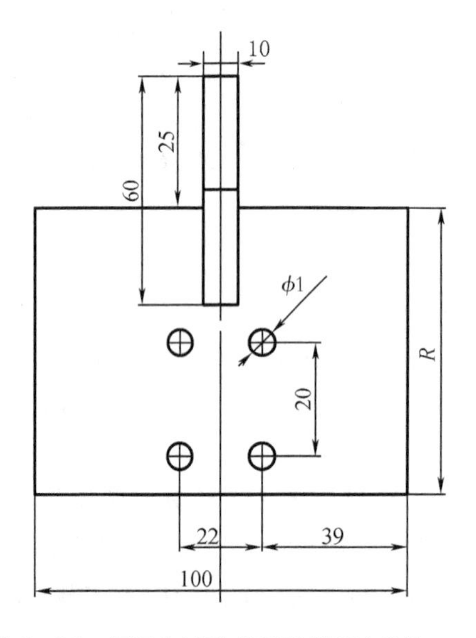

图 4－23　切刀与试验机的连接板(单位:mm)

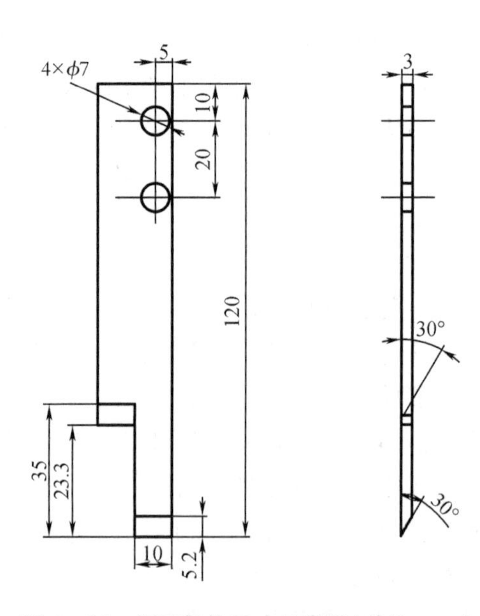

图 4－24　切刀结构尺寸示意图(单位:mm)

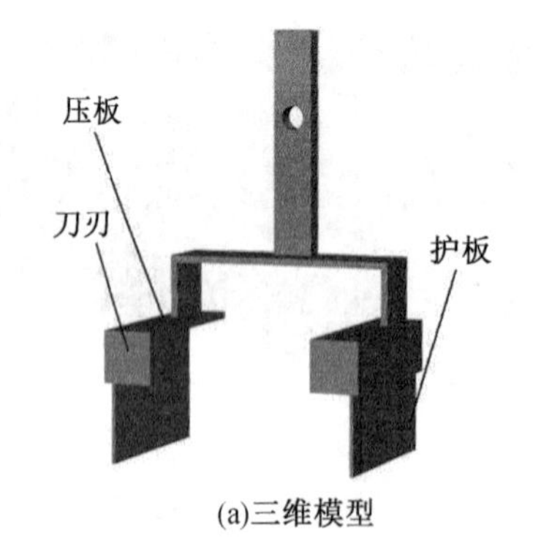

(a)三维模型

(b)物理模型

图 4－25　钵盘切刀三维模型和物理模型

4.5 本章小结

(1)对影响钵盘成型质量和性能的主要因素进行了分析,试验研究中采用常温下压缩成型,其中成型压力是钵盘物料成型的最基本条件,初步试验得出成型压力达到20 MPa左右时,通过压缩成型制备的钵盘基本能满足使用要求。另外,保压时间越长,物料成型质量一般越高,但是当保压达到一定时间后,物料成型质量提升不再明显,为了降本增效,本研究确定保压时间为10 s。

(2)在对生物质物料热成型机理和粉粒体物料常温高压成型机理进行研究的基础上,探讨了钵盘物料压缩成型机理:预压段时,物料相互填充,使物料颗粒之间的空隙变小,颗粒的位置重新排列,但物料还基本保持原来的特征和形状;到成型阶段,物料颗粒之间的相互填充作用进一步加强,机械镶嵌作用也变大,物料颗粒开始经过成长—破碎—再成长,形成较大颗粒,聚结在一起的物料会产生黏弹塑性变形和流动,弹性变形和塑性变形增大;保型段使已成型的钵盘物料有足够的时间产生应力松弛和蠕变,分析得出能较好表示三维状态下钵盘物料压缩成型时的黏弹塑性轴向应变表达式:

$$\varepsilon_1(t)=\frac{\sigma_{\mathrm{II}}}{9K}+\frac{\sigma_{\mathrm{I}}}{3G_{\mathrm{e}}}+\frac{\sigma_{\mathrm{I}}}{3G_{\mathrm{VE}}}\left[1-\exp\left(\frac{G_{\mathrm{VE}}}{H_{\mathrm{VE}}}\right)t\right]+\frac{1}{2H_{\mathrm{VP}}}[\varphi(F)]\left(\alpha+\frac{\sigma_1}{3\sqrt{J_2}}\right)t$$

(3)对钵盘性能的主要评价指标成型率、干燥固化后不断裂率、成型密度、抗跌碎性、膨胀率、吸水性和保水性、抗弯强度、抗压强度、抗剪强度、秧苗根系对钵盘底部的穿透能力进行了分析,确定了钵盘制备不同阶段和使用过程中的主要评价指标。其中,在仅考虑钵盘结构和自身质量的条件下,钵盘的抗弯强度至少应满足空钵盘 $\sigma_{\mathrm{k}}\geqslant 0.100\ 62$ MPa,装满育苗土的钵盘 $\sigma_{\mathrm{m}}\geqslant 0.334\ 8$ MPa,钵盘的抗压强度至少应满足 $\sigma_{\mathrm{ky}}\geqslant 0.296\ 5$ MPa,钵盘的抗剪强度至少应满足 $\tau\geqslant 0.177\ 9\sim 0.237\ 2$ MPa。

(4)利用PROE软件建立钵盘三维模型,导入ANSYS WORKBENCH模块进行钵盘应力和变形情况仿真分析,确定了钵盘切刀采用双刀,并分别作用在贴近下一个钵盘间隔立壁的侧壁上,切割时产生的应力集中和变形均较小,切割效果较好。

第5章　玉米植质钵育秧盘干燥固化试验研究

5.1　钵盘物料成分配比单因素试验

本研究利用物理学的理论知识，通过分析钵盘物料中不同材料的力学性能，结合工程材料理论，对合成物料的成分进行初步配比。首先确定钵盘物料比例为秸秆6%，增强基质64%，固体凝结剂10%，水20%。成型压力分别为10 MPa、15 MPa和20 MPa时进行钵盘初步成型试验。钵盘物料混合搅拌后如图5－1所示。初步配比成型试验表明，压力达到20 MPa时钵盘压制成型率达到95.1%，但不加入生物淀粉胶的钵盘在干燥固化后裂纹和断裂现象严重，其中断裂比例为10.5%，裂纹比例达30%左右，再经过育秧的温湿环境，断裂的比例达到25.6%。压缩成型后的不含胶钵盘如图5－2所示，经过干燥固化后不含胶钵盘产生的断裂现象如图5－3所示。

图5－1　混合后的物料

图5－2　制备的不含胶的钵盘

图5－3　不含胶钵盘干燥后断裂

通过初步制备成型试验，发现采用上述比例物料混合，可以得到很好的钵盘成型率，但是钵盘的强度不能满足干燥固化和育苗温湿度环境的要求。为了降低钵盘在干燥固化和育苗温湿度环境下的断裂率，考虑加入适量的胶黏剂，试验中胶黏剂由黑龙江八一农垦大学植质钵育栽培技术研究组提供（生物淀粉胶）。为了获得较佳的物料配比，首先进行一定的单因素基础试验，研究秸秆、增强基质、固体凝结剂、水和生物淀粉胶的质量分数对钵盘成型率、断裂率或相关力学性能的影响，为确定钵盘较佳成分配比参数提供基础依据。

为了更好地保证所进行的单因素试验的合理性和有效性，在进行上述单因素试验之前，首先确定压制钵盘的成型压力。试验中通过比拉伸强度来初步确定钵盘成型压力，比拉伸强度为拉伸强度与密度的比值，其测定方法如下：从自行研制的玉米植质钵育秧盘单个钵孔侧壁上切割下 40 mm 的试样，试样宽度即为实际切割下的钵盘侧壁宽度 40 mm，试样厚度通过测试试样三点厚度计算出其平均值，然后把试样以 5 mm/min 的拉伸速度在微机控制电子万能试验机上进行拉伸强度测试试验。

玉米植质钵育秧盘拉伸强度计算公式：

$$\sigma_{B}=\frac{P_{Ymax}}{B_{Y}H_{Y}} \tag{5-1}$$

式中 σ_{B}——拉伸强度，MPa；

P_{Ymax}——试样破坏时的最大载荷值，N；

B_{Y}——试样宽度，mm；

H_{Y}——试样厚度，mm。

通过试验测试发现，玉米植质钵育秧盘的成型压力为 20 MPa 以下时，比拉伸强度随着成型压力的增加而增大的趋势明显，当压力达到 20 MPa 时，增加趋势不再明显，之后还略有下降。这主要是因为随着成型压力的增加，钵盘物料颗粒之间的结合力增强，钵盘密度增加，强度也不断提升；当压力达到 20 MPa 时，钵盘物料颗粒之间结合得已经很紧密，继续增加钵盘成型压力对钵盘的密度和强度提升不再明显，比拉伸强度的提高也不再明显。因此，本研究初步确定钵盘的成型压力为 20 MPa 左右较为合理，所以在接下来的单因素试验中选择钵盘成型物料压力为 20 MPa。

在初步确定钵盘制备成型压力的基础上，进行钵盘合成物料成分配比的单因素试验研究，控制钵盘合成物料各质量分数，试验方法如下：

（1）控制水稻秸秆为 6%、增强基质为 64%、固体凝结剂为 10%、水为 20%，研究生物淀粉胶的含量对钵盘压制成型率和断裂率的影响，其中生物淀粉胶每增加一定质量分数，降低相同的水的质量分数；

（2）控制水稻秸秆为 6%、增强基质为 64%、固体凝结剂为 10%、生物淀粉胶为 0.04%，研究含水量在自然条件下对钵盘膨胀率和力学性能的影响，其中随着含水量的变化，相应改变增强基质的质量分数；

（3）控制水稻秸秆为 6%、增强基质为 64%、水和生物淀粉胶的混合物为 20%（生物淀粉胶为 0.04%），研究在自然条件下固体凝结剂含量对钵盘膨胀率和力学性能的影响，固体凝结剂每增加一定质量分数，相应降低增强基质的质量分数；

（4）控制水稻秸秆为 6%、固体凝结剂为 10%、水和生物淀粉胶的混合物为 20%（生物淀粉胶为 0.04%），研究在自然条件下增强基质的含量对钵盘膨胀率和力学性能的影响，增强基质每降低一定质量分数，相应增加固体凝结剂的质量分数；

(5)控制增强基质为64%、固体凝结剂为10%、水和生物淀粉胶的混合物为20%，研究水稻秸秆质量分数对钵盘自然条件下膨胀率和力学性能的影响，秸秆质量分数增加一定数值，相应降低增强基质的质量分数。

5.1.1 生物淀粉胶对钵盘成型率和断裂率的影响

图5-4表明，加入生物淀粉胶压制成型的钵盘，其断裂和裂纹问题均能得到很好的解决。试验中每加入一定质量的生物淀粉胶，相应减少相同质量的水的加入量。当施胶量占钵盘物料质量分数从0.01%逐渐增加到0.04%时，钵盘压制成型率均能达到95.6%以上，加入0.04%的生物淀粉胶的钵盘在烘干固化后不断裂率为99.27%，育秧后钵盘的完整率均能达到95%以上。继续增加生物淀粉胶的质量分数，当增加到0.06%、0.07%和0.1%时钵盘压制成型率提高幅度极小，烘干固化后钵盘的不断裂率基本不变。因此，确定钵盘物料中生物淀粉胶较佳的质量配比为0.04%。另外，由于生物淀粉胶在钵盘成型物料中所占的质量分数极小，加入生物淀粉胶主要为保证钵盘的成型率和不断裂率，因此单因素试验中未考虑生物淀粉胶对钵盘抗弯强度、抗压强度和所能承受的最大剪切力的影响。

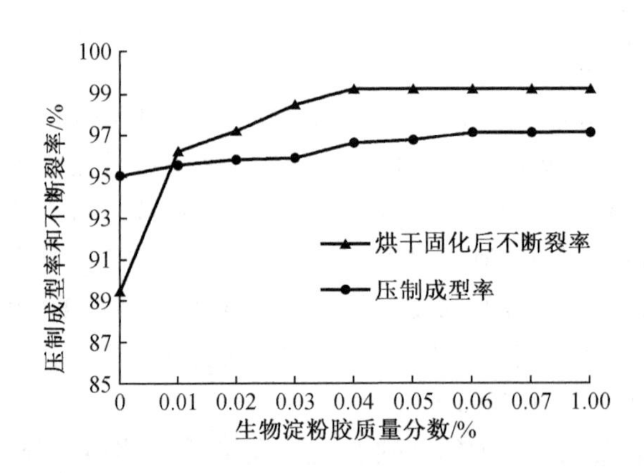

图5-4 钵盘压制成型率和烘干固化后不断裂率随生物淀粉胶质量分数的变化曲线

5.1.2 水对钵盘性能的影响

通过上述生物淀粉胶对钵盘成型率和不断裂率影响试验的分析，初步确定钵盘中生物淀粉胶的施加量为钵盘总质量的0.04%，在实际钵盘制备中将生物淀粉胶溶解到加入成型物料的水中，然后一起与其他物料混合，并压制成型。因此，在该项试验中水和生物淀粉胶混合物里生物淀粉胶占钵盘的质量分数确定为0.04%。

图5-5表明，随着水的质量分数的增加，钵盘压制成型率先增加后减小，但是增加和减小程度均不大，钵盘烘干固化后的不断裂率先增加后略有降低，总体变化幅度不大。

图5-6表明，钵盘抗弯强度和抗压强度随含水量的变化先增加后减少，增加和减小总

体幅度较为明显。当水的质量分数从15.96%增加到19.96%时,钵盘的抗压、抗弯强度增大趋势明显;当水的质量分数超过19.96%时,钵盘的抗弯强度迅速下降;当水的质量分数从19.96%增加到21.96%时,钵盘抗压强度略有提高,继续增加钵盘中的水的质量分数,钵盘的抗压强度迅速下降。这表明需要确定较佳的水的质量分数来保证钵盘的性能,水的质量分数过低,钵盘物料过于松散,压缩成型时物料颗粒间互相黏结性不好,水的质量分数过高,压缩成型后钵盘的实际密度下降,因此水的质量分数过低或过高时钵盘的强度均不高。

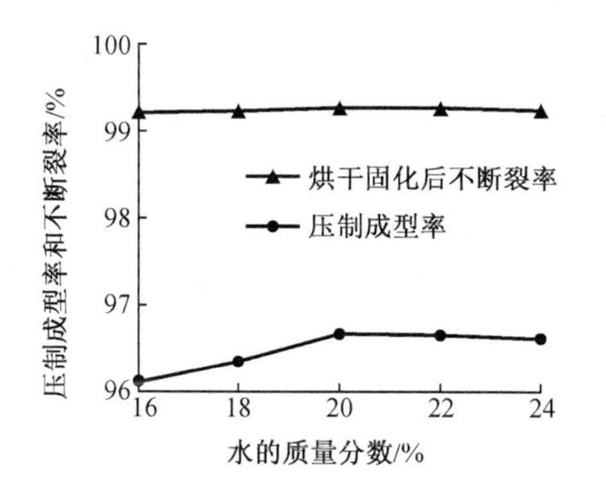

图5-5 钵盘压制成型率和烘干固化后不断裂率随水的质量分数变化曲线

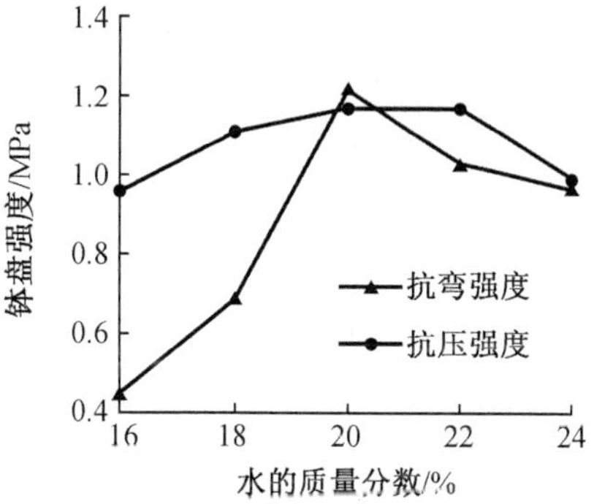

图5-6 钵盘强度随水的质量分数变化曲线

图5-7表明,钵盘膨胀率随水的质量分数增加总体呈增大的趋势,在水的质量分数从18%增加到20%的过程中,钵盘膨胀率增大趋势较明显,当水的质量分数从16%增加到18%和从22%增加到24%时,钵盘膨胀率增加趋势很小。

图5-8表明,钵盘最大剪切力随水的质量分数的增加呈先增大后减小的趋势,当水的质量分数达到22%时,钵盘最大剪切力达到最大(0.184 5 kN),相比水的质量分数达到20%时的0.184 3 kN,钵盘最大剪切力增加幅度很小。

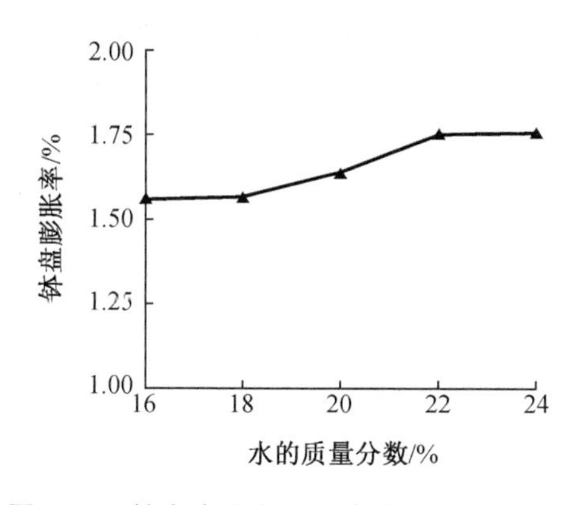

图5-7 钵盘膨胀率随水的质量分数变化曲线

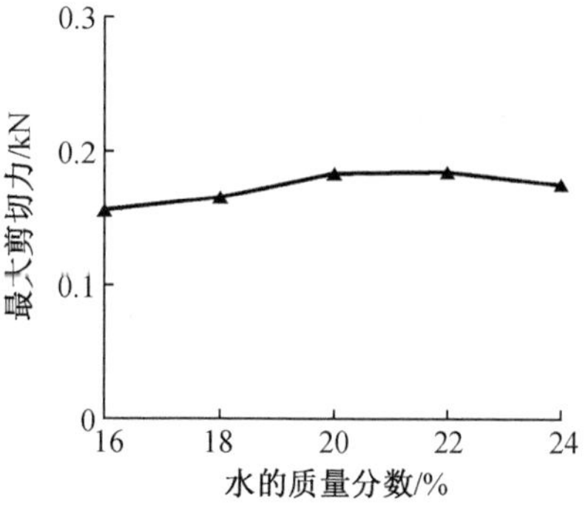

图5-8 钵盘最大剪切力随水的质量分数变化曲线

上述试验表明,随着水的质量分数逐渐增加,钵盘抗压、抗弯强度增大明显,水的质量分数对钵盘膨胀率和最大剪切力的影响也较显著,当水的质量分数为17.96%~21.96%时,钵盘的性能达到较为理想的状态。

5.1.3 固体凝结剂对钵盘性能的影响

在初步试验中发现,钵盘制备中加入适量生物淀粉胶,并控制加入的水的质量,钵盘的成型率和断裂率问题能得到很好的解决,因此在钵盘合成物料的其他单因素试验中不再考虑成型率和断裂率。

图 5 - 9 表明,钵盘的抗弯强度和抗压强度随着固体凝结剂质量分数的增加而增大,且在达到 10% 左右时钵盘强度性能已满足要求,再进一步增加固体凝结剂的质量分数,钵盘强度性能指标提升不明显。因此,初步确定钵盘中固体凝结剂所占的质量分数为 10% 左右时,钵盘的抗弯强度和抗压强度达到较佳效果。

图 5 - 10 表明,随着固体凝结剂质量分数的增加,钵盘最大剪切力先增大后减小,当固体凝结剂质量分数达到 11% 时,钵盘最大剪切力达到最大(0. 184 5 kN),然后钵盘最大剪切力开始呈下降趋势。

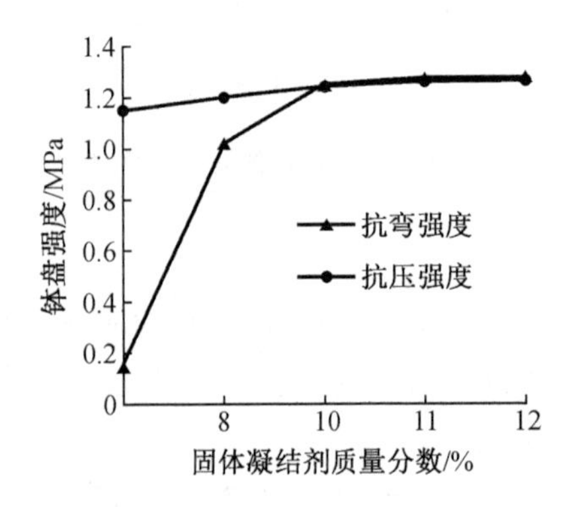

图 5 - 9 固体凝结剂质量分数对钵盘强度的影响变化曲线

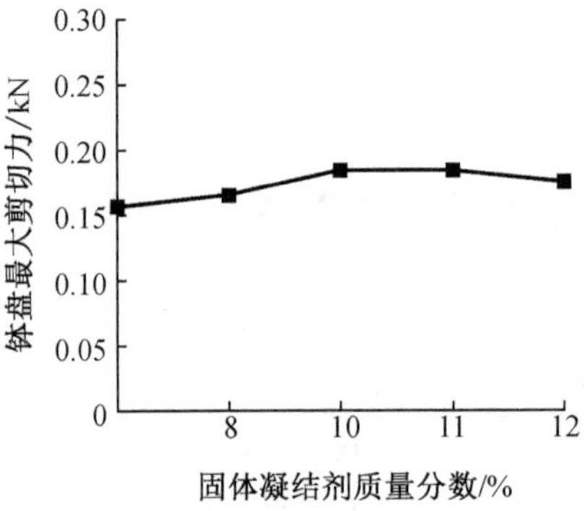

图 5 - 10 固体凝结剂质量分数对钵盘最大剪切力的影响变化曲线

图 5 - 11 表明,钵盘膨胀率随着固体凝结剂质量分数的增加呈先上升后下降的趋势,当固体凝结剂质量分数增加到 10% 时,钵盘膨胀率达到最大,为 1. 874% ,继续增加钵盘固体凝结剂质量分数,钵盘膨胀率呈下降趋势,但下降的幅度不大。

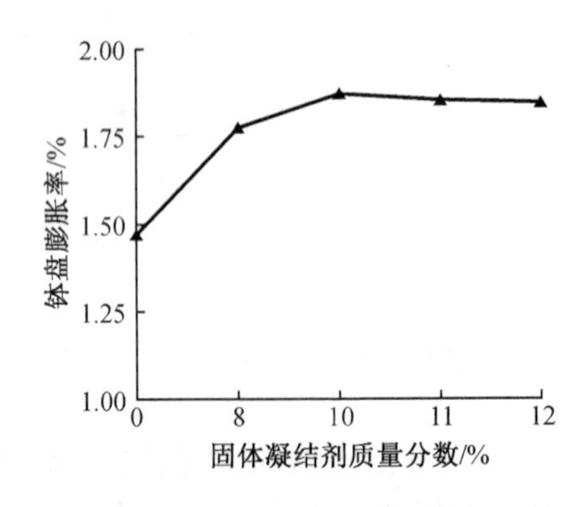

图 5 - 11 固体凝结剂质量分数对钵盘膨胀率的影响变化曲线

5.1.4 增强基质对钵盘性能的影响

增强基质的主要作用是加强钵盘的强度性能，同时为育苗过程提供一定的营养成分。图5－12表明，随着增强基质质量分数的增加，钵盘抗压强度总体呈上升趋势，在增强基质质量分数从52%增加到60%的过程中，抗压强度增加幅度很小。钵盘抗弯强度随着增强基质质量分数的增加呈先上升后下降的趋势，在增强基质质量分数达到60%前，增加幅度较大，之后抗弯强度开始下降。结合抗弯强度和抗压强度随增强基质质量分数变化，增强基质质量分数达到60%后，继续增加其质量分数，钵盘抗压强度增加趋势明显，但抗弯强度开始下降。图5－13表明，随着增强基质质量分数的增加，钵盘最大剪切力呈上升趋势，但总体增加幅度不大，基本呈线性关系。

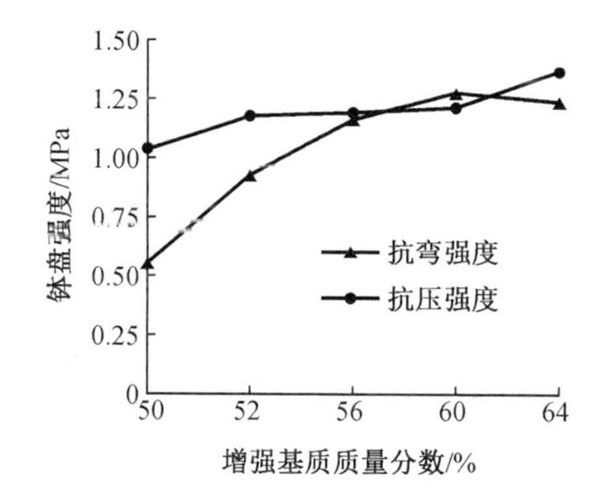

图5－12 增强基质质量分数对钵盘强度的影响变化曲线

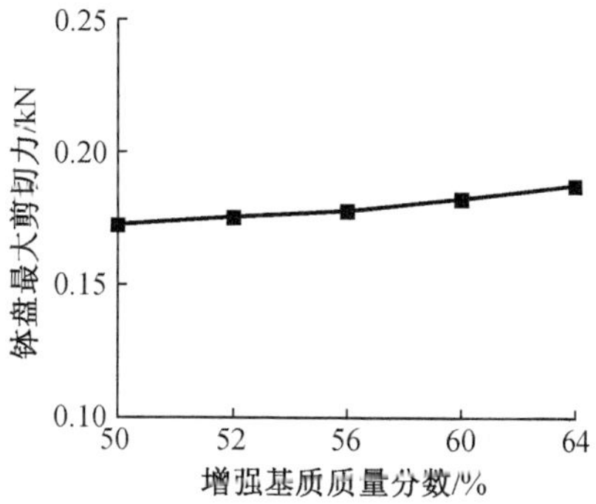

图5－13 增强基质质量分数对钵盘最大剪切力的影响变化曲线

图5－14表明，增强基质质量分数对钵盘膨胀率的影响具有一定的波动性，随着增强基质质量分数的增加，钵盘膨胀率呈先增加后降低、再增加再降低的趋势，但增强基质质量分数对钵盘膨胀率总体影响不大，钵盘膨胀率的数值变化幅度不大，基本在1.5%左右变化。

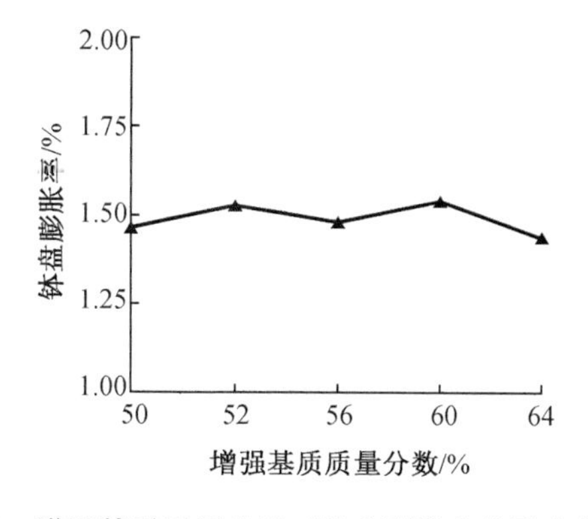

图5－14 增强基质质量分数对钵盘膨胀率的影响变化曲线

5.1.5 秸秆对钵盘性能的影响

图 5－15 表明，随着秸秆质量分数的增加，钵盘的抗压强度总体呈下降趋势，当秸秆质量分数从 20% 增加到 25% 时，钵盘抗压强度变化不大。钵盘抗弯强度随秸秆质量分数的增加先增大后减小，当秸秆质量分数为 15% 时，抗弯强度达到最大，为 1.17 MPa。这是由于当适当加入秸秆后，秸秆在钵盘中可以起到加强筋的作用，秸秆的纤维组织与增强基质和固体凝结剂结合加强了钵盘的韧性，提高了钵盘的抗弯强度。图 5－16 表明，钵盘最大剪切力随秸秆质量分数的增加而减小，因为秸秆相对增强基质和固体凝结剂是更加松散的物料，承受压力的能力较低，同时随着秸秆质量分数的增加，压制成型后的钵盘孔隙度会有一定增加，因此在一定范围内秸秆质量分数较高的钵盘抗压强度降低。但当秸秆质量分数增加到 15% 以后，钵盘最大剪切力下降的幅度变得较为平缓。

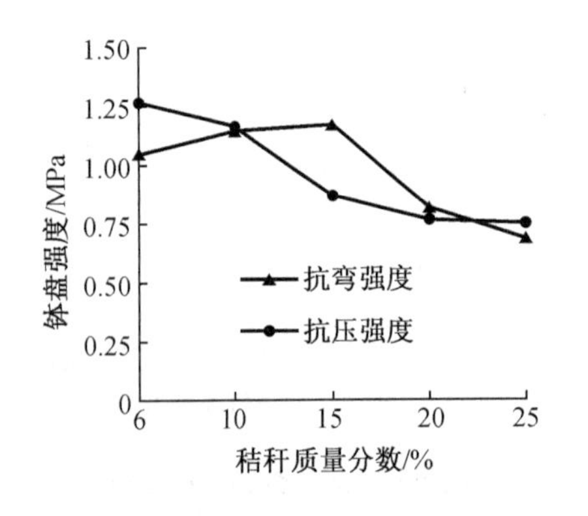

图 5－15 秸秆质量分数对钵盘强度的影响变化曲线

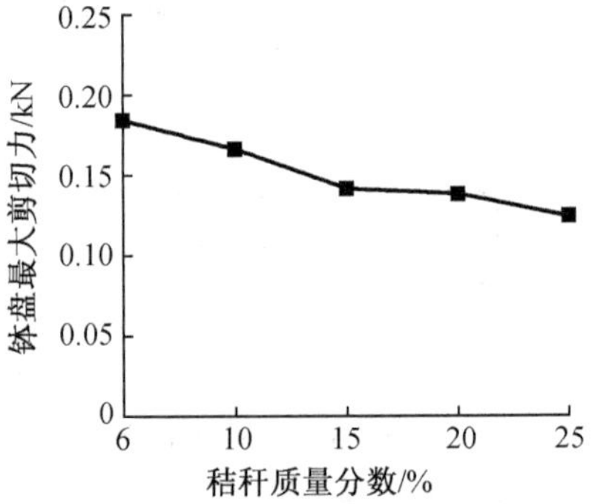

图 5－16 秸秆质量分数对钵盘最大剪切力的影响变化曲线

图 5－17 表明，随着秸秆质量分数的增加，钵盘膨胀率上升趋势明显，可见秸秆质量分数对钵盘膨胀率的影响非常显著。

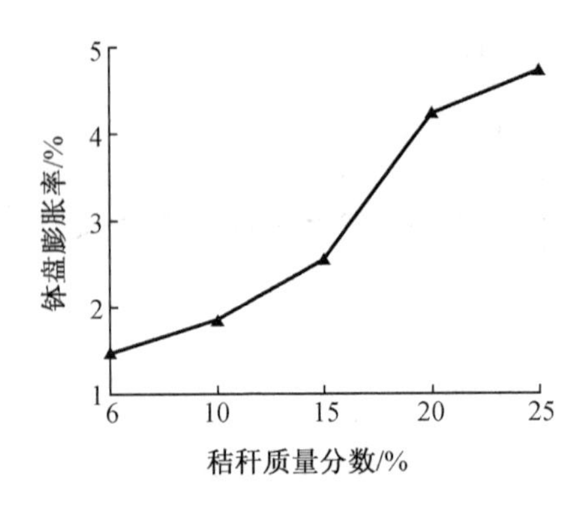

图 5－17 秸秆质量分数对钵盘膨胀率的影响变化曲线

5.2 钵盘成分配比多因素试验

5.2.1 试验设计及方案

根据前面成型机理分析和单因素试验研究结果，确定钵盘中生物淀粉胶的施加量为钵盘总质量的0.04%，固体凝结剂的施加量为钵盘总质量的10%，水的施加量为钵盘总质量的20%，压制成型后的钵盘性能良好；继续增加生物淀粉胶的质量分数对钵盘的成型率和断裂率影响不显著；继续增加固体凝结剂的质量分数对钵盘强度影响不显著，水的施加量达到钵盘总质量的20%左右时，钵盘的强度达到比较好的状态；再继续增加水的质量分数，钵盘抗压强度变化不明显，但是抗弯强度下降趋势明显。因此，确定水的质量分数达到20%左右时钵盘强度性能达到了比较好的状态，在多因素试验设计及方案中不再考虑上述三项因素对钵盘性能的影响。

多因素试验中选取钵盘成型压力，钵盘合成物料中秸秆、增强基质的质量分数为因素，以钵盘成型率、膨胀率、抗弯强度、最大剪切力为钵盘性能指标。采用三因素五水平的二次正交旋转组合设计试验方案，其编码表见表5－1，二次回归旋转组合设计正交表见表5－2。

表5－1 各变量因素水平编码表

编码值 x_j	因素水平		
	成型压力 x_1/MPa	秸秆质量分数 x_2/%	增强基质质量分数 x_3/%
上星号臂（$+\gamma$）	30	25	64
上水平（+1）	25.95≈26	20.95≈21	60.35≈60
零水平（0）	20	15	55
下水平（－1）	14.05≈14	9.05≈9	49.65≈50
下星号臂（$-\gamma$）	10	5	46

$$\gamma = 1.682;\ Z_{0j} = \frac{Z_{1j} + Z_{\gamma j}}{2};\Delta_j = \frac{Z_{\gamma j} - Z_{0j}}{\gamma}$$

表5－2 二次回归旋转组合设计正交表

试验号	x_0	x_1	x_2	x_3	y
1	1	1	1	1	y_3
2	1	1	1	－1	y_3
3	1	1	－1	1	y_3

表 5 – 2(续)

试验号	x_0	x_1	x_2	x_3	y
4	1	1	–1	–1	y_4
5	1	–1	1	1	y_5
6	1	–1	1	–1	y_7
7	1	–1	–1	1	y_7
8	1	–1	–1	–1	y_8
9	1	1.682	0	0	y_9
10	1	–1.682	0	0	y_{10}
11	1	0	1.682	0	y_{11}
12	1	0	–1.682	0	y_{12}
13	1	0	0	1.682	y_{13}
14	1	0	0	–1.682	y_{14}
15	1	0	0	0	y_{15}
16	1	0	0	0	y_{16}
17	1	0	0	0	y_{17}
18	1	0	0	0	y_{18}
19	1	0	0	0	y_{19}
20	1	0	0	0	y_{20}
21	1	0	0	0	y_{21}
22	1	0	0	0	y_{22}
23	1	0	0	0	y_{23}

5.2.2 试验结果

多因素试验数据见表 5 – 3。

表 5 – 3 二次回归旋转组合设计方案及结果

试验号	成型压力 x_1/MPa	秸秆质量分数 x_2/%	增强基质质量分数 x_3/%	膨胀率(最大不超过 3.07%)/%	抗弯强度(压制成型后)/MPa	抗压强度(压制成型后)/MPa	钵盘最大剪切力(育苗后钵盘)/kN
1	26	21	60	3.130	0.837	1.192	0.125 6
2	26	21	50	3.066	0.924	1.117	0.121 7
3	26	9	60	1.672	1.124	1.352	0.173 5
4	26	9	50	1.651	1.104	1.226	0.166 9

表 5-3(续)

试验号	成型压力 x_1/MPa	秸秆质量分数 x_2/%	增强基质质量分数 x_3/%	膨胀率(最大不超过3.07%)/%	抗弯强度(压制成型后)/MPa	抗压强度(压制成型后)/MPa	钵盘最大剪切力(育苗后钵盘)/kN
5	14	21	60	4.926	0.821	1.078	0.125 0
6	14	21	50	4.518	0.817	1.012	0.121 4
7	14	9	60	1.923	0.966	1.174	0.171 0
8	14	9	50	1.905	0.957	1.118	0.165 3
9	30	15	55	2.263	1.235	1.356	0.147 5
10	10	15	55	3.635	1.036	0.963	0.131 5
11	20	25	55	4.733	0.796	1.032	0.111 4
12	20	5	55	1.370	1.104	1.334	0.184 4
13	20	15	64	2.363	1.136	1.353	0.147 2
14	20	15	46	2.561	1.074	1.115	0.133 6
15	20	15	55	2.475	0.994	1.178	0.143 5
16	20	15	55	2.385	1.056	1.183	0.138 8
17	20	15	55	2.431	1.172	1.163	0.137 9
18	20	15	55	2.533	1.198	1.196	0.148 1
19	20	15	55	2.441	1.164	1.189	0.139 6
20	20	15	55	2.627	1.179	1.163	0.138 8
21	20	15	55	2.407	1.183	1.196	0.138 6
22	20	15	55	2.378	1.167	1.186	0.140 3
23	20	15	55	2.445	1.173	1.012	0.140 7

5.2.3 试验结果回归分析

1. 膨胀率

经 Design - Expert Version 8.0.5 软件分析，得到以膨胀率为响应函数，以各影响因素水平编码值为自变量的回归模型：

$$y_1 = 2.457\ 87 - 0.443\ 76x_1 + 1.035\ 73x_2 + 0.010\ 398x_3 - 0.342\ 87x_1x_2 - 0.038\ 125x_1x_3 + 0.058\ 625x_2x_3 + 0.174\ 85x_1^2 + 0.211\ 08x_2^2 + 0.002\ 665x_3^2 \quad (5-2)$$

式中 x_1、x_2、x_3——各因素水平编码。

进行方差分析，见表5-4。结果表明膨胀率 y_1 回归模型差异极其显著($P<0.001$)，说明回归模型有意义。压板压力拟合方差不显著，说明模型拟合得较好，具有实际意义。

表 5-4 回归模型方差分析

方差来源	自由度	平方和	均方	F 值	P 值
回归	9	19.11	2.17	201.77	<0.000 1
剩余	13	0.14	0.011		
拟合	5	0.090	0.018	2.87	0.089 6
误差	8	0.050	0.006 249		
总和	22	19.65			

模型系数显著性检验见表 5-5,剔除模型中 $P>0.5$ 的系数项,获得膨胀率 y_1 的回归模型:

$$y_1 = 2.457\,87 - 0.443\,76x_1 + 1.035\,73x_2 - 0.342\,87x_1x_2 - 0.038\,125x_1x_3 + 0.058\,625x_2x_3 + 0.174\,85{x_1}^2 + 0.211\,08{x_2}^2 \quad (5-3)$$

表 5-5 回归模型系数显著性检验

系数项	膨胀率		
	参数估计	F 值	P 值
截距	2.46	201.77	<0.000 1
x_1	-0.44	250.36	<0.000 1
x_2	1.04	1 363.83	<0.000 1
x_3	0.01	0.14	0.716 8
x_1x_2	-0.34	87.55	<0.000 1
x_1x_3	-0.038	1.08	0.317 1
x_2x_3	0.059	2.56	0.133 6
${x_1}^2$	0.17	45.22	<0.000 1
${x_2}^2$	0.21	65.91	<0.000 1
${x_3}^2$	0.002 67	0.011	0.919 9

根据试验结果,对性能指标膨胀率进行单因素和双因素效应分析。单因素效应分析:各性能指标的回归模型当中有 3 个变量,为了直观地找出各因素(变量)对各性能指标的影响,分别让 3 个因素中的 2 个因素取不同水平,观察另一因素对各性能指标的影响。双因素效应分析:根据试验数据借助等高线和双因素曲面图的方法,描述 3 个因素对各性能指标的影响效应。

(1)成型压力与膨胀率之间的关系

在模型中将秸秆质量分数和增强基质质量分数固定在 -1,0,1 水平上,可分别得到成型压力与膨胀率之间的一元回归模型。

曲线 1(x_1, -1, -1):$y_1 = 1.691\,845 - 0.062\,765x_1 + 0.174\,85{x_1}^2$

曲线 2$(x_1,0,0)$:$y_1 = 2.457\,87 - 0.443\,76x_1 + 0.174\,85x_1^2$

曲线 3$(x_1,1,1)$:$y_1 = 3.763\,305 - 0.824\,755x_1 + 0.174\,85x_1^2$

图 5-18 为成型压力与膨胀率之间的关系。由图可见,当秸秆质量分数和增强基质质量分数取 1 水平和 0 水平时,膨胀率随成型压力水平增大逐渐减小。当秸秆质量分数和增强基质质量分数取 -1 水平时,膨胀率随成型压力水平增大呈先降低后增加的趋势,当成型压力为 0 水平时,膨胀率达到最低,为 1.691 8%。

(2)秸秆质量分数与膨胀率之间的关系

在模型中将成型压力和增强基质质量分数固定在 -1,0,1 水平上,可分别得到秸秆质量分数与膨胀率之间的一元回归模型。

曲线 1$(-1,x_2,-1)$:$y_1 = 3.038\,355 + 1.319\,975x_2 + 0.211\,08x_2^2$

曲线 2$(0,x_2,0)$:$y_1 = 2.457\,87 + 1.035\,73x_2 + 0.211\,08x_2^2$

曲线 3$(1,x_2,1)$:$y_1 = 2.150\,835 + 0.751\,485x_2 + 0.211\,08x_2^2$

图 5-19 为秸秆质量分数与膨胀率之间的关系。由图可见,当成型压力和增强基质的质量分数取 -1,0,1 水平时,膨胀率随秸秆质量分数水平的增加均增大,而且增加的总体趋势明显。但当秸秆质量分数水平从 -1.682 增加到 -1 时,膨胀率增加的幅度较平缓,尤其是当成型压力和增强基质质量分数均取 1 水平时变化的趋势更加平缓。

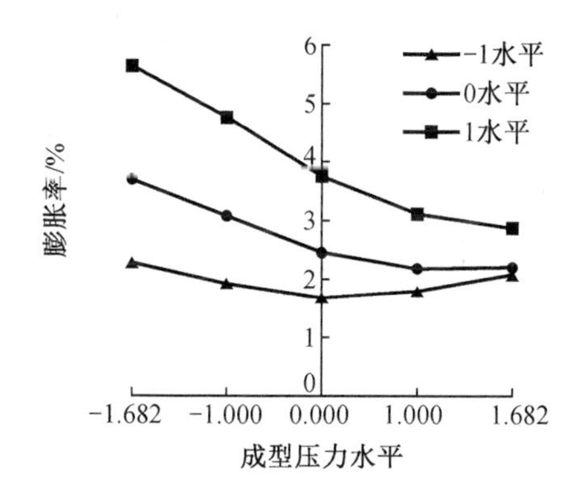

图 5-18 成型压力与膨胀率之间的关系

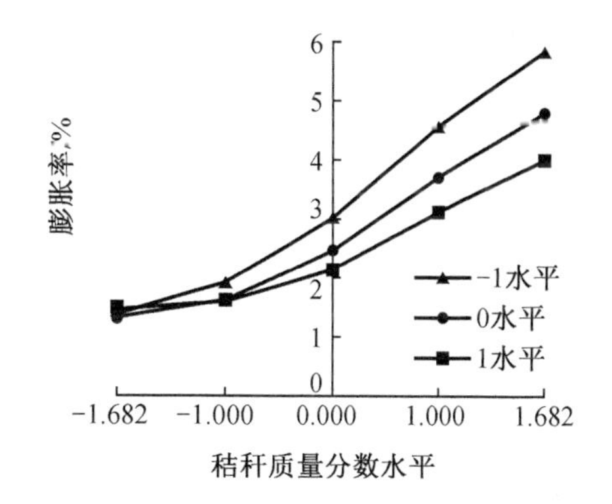

图 5-19 秸秆质量分数与膨胀率之间的关系

(3)增强基质质量分数与膨胀率之间的关系

在模型中将成型压力和秸秆质量分数固定在 -1,0,1 水平上,可分别得到增强基质质量分数与膨胀率之间的一元回归模型。

曲线 1$(-1,-1,x_3)$:$y_1 = 1.908\,96 - 0.020\,5x_3$

曲线 2$(0,0,x_3)$:$y_1 = 2.457\,87$

曲线 3$(1,1,x_3)$:$y_1 = 3.092\,9 - 0.020\,5x_3$

图 5-20 为增强基质质量分数与膨胀率之间的关系。当成型压力和秸秆质量分数水平取 -1 和 1 时,膨胀率随增强基质质量分数水平的增加而减小,但减小的幅度不大。当成型压力和秸秆质量分数水平取 0 时,膨胀率随增强基质质量分数水平的增加基本保持不变。当成型压力和秸秆质量分数水平均为 1 时,不论增强基质质量分数水平如何变化,膨胀率数

值均较高。当成型压力和秸秆质量分数水平均为 -1 时,不论增强基质质量分数水平如何变化,膨胀率数值均相对较小。当成型压力和秸秆质量分数水平均为0 时,膨胀率数值基本介于 -1 和1 水平对应的数值中间。

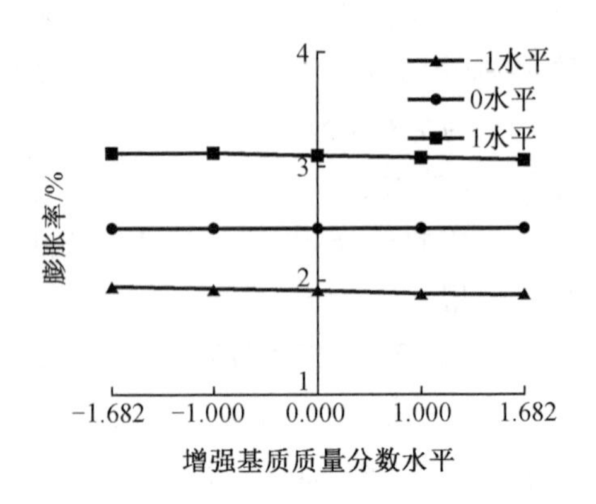

图 5-20 增强基质质量分数与膨胀率之间的关系

(4)成型压力和秸秆质量分数的交互作用对膨胀率的影响分析

图 5-21 和图 5-22 分别为成型压力和秸秆质量分数交互作用时对膨胀率影响的等高线图和响应曲面图。由图可见,当成型压力水平固定时,钵盘膨胀率随秸秆质量分数水平增大而增加,在成型压力水平较低时,膨胀率随秸秆质量分数水平增大而增加趋势较明显,在成型压力水平较高时,膨胀率随秸秆质量分数水平增大增加趋势较为平缓。当秸秆质量分数水平固定时,膨胀率总体变化趋势随成型压力水平的增大而减小,在秸秆质量分数水平较高时,膨胀率随成型压力水平增大而减小的趋势明显,在秸秆质量分数水平较低时,膨胀率随成型压力水平增大先略有下降后又略有上升,但变化的总体趋势不明显,膨胀率降低和增加的数值很小。这说明成型压力和秸秆质量分数的交互作用对钵盘膨胀率影响较显著。

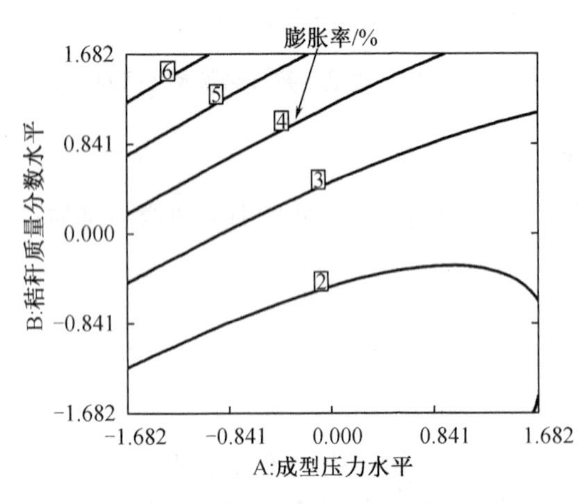

图 5-21 成型压力和秸秆质量分数交互作用时对膨胀率影响的等高线图

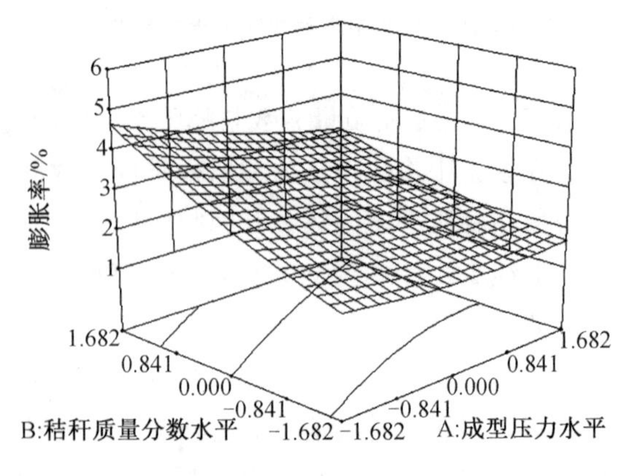

图 5-22 成型压力和秸秆质量分数交互作用时对膨胀率影响的响应曲面图

(5)成型压力和增强基质质量分数的交互作用对膨胀率的影响分析

图5－23和图5－24分别为成型压力和增强基质质量分数交互作用时对膨胀率影响的等高线图和响应曲面图。由图可见,当成型压力水平固定时,膨胀率随增强基质质量分数水平的增加而略有减小,但变化趋势很不明显。当增强基质质量分数水平固定时,膨胀率随成型压力水平的增加而减小,但减小的总体变化趋势较小。

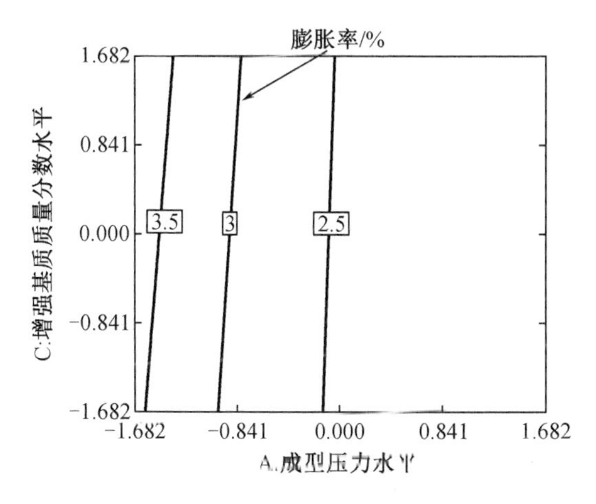

图5－23 成型压力和增强基质质量分数交互作用时对膨胀率影响的等高线图

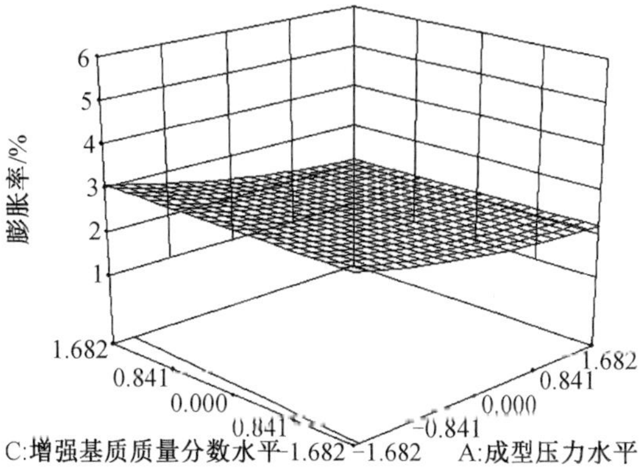

图5－24 成型压力和增强基质质量分数交互作用时对膨胀率影响的响应曲面图

(6)秸秆质量分数和增强基质质量分数的交互作用对膨胀率的影响分析

图5－25和图5－26分别为秸秆质量分数和增强基质质量分数交互作用时对膨胀率影响的等高线图和响应曲面图。由图可见,当秸秆质量分数水平固定时,膨胀率随增强基质质量分数水平增加而略有增大,但变化的趋势不是很明显。当增强基质质量分数水平固定时,膨胀率随秸秆质量分数水平增加而增大,而且增大趋势明显。

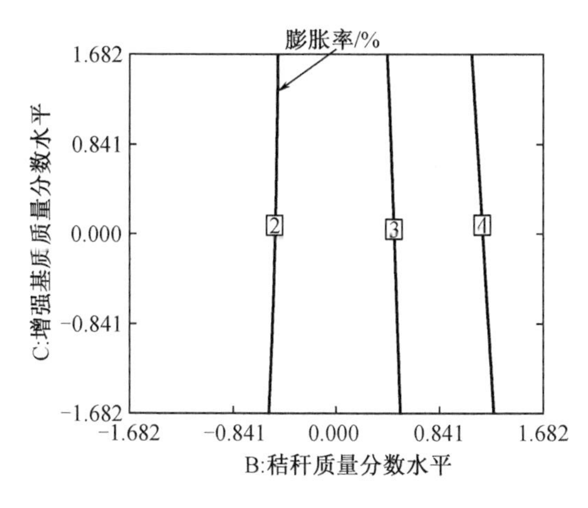

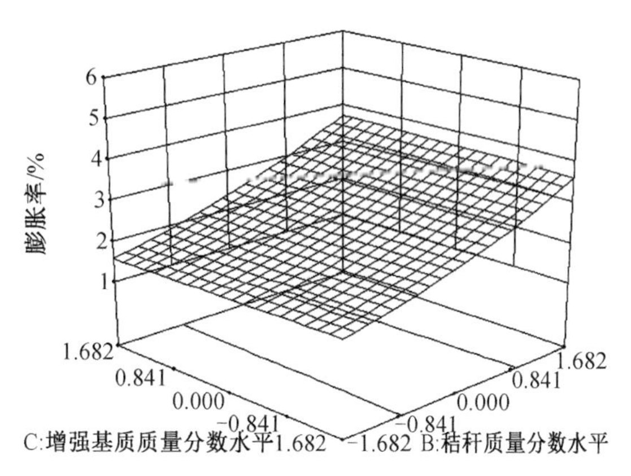

图5－25 秸秆质量分数和增强基质质量分数交互作用时对膨胀率影响的等高线图

图5－26 秸秆质量分数和增强基质质量分数交互作用时对膨胀率影响的响应曲面图

由各因素贡献率和交互作用可知,各因素对膨胀率影响的主次顺序为秸秆质量分数 > 成型压力 > 增强基质质量分数。

2. 抗弯强度

得到以抗弯强度为响应函数,以各影响因素水平编码值为自变量的回归模型:

$$y_2 = 1.15 + 0.056x_1 - 0.093x_2 + 0.002363x_3 - 0.023x_1x_2 - 0.00775x_1x_3 - 0.012x_2x_3 - 0.026{x_1}^2 - 0.092{x_2}^2 - 0.037{x_3}^2 \quad (5-4)$$

式中 x_1、x_2、x_3——各因素水平编码。

对试验结果进行方差分析,见表 5-6。结果表明抗弯强度 y_1 回归模型差异显著(P = 0.002 7),说明回归模型有意义。压板压力拟合方差不显著,说明模型拟合得较好,具有实际意义。

表 5-6 回归模型方差分析

方差来源	自由度	平方和	均方	F 值	P 值
回归	9	0.33	0.037	5.65	0.002 7
剩余	13	0.008 5	0.006 55		
拟合	5	0.004 7	0.009 33	1.94	0.192 9
误差	8	0.003 8	0.004 81		
总和	22	0.42			

模型系数显著性检验见表 5-7,剔除模型中 $P>0.5$ 的系数项,获得抗弯强度 y_2 的回归模型:

$$y_2 = 1.15 + 0.056x_1 - 0.093x_2 - 0.023x_1x_2 - 0.026{x_1}^2 - 0.092{x_2}^2 - 0.037{x_3}^2 \quad (5-5)$$

表 5-7 回归模型系数显著性检验

系数项	抗弯强度		
	参数估计	F 值	P 值
截距	1.15	5.65	0.002 7
x_1	0.056	6.51	0.024 1
x_2	-0.093	18.04	0.001
x_3	0.002 36	0.012	0.915 7
x_1x_2	-0.023	0.63	0.440 7
x_1x_3	-0.007 75	0.073	0.790 7
x_2x_3	-0.012	0.17	0.687 9
${x_1}^2$	-0.026	1.7	0.215 2
${x_2}^2$	-0.092	20.56	0.000 6
${x_3}^2$	-0.037	3.36	0.089 6

根据试验结果,对性能指标抗弯强度进行单因素和双因素效应分析。

(1)成型压力与抗弯强度之间的关系

在模型中将秸秆质量分数和增强基质质量分数固定在 -1,0,1 水平上,可分别得到成型压力与抗弯强度之间的一元回归模型。

曲线 1(x_1, -1, -1):$y_2 = 1.114 + 0.079x_1 - 0.026{x_1}^2$

曲线 2(x_1,0,0):$y_2 = 1.15 + 0.056x_1 - 0.026{x_1}^2$

曲线 3(x_1,1,1):$y_2 = 0.928 + 0.033x_1 - 0.026{x_1}^2$

图 5 -27 为成型压力与抗弯强度之间的关系。由图可见,当秸秆质量分数和增强基质质量分数水平为 0 和 1 时,抗弯强度随成型压力水平的增加呈先增大后减小的变化趋势,但减小趋势变化较小。当秸秆质量分数和增强基质质量分数水平为 -1 时,抗弯强度随成型压力水平的增加而增大。当秸秆质量分数和增强基质质量分数水平为 1 时,不论成型压力在何水平,抗弯强度数值均较小,当秸秆质量分数和增强基质质量分数水平为 -1 和 0 时,不论成型压力在何水平,钵盘抗弯强度数值均较在 1 水平时大。

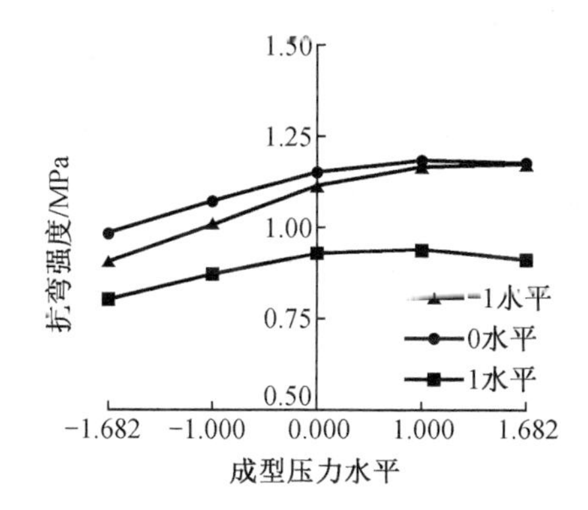

图 5 -27　成型压力与抗弯强度之间的关系

(2)秸秆质量分数与抗弯强度之间的关系

在模型中将成型压力和增强基质质量分数固定在 -1,0,1 水平上,可分别得到秸秆质量分数与抗弯强度之间的一元回归模型。

曲线 1(-1,x_2, -1):$y_2 = 1.031 - 0.07x_2 - 0.092{x_2}^2$

曲线 2(0,x_2,0):$y_2 = 1.15 - 0.093x_2 - 0.092{x_2}^2$

曲线 3(1,x_2,1):$y_2 = 1.143 - 0.116x_2 - 0.092{x_2}^2$

图 5 -28 为秸秆质量分数与抗弯强度之间的关系。由图可见,不论成型压力和增强基质质量分数在何水平,抗弯强度随秸秆质量分数水平的增加呈先增大后降低的变化趋势。当成型压力和增强基质质量分数水平为 0 和 1 时,秸秆质量分数从 -1.682 到 -1 水平抗弯强度呈上升趋势,秸秆质量分数到 -1 水平后再增加抗弯强度开始呈下降趋势,在从 -1 到 0 水平时下降趋势较小,到 0 水平后下降趋势明显。

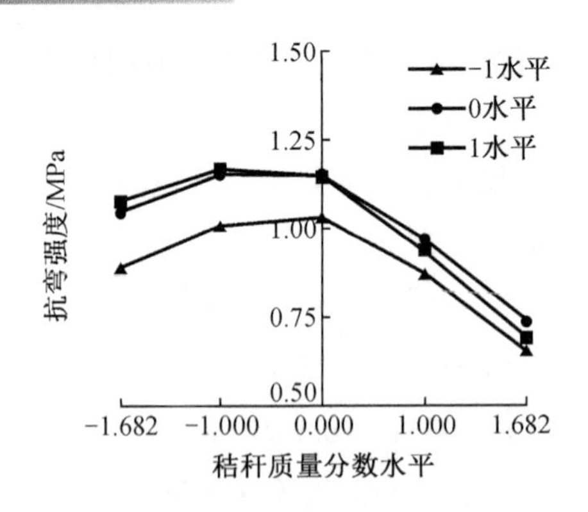

图 5-28　秸秆质量分数与抗弯强度之间的关系

(3)增强基质质量分数与抗弯强度之间的关系

在模型中将成型压力和秸秆质量分数固定在 -1,0,1 水平上,可分别得到增强基质质量分数与抗弯强度之间的一元回归模型。

曲线 1(-1, -1, x_3): $y_2 = 1.046 - 0.037{x_3}^2$

曲线 2(0,0, x_3): $y_2 = 1.15 - 0.037{x_3}^2$

曲线 3(1,1, x_3): $y_2 = 0.972 - 0.037{x_3}^2$

图 5-29 为增强基质质量分数与抗弯强度之间的关系。由图可见,不论成型压力和秸秆质量分数在何水平,抗弯强度随增强基质质量分数水平的增加变化趋势相近,均呈先增大后减小的趋势,且增强基质质量分数水平为 0 时,抗弯强度达到最大值。成型压力和秸秆质量分数为 0 水平时,不论增强基质质量分数处于何水平,抗弯强度均较大。

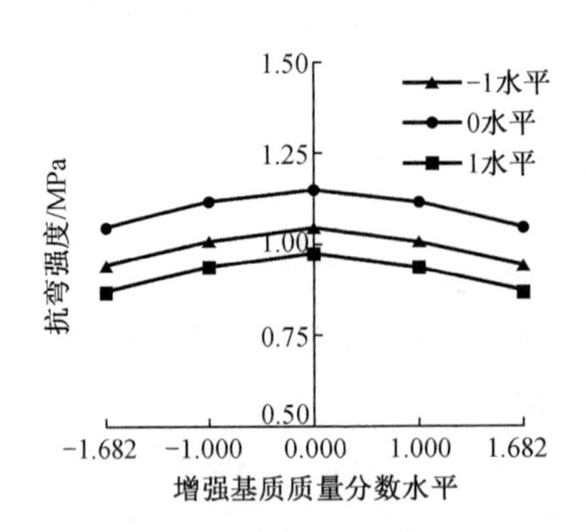

图 5-29　增强基质质量分数与抗弯强度之间的关系

(4)成型压力和秸秆质量分数的交互作用对抗弯强度的影响分析

图 5-30 和图 5-31 分别为成型压力和秸秆质量分数交互作用时对抗弯强度影响的等高线图和响应曲面图。由图可见,当成型压力水平固定时,抗弯强度随秸秆质量分数水平增大呈先增大后减小的趋势,当秸秆质量分数水平固定时,抗弯强度随成型压力水平增加而增大。

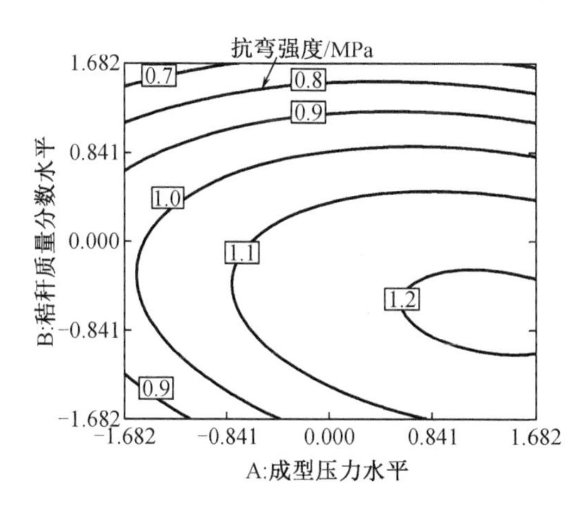

图 5－30 成型压力和秸秆质量分数交互作用时对抗弯强度影响的等高线图

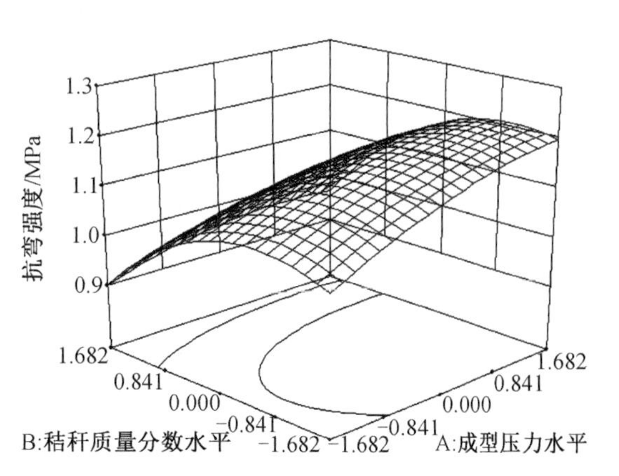

图 5－31 成型压力和秸秆质量分数交互作用时对抗弯强度影响的响应曲面图

(5)成型压力和增强基质质量分数的交互作用对抗弯强度的影响分析

图 5－32 和 5－33 分别为成型压力和增强基质质量分数对抗弯强度影响的等高线图和响应曲面图。由图可见，当成型压力水平固定时，抗弯强度随增强基质质量分数水平的增大呈先增加后减小的变化趋势，当增强基质质量分数水平固定时，抗弯强度随成型压力水平的增大呈先增加后减小的变化趋势。

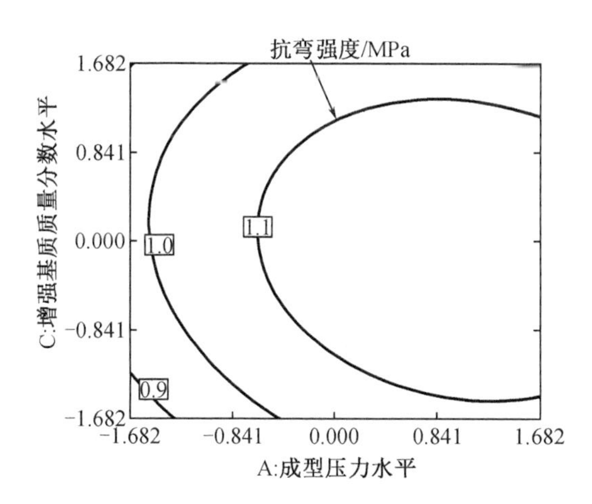

图 5－32 成型压力和增强基质质量分数交互作用时对抗弯强度影响的等高线图

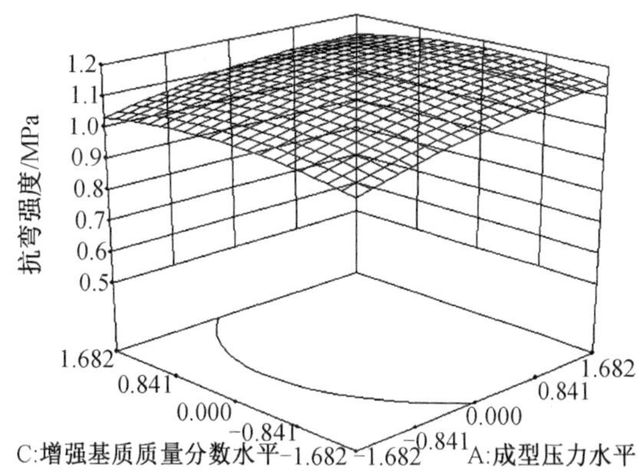

图 5－33 成型压力和增强基质质量分数交互作用时对抗弯强度影响的响应曲面图

(6)秸秆质量分数和增强基质质量分数的交互作用对抗弯强度的影响分析

图 5－34 和图 5－35 分别为秸秆质量分数和增强基质质量分数交互作用时对抗弯强度影响的等高线图和响应曲面图。由图可见，当秸秆质量分数水平固定时，抗弯强度随秸秆质量分数水平的增加呈先增大后减小的变化趋势，当增强基质质量分数水平固定时，抗弯强度随秸秆质量分数水平的增加呈先增大后减小的变化趋势。

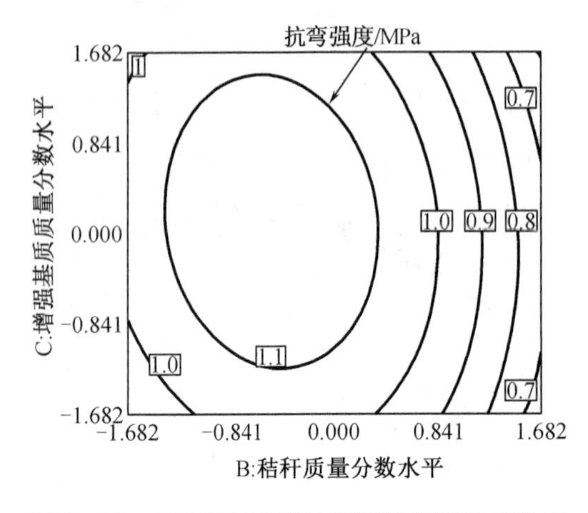

图 5-34 秸秆质量分数和增强基质质量分数交互作用时对抗弯强度影响的等高线图

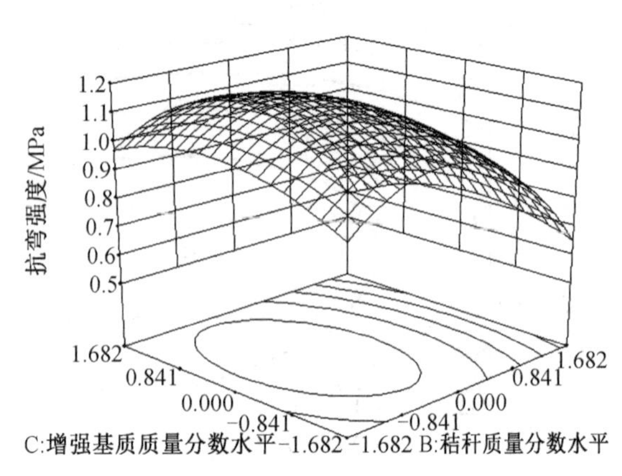

图 5-35 秸秆质量分数和增强基质质量分数交互作用时对抗弯强度影响的响应曲面图

由各因素的贡献率和交互作用可知，各因素对抗弯强度影响的主次顺序为秸秆质量分数 > 成型压力 > 增强基质质量分数。

3. 抗压强度

得到以抗压强度为响应函数，各影响因素水平编码值为自变量的回归模型：

$$y_3 = 1.16 + 0.085x_1 - 0.072x_2 + 0.045x_3 - 0.008\,375x_1x_2 + 0.024x_1x_3 + 0.008\,875x_2x_3 - 0.008\,521{x_1}^2 - 0.002\,129{x_2}^2 + 0.018{x_3}^2 \qquad (5-6)$$

式中 x_1、x_2、x_3——各因素水平编码。

对试验结果进行方差分析，见表 5-8。结果表明抗压强度 y_3 回归模型差异显著（P = 0.002 8），说明回归方程有意义。压板压力拟合方差不显著，说明方程拟合得较好，具有实际意义。

表 5-8 回归模型方差分析

方差来源	自由度	平方和	均方	F 值	P 值
回归	9	0.21	0.023	5.61	0.002 8
剩余	13	0.005 4	0.004 14		
拟合	5	0.002 7	0.005 4	1.61	0.261 3
误差	8	0.002 7	0.003 35		
总和	22	0.26			

模型系数显著性检验见表 5-9，剔除模型中 $P > 0.5$ 的系数项，获得抗压强度 y_3 的回归模型：

$$y_3 = 1.16 + 0.085x_1 - 0.072x_2 + 0.045x_3 + 0.024x_1x_3 + 0.018{x_3}^2 \qquad (5-7)$$

根据试验结果，对性能指标抗压强度进行单因素和双因素效应分析。

表 5-9 回归模型系数显著性检验

系数项	抗压强度		
	参数估计	F 值	P 值
截距	1.16	5.61	0.002 8
x_1	0.085	24.06	0.000 3
x_2	-0.072	16.96	0.001 2
x_3	0.045	6.61	0.023 2
x_1x_2	-0.008 38	0.14	0.718 6
x_1x_3	0.024	1.1	0.312 9
x_2x_3	0.008 88	0.15	0.702 7
x_1^2	-0.008 52	0.28	0.606 4
x_2^2	-0.000 213	0.000 174	0.989 7
x_3^2	0.018	1.22	0.289 5

(1)成型压力与抗压强度之间的关系

在模型中将秸秆质量分数和增强基质质量分数固定在 -1,0,1 水平上,可分别得到成型压力与抗压强度之间的一元回归模型。

曲线 1$(x_1, -1, -1)$: $y_3 = 1.205 + 0.04x_1$

曲线 2$(x_1, 0, 0)$: $y_3 = 1.16 + 0.085x_1$

曲线 3$(x_1, 1, 1)$: $y_3 = 1.151 + 0.109x_1$

图 5-36 为成型压力与抗压强度之间的关系。由图可见,当秸秆质量分数和增强基质质量分数为 -1 水平时,抗压强度随成型压力水平增加而增大,增大趋势较明显,但幅度不大。当秸秆质量分数和增强基质质量分数为 0 和 1 水平时,抗压强度随成型压力水平增加而增大,而且增大趋势明显。

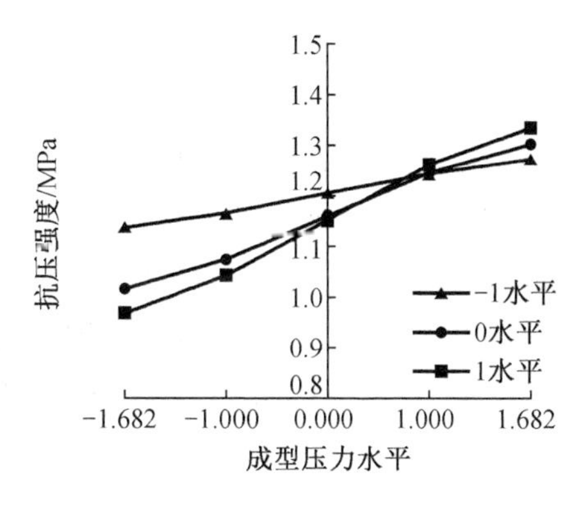

图 5-36 成型压力与抗压强度之间的关系

(2)秸秆质量分数与抗压强度之间的关系

在模型中将成型压力和增强基质质量分数固定在 -1,0,1 水平上,可分别得到秸秆质量分数与抗压强度之间的一元回归模型。

曲线 1(-1,x_2, -1):$y_3 = 1.048 - 0.096x_2$

曲线 2(0,x_2,0):$y_3 = 1.16 - 0.072x_2$

曲线 3(1,x_2,1):$y_3 = 1.332 - 0.072x_2$

图 5 -37 为秸秆质量分数与抗压强度之间的关系。由图可见,不论成型压力和增强基质质量分数处于何水平,抗压强度随秸秆质量分数水平的增加而减小,而且降低趋势较明显。

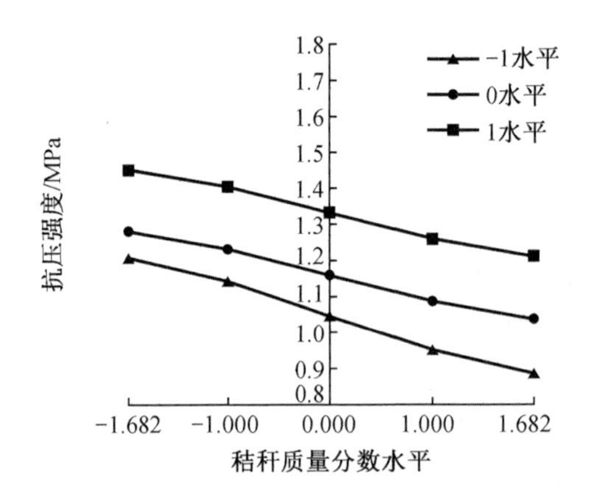

图 5 -37 秸秆质量分数与抗压强度之间的关系

(3)增强基质质量分数与抗压强度之间的关系

在模型中将成型压力和秸秆质量分数固定在 -1,0,1 水平上,可分别得到增强基质质量分数与抗压强度之间的一元回归模型。

曲线 1(-1, -1,x_3):$y_3 = 1.147 + 0.021x_3 + 0.018{x_3}^2$

曲线 2(0,0,x_3):$y_3 = 1.16 + 0.045x_3 + 0.018{x_3}^2$

曲线 3(1,1,x_3):$y_3 = 1.173 + 0.069x_3 + 0.018{x_3}^2$

图 5 -38 为增强基质质量分数与抗压强度之间的关系。由图可见,当成型压力和秸秆质量分数为 -1 水平时,抗压强度呈先减小后增大的变化趋势,而且从 -1.682 到 0 水平的变化过程中,降低的趋势较平缓,从 0 到 1.682 水平的变化过程中,增大的趋势明显,最小抗压强度出现在增强基质质量分数为 0 水平时。当成型压力和秸秆质量分数为 0 和 1 水平时,抗压强度随增强基质质量分数水平的增加而增大,但在 -1.682 到 -1 水平时,增大趋势和幅度较小,从 -1 水平以后,抗压强度增加明显。

(4)成型压力和秸秆质量分数的交互作用对抗压强度的影响分析

图 5 -39 和图 5 -40 分别为成型压力和秸秆质量分数交互作用时对抗压强度影响的等高线图和响应曲面图。

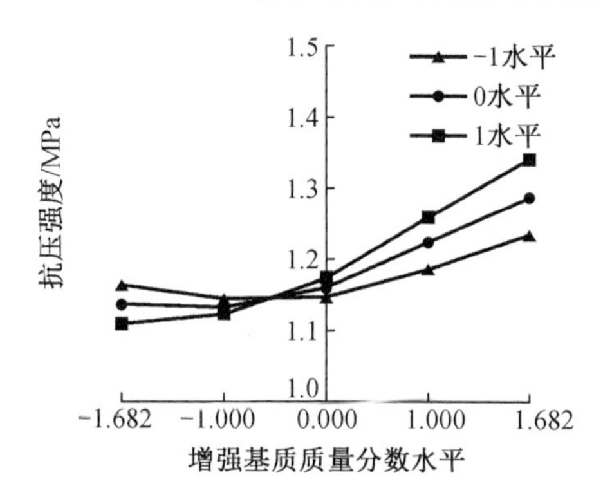

图5-38 增强基质质量分数与抗压强度之间的关系

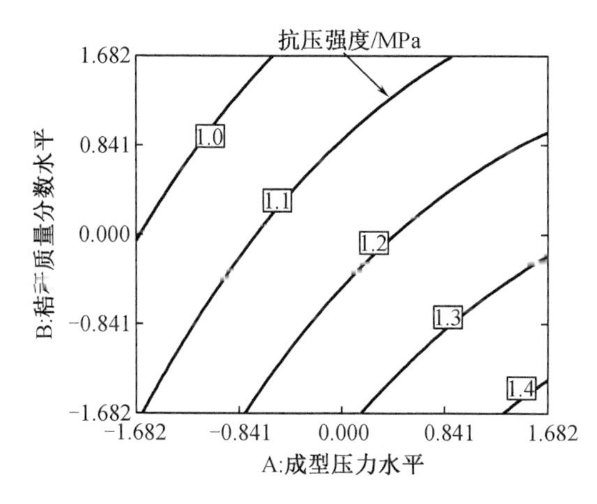

图5-39 成型压力和秸秆质量分数交互作用时对抗压强度影响的等高线图

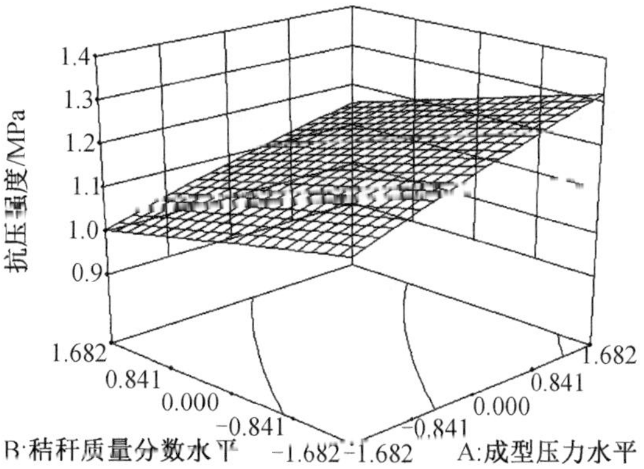

图5-40 成型压力和秸秆质量分数交互作用时对抗压强度影响的响应曲面图

由图5-39和图5-40可见,当成型压力水平固定时,抗压强度随秸秆质量分数水平增加而减小,而且下降趋势明显,当秸秆质量分数水平固定时,抗压强度随成型压力水平增加而增大,而且上升的趋势明显。

(5)成型压力和增强基质质量分数的交互作用对抗压强度的影响分析

图5-41和图5-42分别为成型压力和增强基质质量分数交互作用时对抗压强度影响的等高线图和响应曲面图。由图可见,当成型压力水平固定时,抗压强度随增强基质质量分数水平的增加呈先减小后增大的变化趋势,而且成型压力在较低水平时变化趋势较平缓,在水平较高时变化的趋势较大一些。当增强基质质量分数水平固定时,抗压强度随成型压力的增加而增大。

(6)秸秆质量分数和增强基质质量分数的交互作用对抗压强度的影响分析

图5-43和图5-44分别为秸秆质量分数和增强基质质量分数交互作用时对抗压强度影响的等高线图和响应曲面图。由图可见,当秸秆质量分数水平固定时,抗压强度随增强基质质量分数水平的增加而增大,当增强基质质量分数水平固定时,抗压强度随秸秆质量分数水平的增加而减小。

由各因素的贡献率和交互作用可知,各因素对抗压强度影响的主次顺序为增强基质质量分数 > 成型压力 > 秸秆质量分数。

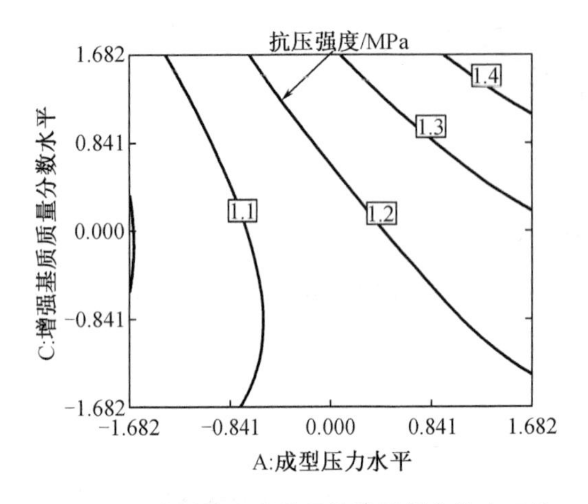

图 5-41 成型压力和增强基质质量分数交互作用时对抗压强度影响的等高线图

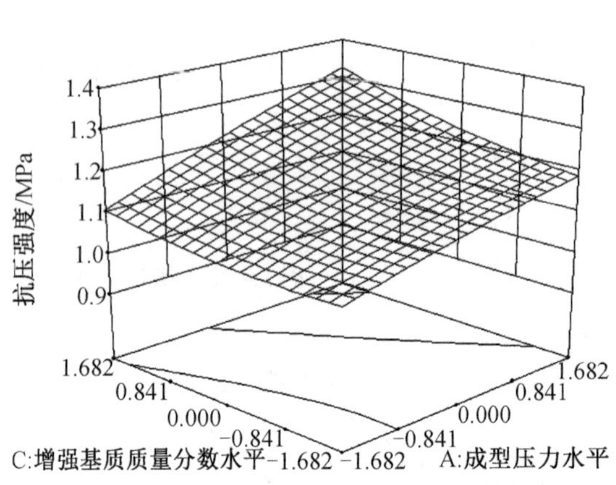

图 5-42 成型压力和增强基质质量分数交互作用时对抗压强度影响的响应曲面图

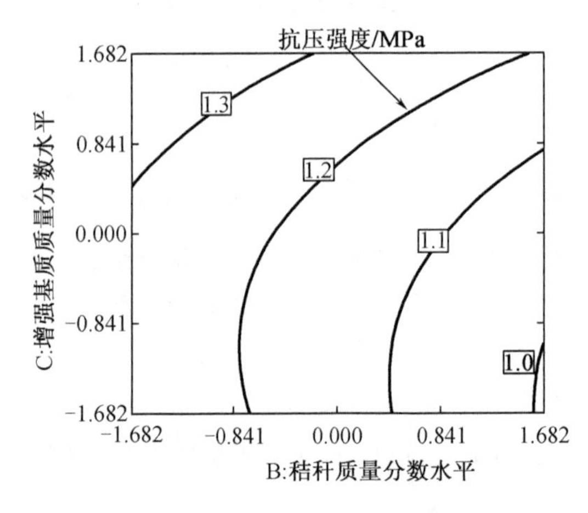

图 5-43 秸秆质量分数和增强基质质量分数交互作用时对抗压强度影响的等高线图

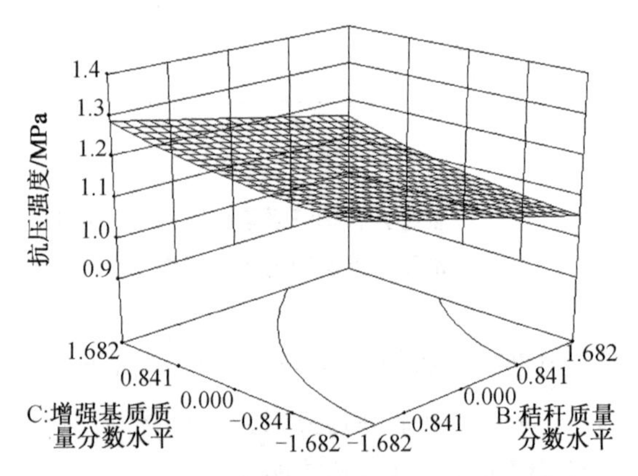

图 5-44 秸秆质量分数和增强基质质量分数交互作用时对抗压强度影响的响应曲面图

4. 钵盘最大剪切力

得到以钵盘剪切力为响应函数,各影响因素水平编码值为自变量的回归模型:

$$y_4 = 0.14 + 0.002\ 336x_1 - 0.022x_2 + 0.002\ 29x_3 - 0.000\ 4x_1x_2 + 0.001\ 575x_1x_3 + 0.000\ 825x_2x_3 + 0.000\ 319x_1^2 + 0.003\ 289x_2^2 + 0.000\ 637\ 2x_3^2 \quad (5-8)$$

式中 x_1、x_2、x_3——各因素水平编码。

对试验结果进行方差分析,见表 5-10。结果表明钵盘剪切力 y_4 回归模型差异极其显著($P<0.000\ 1$),说明回归方程有意义。压板压力拟合方差不显著,说明方程拟合得较好,具有实际意义。

模型系数显著性检验见表 5-11,剔除模型中 $P>0.5$ 的系数项,获得钵盘剪切力 y_4 的回归模型：

$$y_4 = 0.14 + 0.002\ 336x_1 - 0.022x_2 + 0.002\ 29x_3 + 0.001\ 575x_1x_3 + 0.003\ 289x_2^2 \quad (5-9)$$

表 5-10 回归模型方差分析

方差来源	自由度	平方和	均方	F 值	P 值
回归	9	0.007 198	0.007 998	44.56	<0.000 1
剩余	13	0.000 233	0.000 018		
拟合	5	0.000 15	0.000 03	2.87	0.089 2
误差	8	0.000 083 4	0.000 010 4		
总和	22	0.007 43			

表 5-11 回归模型系数显著性检验

系数项	钵盘剪切力		
	参数估计	F 值	P 值
截距	0.14	44.56	<0.000 1
x_1	0.002 34	4.15	0.062 4
x_2	-0.022	381.44	<0.000 1
x_3	0.002 29	3.99	0.067 1
x_1x_2	-0.000 400	0.071	0.793 6
x_1x_3	0.001 58	1.11	0.312 2
x_2x_3	0.000 825	0.3	0.591 1
x_1^2	0.000 319	0.09	0.768 8
x_2^2	0.003 29	9.58	0.008 5
x_3^2	0.000 637	0.36	0.559 1

根据试验结果，对性能指标钵盘剪切力进行单因素和双因素效应分析。

（1）成型压力与钵盘剪切力之间的关系

在模型中将秸秆质量分数和增强基质质量分数固定在 -1，0，1 水平上，可分别得到成型压力与钵盘剪切力之间的一元回归模型。

曲线 1$(x_1, -1, -1)$：$y_4 = 0.162\ 999 + 0.000\ 761x_1$

曲线 2$(x_1, 0, 0)$：$y_4 = 0.14 + 0.002\ 336x_1$

曲线 3$(x_1, 1, 1)$：$y_4 = 0.235\ 79 + 0.003\ 911x_1$

图 5-45 为成型压力与钵盘剪切力之间的关系。由图可见，不论秸秆质量分数和增强基质质量分数处于何水平，钵盘所能承受的最大剪切力随成型压力水平的增加均呈上升趋势，但增大的趋势不明显。

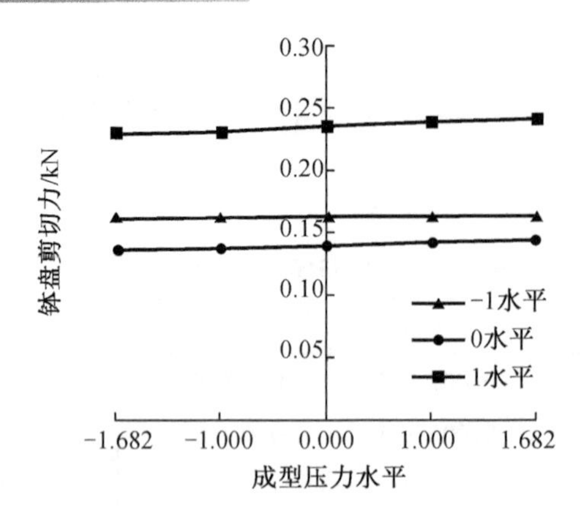

图 5-45　成型压力与钵盘剪切力之间的关系

(2)秸秆质量分数与钵盘剪切力之间的关系

在模型中将成型压力和增强基质质量分数固定在 -1,0,1 水平上,可分别得到秸秆质量分数与钵盘剪切力之间的一元回归模型。

曲线 1(-1,x_2, -1):$y_4 = 0.136\ 949 - 0.022x_2 + 0.003\ 289{x_2}^2$

曲线 2(0,x_2,0):$y_4 = 0.14 - 0.022x_2 + 0.003\ 289{x_2}^2$

曲线 3(1,x_2,1):$y_4 = 0.146\ 201 - 0.022x_2 + 0.003\ 289{x_2}^2$

图 5-46 为秸秆质量分数与钵盘剪切力之间的关系。由图可见,不论成型压力和增强基质质量分数处于何水平,钵盘所能承受的最大剪切力随秸秆质量分数水平的增加均呈下降趋势,而且下降趋势较为明显。

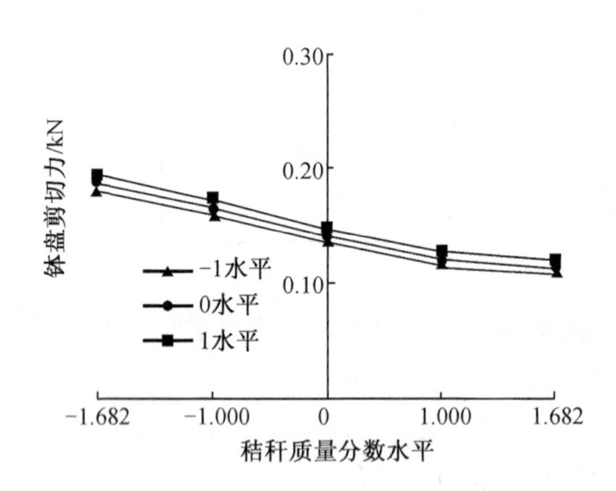

图 5-46　秸秆质量分数与钵盘剪切力之间的关系

(3)增强基质质量分数与钵盘剪切力之间的关系

在模型中将成型压力和秸秆质量分数固定在 -1,0,1 水平上,可分别得到增强基质质量分数与钵盘剪切力之间的一元回归模型。

曲线 1(-1, -1,x_3):$y_4 = 0.162\ 953 + 0.007\ 15x_3$

曲线 2(0,0,x_3):$y_4 = 0.14 + 0.002\ 29x_3$

曲线3$(1,1,x_3)$：$y_4 = 0.123\ 625 + 0.003\ 865x_3$

图5－47为增强基质质量分数与钵盘剪切力之间的关系。由图可见，不论成型压力和秸秆质量分数处于何水平，钵盘所能承受的最大剪切力随增强基质质量分数水平的增加均呈上升趋势，但是当成型压力和秸秆质量分数在0水平时，增加趋势不明显。

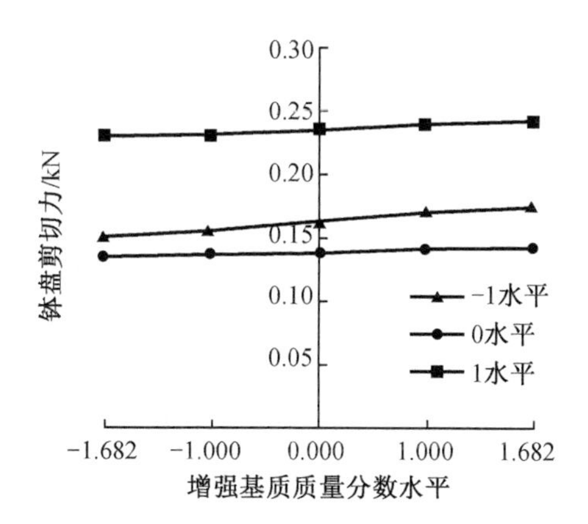

图5－47　增强基质质量分数与钵盘剪切力之间的关系

(4)成型压力和秸秆质量分数的交互作用对钵盘剪切力的影响分析

图5－48和图5－49分别为成型压力和秸秆质量分数交互作用时对钵盘剪切力影响的等高线图和响应曲面图。由图可见，当成型压力水平固定时，钵盘所能承受的最大剪切力随秸秆质量分数水平增加而减小，当秸秆质量分数水平固定时，钵盘所能承受的最大剪切力随成型压力水平增加而略有增大，但增大的趋势不明显。

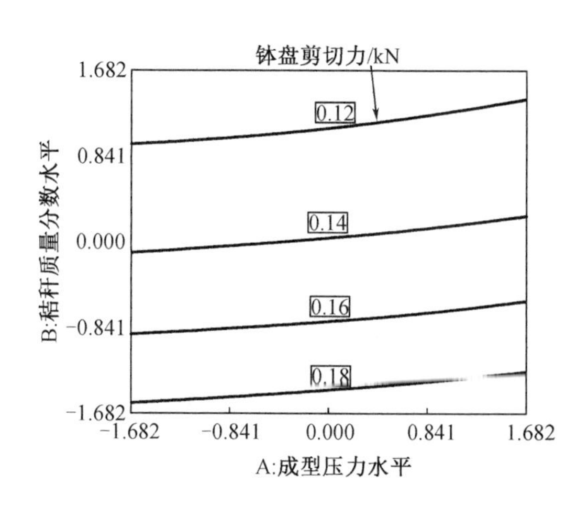

图5－48　成型压力和秸秆质量分数交互作用时对钵盘剪切力影响的等高线图

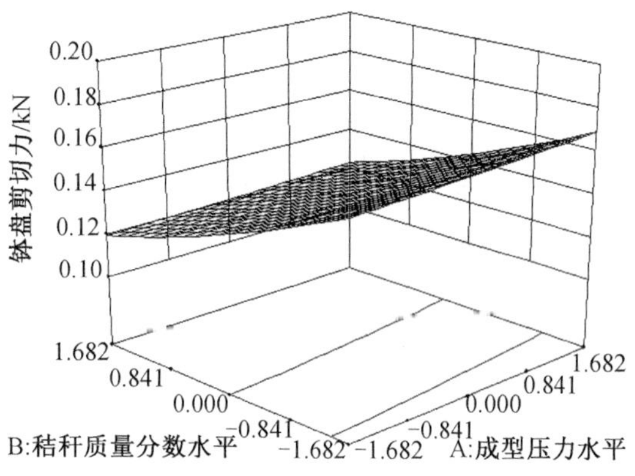

图5－49　成型压力和秸秆质量分数交互作用时对钵盘剪切力影响的响应曲面图

(5)成型压力和增强基质质量分数的交互作用对钵盘剪切力的影响分析

图5－50和图5－51分别为成型压力和增强基质质量分数交互作用时对钵盘剪切力影响的等高线图和响应曲面图。由图可见，当成型压力水平固定时，钵盘所能承受的最大剪

切力随增强基质质量分数水平增加而略有增加，但增加趋势不明显，当增强基质质量分数水平固定时，钵盘所能承受的最大剪切力随成型压力水平的增加而略有增加，增加的趋势也不是很明显。

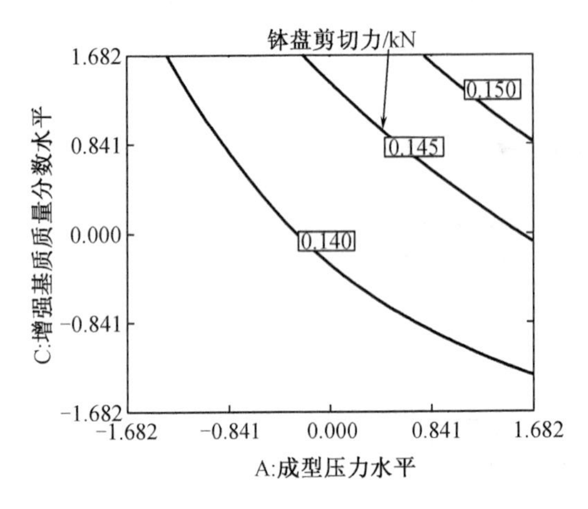

图 5－50　成型压力和秸秆质量分数交互作用时对钵盘剪切力影响的等高线图

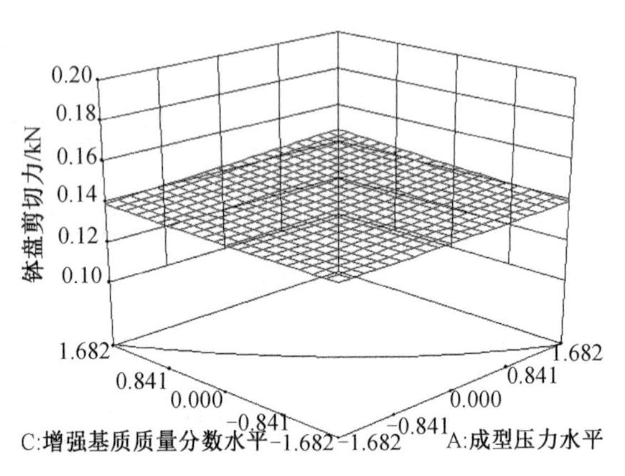

图 5－51　成型压力和秸秆质量分数交互作用时对钵盘剪切力影响的响应曲面图

（6）秸秆质量分数和增强基质质量分数的交互作用对钵盘剪切力的影响分析

图 5－52 和图 5－53 分别为秸秆质量分数和增强基质质量分数交互作用时对钵盘剪切力影响的等高线图和响应曲面图。由图可见，当秸秆质量分数水平固定时，钵盘所能承受的最大剪切力随增强基质质量分数水平的增加而增大，当增强基质质量分数水平固定时，钵盘所能承受的最大剪切力随秸秆质量分数水平的增加而减小，减小的变化趋势明显。

由各因素的贡献率和交互作用可知，各因素对钵盘最大剪切力影响的大小顺序为秸秆质量分数 > 成型压力 > 增强基质质量分数。

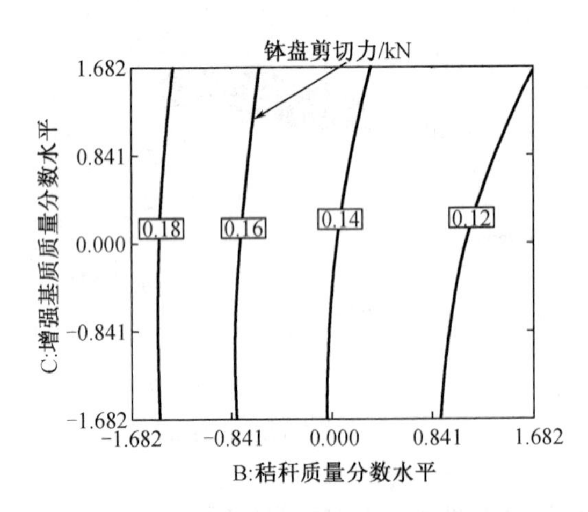

图 5－52　秸秆质量分数和增强基质质量分数交互作用时对钵盘剪切力影响的等高线图

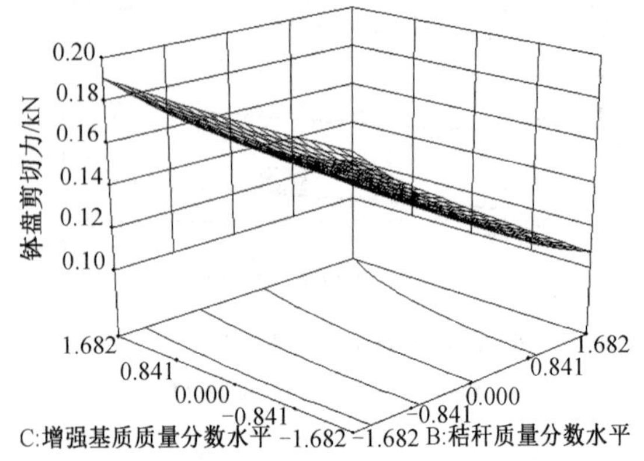

图 5－53　秸秆质量分数和增强基质质量分数交互作用时对钵盘剪切力影响的响应曲面图

5.2.4 优化分析

采用多指标优化的方法,设定性能指标优化目标膨胀率为 0~3.07%,抗弯强度和抗压强度为最大值,钵盘剪切力为 0.13~0.14 kN,在 Design - expert 软件中利用 Optimization 功能进行优化。优化后得到的参数组合方案见表 5-12。

表 5-12 优化后得到的参数组合方案

因素	水平值	实际值
成型压力 x_1	1	26 MPa
秸秆质量分数 x_2	0.24	16.44%
增强基质质量分数 x_3	0.46	57.3%

5.2.5 验证试验

根据优化后的钵盘物料参数组合结果,取成型压力为 26 MPa、秸秆质量分数为 16.44%、增强基质质量分数为 57.3%,同时水的质量分数为 20%,生物淀粉胶质量分数为 0.04%,固体凝结剂质量分数为 6.26%,对钵盘进行压制成型验证试验。试验进行三次取平均值,所得性能指标见表 5-13。

表 5-13 验证试验得到的性能指标

性能指标	膨胀率/%	抗弯强度/MPa	抗压强度/MPa	剪切力/kN
数值	2.327	1.136	1.315	0.133 8

结果证明,在最优参数组合下的验证试验中,钵盘的各项性能指标均满足实际使用要求。

5.3 钵盘过热蒸汽干燥固化过程

玉米植质钵育秧盘经压制成型后,在自然条件下干燥,钵盘容易出现裂纹、翘曲、变形,甚至断裂,另外物料中残存的霉菌或病虫害会影响秧苗生长。本试验利用过热蒸汽干燥技术对钵盘进行干燥固化、强度固化、消毒和灭菌处理。

过热蒸汽干燥技术中采用过热蒸汽为干燥介质,干燥时,干燥介质通过与钵盘物料接触并传递热量，蒸发钵盘中的水分。干燥时在物料与介质接触表面会有过热蒸汽流过，过热蒸汽流动过程中通过热传导的作用把自身含有的热量传递给钵盘物料，吸收热量后的钵盘物料温度得以提高，水分受热汽化蒸发，即过热蒸汽温度 T_{ss} 与湿物料表面的温度 T_{sf} 之间的温度差引起了热量的传递。干燥中钵盘物料中的水分以气体形式被蒸发出来，并与过热蒸汽混合后一起流动，试验中设计了一个回路使过热蒸汽可以循环流动，从而保证了干燥过程的连续。在热敏效应、热量损失和其他形式的热传递忽略不计的前提下，钵盘物料中水分的蒸发速率为

$$N = \frac{q}{\lambda} = \frac{k(T_{ss} - T_{sf})}{\lambda} \tag{5-10}$$

式中 N——物料中水分的蒸发速率，kg/(m^2·s)；

k——物料表面与过热蒸汽之间的对流换热系数，kJ/(m^2·s·℃)；

T_{ss}——过热蒸汽温度，℃；

T_{sf}——湿物料表面温度，℃；

λ——在蒸发温度下的水分汽化热，kJ/kg。

同热风干燥一样，利用过热蒸汽干燥钵盘的过程可分为加热升温、恒速干燥和降速干燥三个阶段。

1. 加热升温阶段

在干燥介质与钵盘物料接触的初期，干燥介质与钵盘物料表面的温度差驱动干燥介质与钵盘物料之间的热量传递，使物料急速升温，该阶段中钵盘物料的蒸发速率会从零点快速上升到一个稳定的阶段。但是，过热蒸汽干燥钵盘物料时，环境温度即为物料初始温度，当过热蒸汽流过钵盘物料时会在物料表面形成冷凝水，使物料水分增加，而且在初期时物料表面易产生凝结现象，但是这个阶段非常短。由于这种凝结现象会使钵盘干燥时间加长。过热蒸汽流经物料表面产生冷凝的同时会释放出大量的潜热，这些潜热通过表面传递给物料，所以过热蒸汽干燥升温速率快。

2. 恒速干燥阶段

在钵盘物料干燥的恒速干燥阶段，物料中水分的蒸发和内部水分的扩散是一个动态平衡的过程，所以在这个阶段物料表面湿润，物料的干燥速率基本上维持在稳定的状态。热量通过蒸汽膜传递给物料表面，物料温度为对应压力下的沸点温度，热量传递的动力是蒸汽与物料之间的温度差。质传递是指过热蒸汽与物料表面的蒸汽压差产生体积流，由于质传递成分与干燥介质成分一样，所以传质阻力非常小，而热风干燥时的质传递是饱和蒸汽与空气中不饱和蒸汽之间的扩散作用引的，所以过热蒸汽的质传递优于热风干燥。

3. 降速干燥阶段

当钵盘物料内部水分扩散的速率小于物料表面水分蒸发的速率时，物料便进入降速干燥段。采用热风干燥时，物料表面特征会发生变化，如湿物料表面会出现硬壳、结皮等现象，这种变化会阻碍物料水分的蒸发和介质与物料之间热量的传递。过热蒸汽干燥过程中虽然表面不再湿润，但是会形成通气性好的小孔，利于热量质量传递，同时物料温度也会比热风干燥时高，所以干燥速率比热风干燥快。

5.4 过热蒸汽传热传质机理分析

5.4.1 传热机理

过热蒸汽干燥钵盘主要依靠对流方式传递热量，对流换热的理论分析和试验研究均表明，靠近壁面处流体的状况对对流换热热阻的大小起决定作用。干燥中钵盘物料内外水分子的温度升高，水分与物料的结合力被破坏，与蒸汽流动的摩擦阻力被克服。过热蒸汽干燥物料过程中一般利用机械强制通风或自然通风方式蒸发物料中的水分，并由单一组分过热蒸汽为主流体来提供水分蒸发所需的全部能量。试验中忽略水蒸气在钵盘物料中的流通量，以及钵盘物料内部的横向传热，即认为物料表面的自由水是静止的，设定过热蒸汽的压力为常压。同时，在边界层内沿着流动方向 x 的变化的各个变量远小于方向 y 上的变化。

在上述条件下，可得出过热蒸汽干燥的数学模型为

质量方程 $$\frac{\partial(\rho u)}{\partial x}+\frac{\partial(\rho v)}{\partial y}=0$$

动量方程 $$\rho u\frac{\partial u}{\partial x}+\rho v\frac{\partial u}{\partial y}=\frac{\partial}{\partial y}\left(\mu\frac{\partial u}{\partial y}\right) \tag{5-11}$$

能量方程 $$\rho u c_P\frac{\partial T}{\partial X}+\rho v c_P\frac{\partial T}{\partial y}=\frac{\partial}{\partial y}\left(k\frac{\partial T}{\partial y}\right)$$

式中 u——过热蒸汽在 x 方向上的速度，m/s；

v——过热蒸汽在 y 方向上的速度，m/s；

c_P——过热蒸汽的定压热容，kJ/(kg · ℃)；

k——过热蒸汽的热导率，W/(kg · ℃)。

水分在钵盘物料中以不同的方式和形态与物料相结合为结合水和非结合水，非结合水一般较容易去除，但结合水一般不易去除。机械地附着在钵盘物料表面的非结合水，在干燥过程中首先发生汽化，并在水分子表面形成一层饱和气膜，然后在内外浓度差作用下，非结合水向钵盘物料表面扩散。过热蒸汽干燥传热示意图如图 5-54 所示。

在干燥过程中，物料表面水分的汽化速度决定干燥速率，即从过热蒸汽到物料的传递速度对钵盘物料干燥的速度具有决定性的影响。过热蒸汽以对流的方式传递给物料的热量可以用总传热方程来表示，即

$$Q=\alpha S\Delta t=\alpha S(T-T_w) \tag{5-12}$$

式中 Q——干燥介质在单位时间内传递给物料的热量，W；

α——对流换热系数，J/(m^2 · h · ℃)；

S——物料与蒸汽的接触面积，m^2；

Δt——过热蒸汽与物料之间的温度差，℃；

T——干燥介质的干球温度，℃；

T_w——干燥介质的湿球温度，℃。

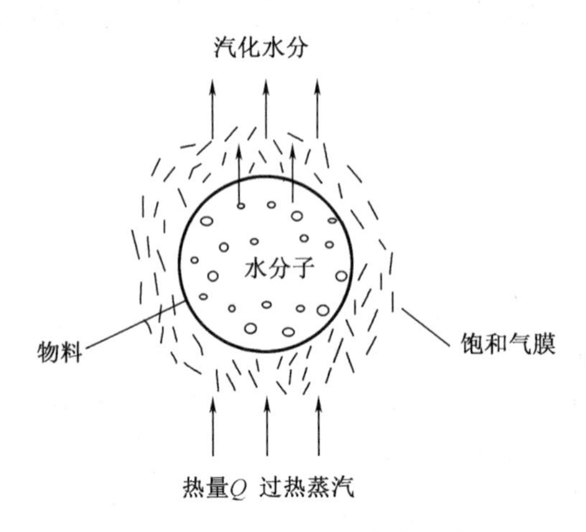

图 5-54 过热蒸汽干燥传热示意图

可见，对流换热系数 α 和过热蒸汽与物料之间的温度差 Δt，是影响干燥中传热量大小的主要因素，因此干燥过程中增大钵盘物料与过热蒸汽之间的温度梯度，提高过热蒸汽温度，或增大对流换热面积，均可以显著提高干燥效率。

5.4.2 传质机理

过热蒸汽干燥中的热载体和质载体均是过热蒸汽，干燥钵盘物料时过热蒸气处于一个动态变化的过程中，并最终达到平衡。

干燥过程中钵盘物料的水分移动和汽化需要过热蒸汽来提供热量，提供热量的过程与传热有关，同时汽化的水分进入过热蒸汽中属于蒸汽扩散的传质过程，所以过热蒸汽干燥是一项相当复杂的传热传质过程。

过热蒸汽干燥传质过程是指物料的水分转移到干燥介质气流中的过程。实际干燥过程中，一方面湿物料表面的非结合水分向过热蒸汽气流中扩散，另一方面钵盘物料中的水分不断向表面扩散，通过这两种途径完成水分扩散的传质过程。

在干燥过程中，物料结构和物料中水的含量决定了钵盘物料的水分在其物料内部的扩散速率，图 5-55 为过热蒸汽干燥传质示意图。

由图 5-55 可以看出，物料内部的结合水以分子扩散的方式，首先要通过过热蒸汽与物料接触的边界上存在的一个层流内层，然后通过一个缓冲过渡层才到达干燥介质的湍流主流区，显然，缓冲过渡层是从层流到湍流的过渡区域。层流内层的扩散阻力较大，即 P_1 与 P_0 之间的压差最大。在蒸汽通过缓冲过渡层时，同时存在蒸汽对流扩散和分子扩散，P_2 与 P_0 之间的蒸汽压差有所下降。过热蒸汽与干燥析出的蒸汽在湍流主体区有着很强的混合作用，使 P_3 与 P_0 之间的蒸汽压差降到了最小。

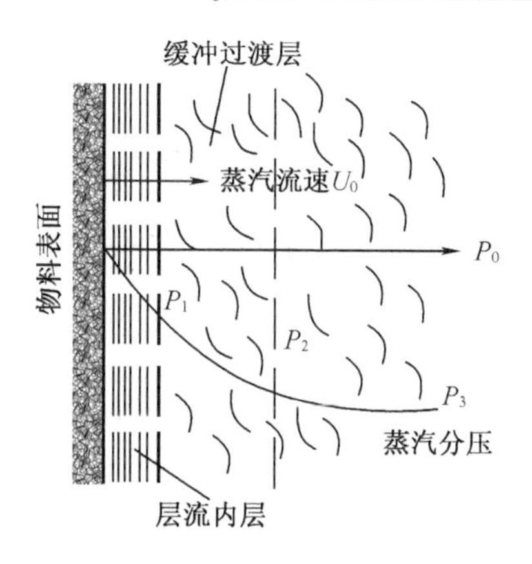

图5－55 过热蒸汽干燥传质示意图

根据传质与传热过程的相似性，过热蒸汽干燥物料过程中的传质方程可以表示为

$$W=\alpha_m S\Delta P=\alpha_m S(P_m-P_n) \tag{5-13}$$

式中 W——单位时间内干燥析出的水分，kg/h；

α_m——以压力差为动力的传质系数，kg/(m^2·h·Pa)；

S——物料与蒸汽的接触面积，m^2；

P_m——物料表面析出水分的蒸汽压，Pa；

P_n——过热蒸汽主流区的蒸汽压，Pa。

其中，传质系数 α_m 计算公式为

$$\alpha_m=\frac{0.026\times(273.15+t_w)}{273}u^{\frac{1}{2}}$$

式中 t_w——水分汽化温度，℃；

u——过热蒸汽与物料表面的相对运动速度，m/s。

从式(5－13)中可以看出，物料表面析出水分的蒸汽压、过热蒸汽主流区的蒸汽压、以压力差为动力的传质系数、物料与蒸汽的接触面积均为干燥过程中影响传质的因素。当被干燥的钵盘物料形状和大小尺寸固定后，钵盘物料与蒸汽的接触面积相对固定，那么传质过程的主要推动力为 P_m 和 P_n 之差，即在 $(P_m-P_n)>0$ 的情况下发生传质过程，这与传热的温差相似。结合图5－55可以看出，在蒸汽的迁移过程中，传质阻力基本集中在层流内层，而且传质阻力随着层流内层厚度增加而增大。而干燥介质的流速决定了层流内层的厚度，干燥界面处相对速度的大小决定了传质系数的数值。因此，可以通过增大过热蒸汽的流量或流速来减小层流内层的厚度、增大传质系数，使扩散过程中的传质阻力变小，从而有效提高干燥效率。

5.5 钵盘过热蒸汽干燥凝结段的干燥动力学特性分析

过热蒸汽干燥虽然并不改变干燥过程的一般特性，但与热风干燥还是存在一些显著的区别。即在初始干燥阶段物料的温度为环境温度，由于环境温度远低于过热蒸汽的温度，因此在该阶段湿物料表面会产生凝结现象。虽然过热蒸汽在湿物料表面的凝结现象十分普遍，但很多学者认为凝结水存在的时间短、精确的数学描述不可行，因而在研究中均忽略了该现象。

但是，实际上过热蒸汽的初始阶段的凝结现象，对物料干燥的速率影响较大。因此，有些学者在过热蒸汽干燥物料过程中已经对过热蒸汽在湿物料表面的凝结现象进行了一定研究。Rasmuson 和 Fyhr 在研究中考虑了凝结现象和过程，并把凝结水作为额外的表面因素来处理；Kittiworrawatt 和 Devahastin 在干燥生物材料的过程中，考虑了初始蒸汽冷凝对过热蒸汽干燥模型的影响，在一定程度上提高了预测结果，但发现对温度预测结果还是比实际要低，而且该模型无法预测高温和低压下的情况。Sa-adchom 等在对猪肉片的干燥中加入了初始蒸汽冷凝过程，并建立了过热蒸汽干燥模型，得出了蒸汽冷凝量。但是总体来说，对初始阶段蒸汽冷凝现象对干燥过程的影响的研究较少且不深入。

因此，为了更加深入理解过热蒸汽干燥过程机理，进行过热蒸汽干燥动力学过程的理论描述，本研究针对过热蒸汽干燥过程中蒸汽凝结现象进行理论分析，并对干燥过程的数学模型进行了修正。通过研究与分析，为过热蒸汽干燥过程机理的研究、干燥设备设计与优化、干燥操作条件的设置提供了理论依据。

5.5.1 热空气干燥曲线分析

当热空气从湿物料表面流过时，空气与物料之间存在着温差，将推动空气把热量以对流方式传递给湿物料。湿物料吸收空气中传来的热量，其内部的水分汽化形成蒸汽，且蒸汽不断地由物料表面扩散到热空气流中，物料的含水率也相应下降。当物料的含水率降低到平衡含水率时，干燥过程达到平衡状态。

热空气干燥通常可分为三个阶段：加热升温期、恒速干燥阶段和降速干燥阶段。热空气干燥曲线图如图 5 – 56 所示。

由于加热升温期对物料的含水率影响不大，而且持续时间较短，因此一般在热空气干燥物料过程中该阶段通常被忽略。但在这个阶段，物料表面的温度受热空气介质部分热量的影响上升至湿球温度。到恒速干燥阶段，物料由于吸收了热空气的热量，表面水分发生汽化，但物料表面的温度维持在湿球温度，从而物料表面与内部出现湿度梯度。物料内部的水分在湿度梯度的作用下扩散到表面，此时干燥速率的大小取决于物料表面水分的汽化速率，即取决于物料外部的干燥条件，因此在研究中一般均把此阶段物料水分的汽化近似认为是纯水面的汽化，也被称为表面汽化控制。干燥曲线可以用式(5－14)进行数学描述：

$$X = X_0 - (X_0 - X_{cr}) \cdot \frac{t}{t_{cr}} \tag{5-14}$$

式中 X——物料的干基含水率，%；

X_0——物料原始干基含水率，%；

X_{cr}——临界干基含水率，%；

t——干燥时间，min；

t_{cr}——物料含水率降低到临界干基含水率所对应的干燥时间，min。

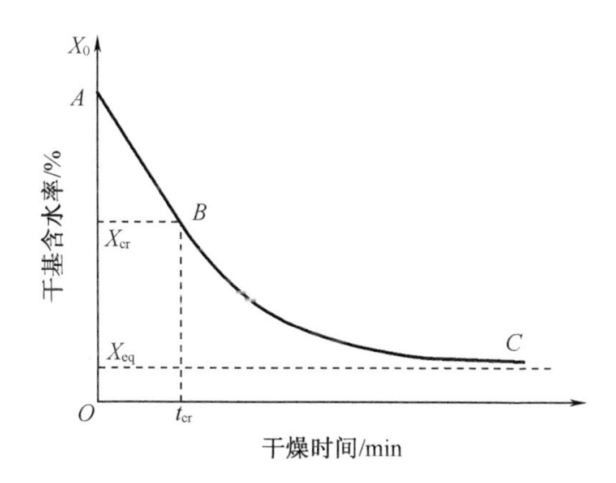

X_0—物料原始干基含水率，%；X_{cr}—临界干基含水率，%；X_{eq}—平衡含水率，%；

t_{cr}—物料含水率降低到临界干基含水率所对应的干燥时间，min。

图5－56 热空气干燥曲线图

在恒速干燥阶段后期，当物料表面的蒸汽压力开始小于饱和蒸汽压时，开始进入降速干燥阶段。在降速干燥阶段，物料表面与物料内部的温度差逐渐减小至完全消失，也表明干燥速率逐渐减小。此阶段空气传给物料的热量被用于水分汽化和提高物料的温度，直至空气的温度与物料的温度比较接近。物料性质和内部结构成为决定干燥速率变化规律的因素，当物料内部水分向表面转移的速率小于物料表面的水分向空气汽化速率时，水分蒸发的表面汽化控制阶段结束，开始进入水分内部扩散控制阶段。可以用式(5－15)来描述降速阶段的干燥曲线：

$$X = X_{eq} + (X_{cr} - X_{eq}) \cdot \exp\left(-\frac{X_0 - X_{cr}}{t_{cr}} \cdot \frac{t - t_{cr}}{X_{cr} - X_{eq}}\right) \tag{5-15}$$

5.5.2 过热蒸汽干燥动力学特性分析

过热蒸汽干燥的干燥介质为过热蒸汽，其干燥过程的一般特性虽不发生改变，但与热空气干燥相比，在加热升温阶段会产生凝结现象，因此还是存在一些显著的区别。尽管在加热升温阶段的冷凝现象持续的时间很短，但是该过程可大幅度提高物料的初始含水率，因此实际研究中忽略该阶段试验误差较大。分析中通过修正热空气干燥数学模型，获得过热蒸汽干燥数学模型。图5－57为过热蒸汽干燥曲线图。

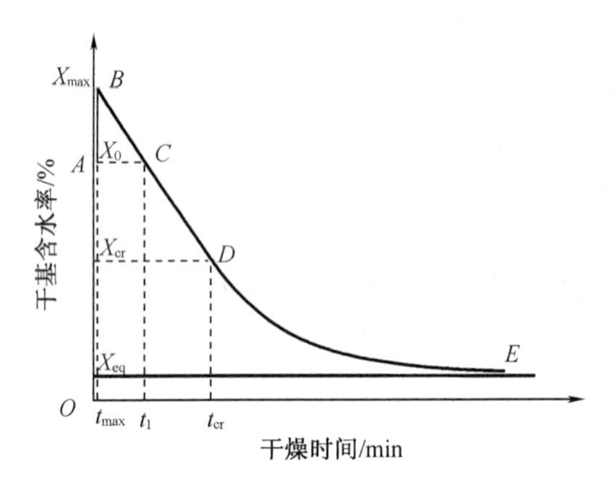

图5－57　过热蒸汽干燥曲线图

在过热蒸汽干燥曲线的 *AB* 阶段，过热蒸汽会产生凝结现象，使物料表面含水率增加，同时吸收汽化潜热的物料迅速上升到沸点温度，对整个干燥过程会产生较大影响。掌握该阶段物料温度与干燥时间的关系、物料吸收的热量与干燥时间的关系具有较大研究意义。

在干燥过程中，钵盘物料与干燥介质接触良好，在不考虑物料内部的温度梯度的条件下，钵盘物料的比热容和密度变化很小，可认为过热蒸汽干燥钵盘物料过程中满足忽略物料内部导热热阻的集总参数法：当固体内部的导热热阻小于表面的换热热阻时，固体内部的温度仅是时间的一元函数，而与空间坐标无关。在上述假设条件下，对干燥过程的 *AB* 段进行理论分析，可分别得出物料温度与干燥时间的关系模型、物料吸收的热量与干燥时间的关系模型、过热蒸汽释放的热量与蒸汽凝结量的关系模型，进而得出该过程干燥曲线的数学模型。

1．物料温度与干燥时间的关系模型

$$\frac{T-T_{steam}}{T_0-T_{steam}}=\exp\left(-\frac{hA}{\rho cV}t\right) \tag{5-16}$$

对式(5－16)进行整理，可得

$$T=T_{steam}+(T_0-T_{steam})\exp\left(-\frac{hA}{\rho cV}t\right) \tag{5-17}$$

式中　T——物料的温度，℃；

T_0——物料的初始温度，℃；

T_{steam}——蒸汽的温度，℃；

h——换热系数，$W/(m^2 \cdot K)$；

A——物料的表面积，m^2；

ρ——物料的密度，kg/m^3；

c——物料的比热容，$kJ/(kg \cdot K)$；

V——物料的体积，m^3。

2. 物料吸收的热量与干燥时间的关系模型

$$dQ = cm dT = cm(T_0 - T_{steam})\left(-\frac{hA}{\rho cV}\right)\exp\left(-\frac{hA}{\rho cV}t\right)dt \tag{5-18}$$

式中　dQ——物料吸收热量的增量，kJ；

m——物料的湿质量，kg；

dT——物料温度的增量，℃；

dt——干燥时间的增量，min。

3. 过热蒸汽释放的热量与蒸汽凝结量的关系模型

$$dQ_{steam} = c_{steam}dm_{steam}(T_{steam} - T_{cond}) + dm_{steam}\gamma + c_w dm_{steam}(T_{cond} - T) \tag{5-19}$$

式中　dQ_{steam}——过热蒸汽释放热量的增量，kJ；

c_{steam}——过热蒸汽比热容，kJ/(kg·K)；

dm_{steam}——蒸汽凝结量的增量，kg；

T_{cond}——蒸汽冷凝温度（即水的沸点温度），℃；

γ——蒸汽潜热，kJ/kg；

c_w——水的比热容，kJ/(kg·K)。

在钵盘过热蒸汽干燥过程中，钵盘物料吸收的热量应等于过热蒸汽释放的热量，根据式(5-18)和式(5-19)，可得蒸汽凝结量与干燥时间的关系：

$$dm_{steam} = \frac{cm(T_0 - T_{steam})\left(-\frac{hA}{\rho cV}\right)\exp\left(-\frac{hA}{\rho cV}t\right)dt}{c_{steam}(T_{steam} - T_{cond}) + \gamma + c_w(T_{cond} - T)} \tag{5-20}$$

可见，直接对式(5-20)积分较为复杂，因此先对式中相关参数的取值进行一定分析。钵盘在进行干燥固化之前，储存于室温下，其温度设定为20 ℃，蒸汽冷凝的温度 T_{cond} 约为100 ℃，那么钵盘物料在此阶段的温度变化范围为20～100 ℃，计算时物料温度取平均值60 ℃。式(5-20)中分母中 $c_w(T_{cond} - T)$ 这一项的值约为蒸汽潜热 γ 的1/10，因而作简化忽略。水的比热容约为4.2 kJ/(kg·K)，然后对式(5-20)进行积分，得出蒸汽凝结量：

$$m_{steam} = \int_0^t dm_{steam} = \frac{cm(T_0 - T_{steam})\left[\exp\left(-\frac{hA}{\rho cV}t\right) - 1\right]}{c_{steam}(T_{steam} - T_{cond}) + \gamma} \tag{5-21}$$

式中　m_{steam}——蒸汽凝结量，kg。

在干燥的加热升温阶段，钵盘物料的干燥时间与干基含水率的关系可用式(5-22)来表示：

$$X = \frac{\frac{mX_0}{1 + X_0} + m_{steam}}{\frac{m}{1 + X_0}} \tag{5-22}$$

将式(5-21)代入式(5-22)，整理后得

$$X = X_0 + \frac{c(T_0 - T_{steam})\left[\exp\left(-\frac{hA}{\rho cV}t\right) - 1\right](1 + X_0)}{c_{steam}(T_{steam} - T_{cond}) + \gamma} \tag{5-23}$$

蒸汽凝结过程结束时，物料温度应与蒸汽的凝结温度相同，即 $T = T_{cond}$，将其代入式(5－16)，得出蒸汽凝结结束时对应的干燥时间：

$$t_{max} = -\frac{\rho c V}{hA}\ln\left(\frac{T_{cond} - T_{steam}}{T_0 - T_{steam}}\right) \tag{5-24}$$

将式(5－24)分别代入式(5－21)和式(5－23)，即可得出蒸汽凝结结束时的凝结量和物料的含水率：

$$m_{steam-max} = \frac{cm(T_{cond} - T_0)}{c_{steam}(T_{steam} - T_{cond}) + \gamma} \tag{5-25}$$

$$X_{max} = X_0 + \frac{c(T_{cond} - T_0)(1 + X_0)}{c_{steam}(T_{steam} - T_{cond}) + \gamma} \tag{5-26}$$

通过上述对过热蒸汽干燥物料的换热过程和蒸汽冷凝机制的理论分析，得出式(5－16)至式(5－26)，可用于考虑了冷凝现象的过热蒸汽干燥过程的数学描述。在加热升温阶段干燥曲线的一般数学描述可用式(5－23)表示。

在图5－57中干燥曲线的 BC 段，物料表面的凝结水吸收过热蒸汽热量后开始汽化，直至凝结水汽化完毕后，物料表面的温度始终维持在冷凝温度。因此，BC 阶段具有恒定的干燥速率，即此阶段相当于纯水表面的自由汽化。到达 CD 段凝结水汽化完毕，物料内部水分开始汽化，单物料表面始终维持润湿状态，温度保持在沸点温度，干燥速率保持恒定。因此，在干燥曲线的 BC 段和 CD 段均可采用水滴自由蒸发模型来进行数学描述，干燥物料恒速干燥阶段任意时刻物料的干基含水率为

$$X = X_{max} - (X_{max} - X_{cr}) \cdot (t - t_{max})/(t_{cr} - t_{max}) \tag{5-27}$$

在图5－57的干燥曲线 DE 段，干燥速率开始下降，物料表面不再保持湿润，该阶段干燥的水分主要为结合水。那么，此阶段的过热蒸汽降速干燥阶段的干燥曲线可用下式来表示：

$$X = X_{eq} + (X_{cr} - X_{eq}) \cdot \exp\left(-\frac{X_{max} - X_{cr}}{t_{cr} - t_{max}}\right) \tag{5-28}$$

5.6 过热蒸汽干燥对钵盘品质影响的单因素试验研究

5.6.1 试验材料和方法

1. 试验材料

采用自主研制的玉米植质钵育秧盘，钵盘由秸秆、增强基质、固体凝结剂、生物淀粉胶和水组成，各组成成分质量分数分别为16.44%、57.3%、6.26%、0.04%和19.96%，在26 MPa成型压力下压缩成型，作为待测试试验材料。

2. 试验方法

研究玉米植质钵育秧盘的干强度、湿强度、干燥速率随干燥固化过程中干燥时间、过热蒸汽质量流量、过热蒸汽温度等因素变化的规律，钵盘抗剪切性能测试试验在 WDW－100 型微机控制电子万能试验机上完成。试验时，首先将压制成型后的钵盘放到150 ℃的烘干箱内，连续烘干 5 h，测得钵盘的湿基是 26.7%。试验制备的钵盘中水的质量分数占 19.96%，钵盘合成物料中的其他物料中会含有不同质量的水，其中秸秆的水分在15%左右（试验中取15%），增强基质和固体凝结剂较为干燥，水分占比不大。钵盘在压制过程中会产生失水现象，其中绝大部分为制备中加入的水的质量。

5.6.2 单因素试验

1. 干燥时间对钵盘强度的影响分析

在干燥温度145 ℃、过热蒸汽质量流量 1.81 kg·m^{-2}·s^{-1}的条件下，对钵盘进行不同时间的干燥固化试验，获得钵盘在干燥时间分别为10 min、15 min、20 min、25 min、30 min时的钵盘干强度和湿强度的变化情况，如图 5－58 所示。其中干强度是指钵盘干燥固化后的强度，湿强度是指钵盘育苗移栽前的强度。

图 5－58 表明，随干燥时间的增加，钵盘干燥固化后的干强度（钵盘含水率9%左右）和钵盘育苗移栽前的湿强度均呈现先增加后降低的变化趋势，其中在干燥时间为20 min时，钵盘干、湿强度达到最大值，干强度为2.57 MPa，湿强度为1.58 MPa，之后随着干燥时间的进一步增加，钵盘干、湿强度均呈下降趋势，但下降的幅度不大。

2. 过热蒸汽温度对钵盘干湿强度的影响

在干燥时间为20 min，过热蒸汽质量流量为 1.81 kg·m^{-2}·s^{-1}的条件下，分别取过热蒸汽干燥温度为105 ℃、125 ℃、145 ℃、165 ℃、185 ℃对钵盘进行干燥固化试验，获得钵盘在不同过热蒸汽温度下干强度和湿强度的变化规律曲线，如图 5－59 所示。

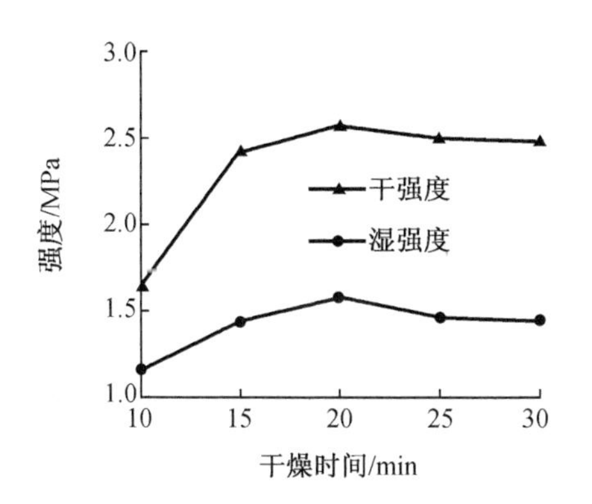

图 5－58 干燥时间对钵盘强度的影响变化曲线

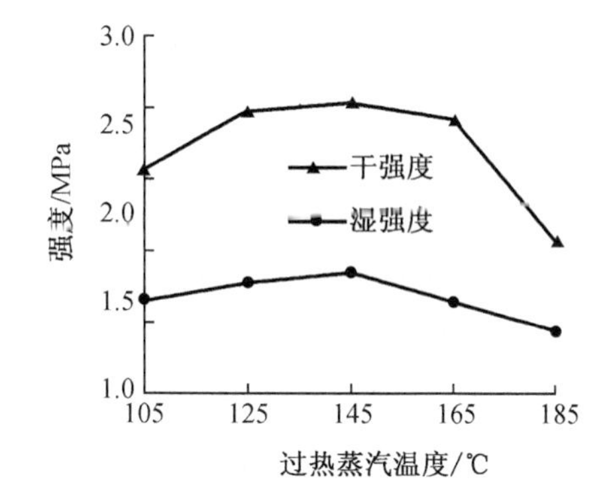

图 5－59 过热蒸汽温度对钵盘强度的影响变化曲线

图5-59表明，随着过热蒸汽温度的增加，钵盘干、湿强度均呈先增大后减小的趋势，当过热蒸汽从105 ℃提高到125 ℃时，钵盘干强度上升趋势明显，在145 ℃时达到最大值，干强度为2.53 MPa，湿强度为1.35 MPa。从125 ℃到165 ℃时，干强度变化不大，之后迅速下降。钵盘湿强度在145 ℃时达到最大，然后开始下降，且下降趋势较为明显。

3. 过热蒸汽质量流量对钵盘强度的影响

在干燥时间为20 min、干燥温度145 ℃的条件下，分别取过热蒸汽质量流量为1.41 $kg \cdot m^{-2} \cdot s^{-1}$、1.81 $kg \cdot m^{-2} \cdot s^{-1}$、2.35 $kg \cdot m^{-2} \cdot s^{-1}$、2.89 $kg \cdot m^{-2} \cdot s^{-1}$、3.42 $kg \cdot m^{-2} \cdot s^{-1}$对钵盘进行干燥固化试验，获得钵盘干强度和湿强度随干燥固化时过热蒸汽质量流量的变化曲线，如图5-60所示。

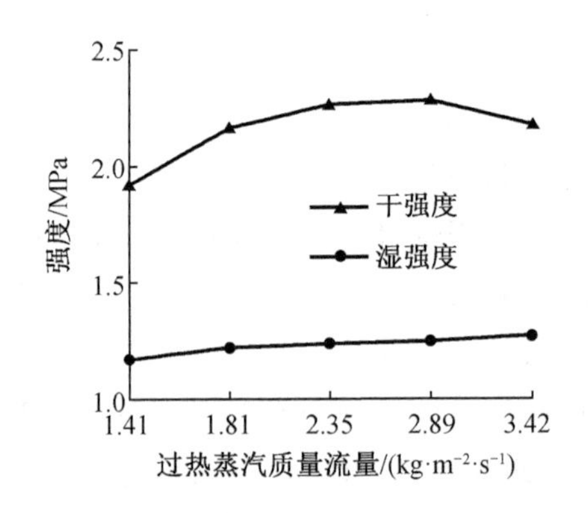

图5-60 过热蒸汽质量流量对钵盘强度的影响变化曲线

图5-60表明，随着过热蒸汽质量流量的增大，钵盘干强度呈先增大后减小的趋势，总体变化趋势明显，当过热蒸汽质量流量为2.89 $kg \cdot m^{-2} \cdot s^{-1}$时钵盘干强度达到最大，为2.29 MPa，然后随着过热蒸汽质量流量继续增加钵盘干强度开始降低。钵盘湿强度随着过热蒸汽质量流量的增加而增大，但总体增加幅度不大，从1.17 MPa增加到最大值1.27 MPa。

4. 过热蒸汽质量流量对干燥速率的影响

在过热蒸汽温度145 ℃的情况下，以初始含水率为26.7%（湿基）的玉米植质钵育秧盘为研究对象，分别取过热蒸汽的质量流量为1.41 $kg \cdot m^{-2} \cdot s^{-1}$、2.35 $kg \cdot m^{-2} \cdot s^{-1}$、3.42 $kg \cdot m^{-2} \cdot s^{-1}$对钵盘进行干燥固化试验研究与分析，获得不同过热蒸汽质量流量下钵盘湿基含水率随钵盘干燥时间的变化曲线，即表明了钵盘干燥速率随过热蒸汽质量流量的变化趋势。干燥速率随过热蒸汽质量流量的变化曲线如图5-61所示。

图5-61表明，干燥速率随着过热蒸汽质量流量的增大而增加，但是当达到一定的干燥时间后，3种过热蒸汽质量流量下的钵盘干燥速率均变慢，但干燥速率仍在提升。若将钵盘湿基含水率下降到一定程度，过热蒸汽质量流量大的干燥时间短，干燥速率快。当过热蒸汽的质量流量为1.41 $kg \cdot m^{-2} \cdot s^{-1}$、干燥时间为30 min时钵盘湿基含水率降至9.2%，过热蒸汽质量流量为2.35 $kg \cdot m^{-2} \cdot s^{-1}$、干燥时间为24 min时钵盘湿基含水率已降至8.9%，过热蒸汽质量流量为3.42 $kg \cdot m^{-2} \cdot s^{-1}$、干燥时间为18 min时钵盘湿基含水率就已降至

8.8%。可见,干燥速率随过热蒸汽的质量流量增加而增大,干燥效率也得以提升。

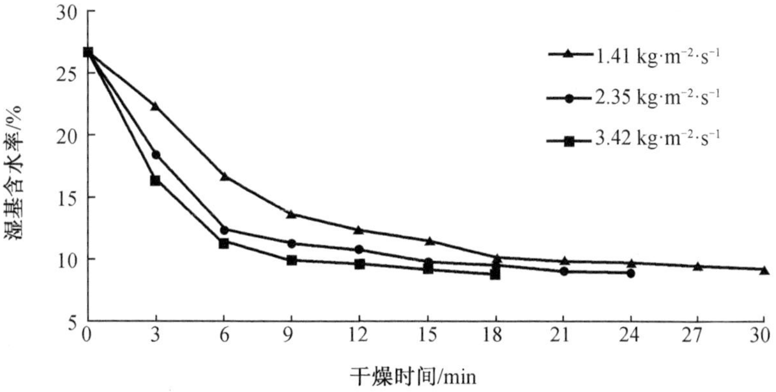

图5-61 干燥速率随过热蒸汽质量流量的变化曲线

5. 过热蒸汽温度对干燥速率的影响

以初始含水率为26.7%(湿基)的钵盘为试验研究对象,在过热蒸汽质量流量为1.81 kg·m^{-2}·s^{-1},过热蒸汽干燥温度分别为105 ℃、125 ℃、145 ℃、165 ℃、185 ℃时对钵盘进行干燥固化试验研究,获得钵盘干燥速率随过热蒸汽干燥温度的变化曲线,如图5-62所示,干燥速率用不同干燥时间下的钵盘湿基含水率指标来表示。

图5-62表明,随着干燥时间的增加,钵盘湿基含水率先迅速下降,下降到一定阶段后,下降的变化趋势趋于平缓,说明干燥速率随干燥时间的变化先明显升高,之后增幅逐渐减小。随着干燥时间的变化,在干燥前半阶段随着过热蒸汽温度的提升,湿基含水率下降趋势增加迅速,说明干燥速率随着过热蒸汽温度的增加而明显提升,但干燥后半阶段过热蒸汽温度继续提升,而湿基含水率下降趋势趋于平缓,说明随干燥温度的进一步提升,干燥速率增高的幅度逐渐减小。但整个曲线的变化趋势表明,干燥时间相同的前提下,过热蒸汽温度高的钵盘湿基含水率较低,干燥速率较高,提升干燥蒸汽温度可明显提升干燥速率,若不考虑干燥功耗便可获得更好的干燥效率。

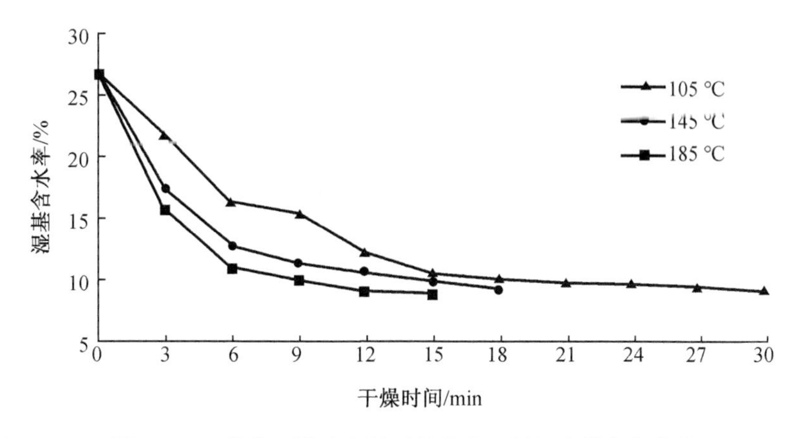

图5-62 钵盘干燥速率随过热蒸汽干燥温度的变化曲线

5.7 过热蒸汽干燥对钵盘品质影响的多因素试验研究

5.7.1 试验方案

以干燥固化时的干燥时间、过热蒸汽温度和过热蒸汽质量流量为因素，取钵盘干强度、湿强度和湿基含水率为指标，设计三因素五水平的正交旋转组合试验方案，获得钵盘干燥固化过程较佳的工艺参数组合。表5-14为各变量因素水平编码表，表5-15为二次回归旋转组合设计正交表，表5-16为二次回归旋转组合设计方案及结果。

表5-14 各变量因素水平编码表

编码值 x_j	因素水平		
	干燥时间 x_1/min	过热蒸汽温度 x_2/℃	过热蒸汽质量流量 x_3/($kg \cdot m^{-2} \cdot s^{-1}$)
上星号臂($+\gamma$)	30	185	3.4
上水平($+1$)	25.134≈25	168.78≈170	2.995≈3.0
零水平(0)	18	145	2.4
下水平(-1)	10.87≈11	121.22≈120	1.805 5≈1.8
下星号臂($-\gamma$)	6	105	1.4

表5-15 二次回归旋转组合设计正交表

试验号	x_0	x_1	x_2	x_3	y
1	1	1	1	1	y_3
2	1	1	1	-1	y_3
3	1	1	-1	1	y_3
4	1	1	-1	-1	y_4
5	1	-1	1	1	y_5
6	1	-1	1	-1	y_7
7	1	-1	-1	1	y_7
8	1	-1	-1	-1	y_8
9	1	1.682	0	0	y_9
10	1	-1.682	0	0	y_{10}
11	1	0	1.682	0	y_{11}

表 5－15(续)

试验号	x_0	x_1	x_2	x_3	y
12	1	0	-1.682	0	y_{12}
13	1	0	0	1.682	y_{13}
14	1	0	0	-1.682	y_{14}
15	1	0	0	0	y_{15}
16	1	0	0	0	y_{16}
17	1	0	0	0	y_{17}
18	1	0	0	0	y_{18}
19	1	0	0	0	y_{19}
20	1	0	0	0	y_{20}
21	1	0	0	0	y_{21}
22	1	0	0	0	y_{22}
23	1	0	0	0	y_{23}

表 5－16　二次回归旋转组合设计方案及结果

序号	干燥时间 x_1 /min	过热蒸汽温度 x_2/℃	过热蒸汽质量流量 x_3 /($kg\cdot m^{-2}\cdot s^{-1}$)	干强度/MPa	湿强度/MPa	湿基含水率/%
1	1	1	1	2.87	1.48	10.13
2	1	1	-1	3.11	1.58	8.81
3	1	-1	1	2.21	1.32	9.93
4	1	-1	-1	2.27	1.43	10.58
5	-1	1	1	2.16	1.28	9.14
6	-1	1	-1	2.89	1.42	9.32
7	-1	-1	1	2.08	1.28	11.56
8	-1	-1	-1	2.53	1.47	9.26
9	1.682	0	0	2.16	1.35	9.63
10	-1.682	0	0	1.98	1.12	11.57
11	0	1.682	0	2.42	1.51	10.67
12	0	-1.682	0	3.36	1.47	9.22
13	0	0	1.682	3.44	1.29	8.88
14	0	0	-1.682	2.51	1.38	8.71
15	0	0	0	2.43	1.45	9.46
16	0	0	0	2.96	1.37	9.14
17	0	0	0	2.07	1.17	12.19
18	0	0	0	1.93	1.32	9.24

表 5 – 16(续)

序号	干燥时间 x_1 /min	过热蒸汽温度 x_2/℃	过热蒸汽质量流量 x_3 /(kg · m^{-2} · s^{-1})	干强度/MPa	湿强度/MPa	湿基含水率/%
19	0	0	0	2.55	1.25	9.47
20	0	0	0	2.18	1.41	9.39
21	0	0	0	1.92	1.09	12.83
22	0	0	0	1.87	1.17	12.27
23	0	0	0	2.32	1.53	9.09

5.7.2 试验结果回归分析

1. 干强度

经 Design – expert Version 8.0.5 软件分析,得到以干强度为响应函数,以各影响因素水平编码值为自变量的回归模型:

$$y_1 = 2.37 + 0.39x_1 + 0.12x_2 + 0.24x_3 + 0.13x_1x_2 + 0.073x_1x_3 + 0.013x_2x_3 + 0.075x_1^2 - 0.074x_2^2 + 0.13x_3^2 \tag{5-29}$$

式中 x_1、x_2、x_3——各因素水平编码。

对试验结果进行方差分析,见表 5 – 17。结果表明,干强度 y_1 回归模型并差异显著($P = 0.0025$),说明回归方程有意义。压板压力拟合方差不显著,说明方程拟合得较好,具有实际意义。

表 5 – 17 回归模型方差分析

方差来源	自由度	平方和	均方	F 值	P 值
回归	9	3.7	9	5.76	0.002 5
剩余	13	0.93	0.071		
拟合	5	0.32	0.065	0.86	0.548 6
误差	8	0.61	0.076		
总和	22	4.63			

模型系数显著性检验见表 5 – 18,剔除模型中 $P > 0.5$ 的系数项,获得干强度 y_1 的回归模型:

$$y_1 = 2.37 + 0.39x_1 + 0.12x_2 + 0.24x_3 + 0.13x_1x_2 + 0.073x_1x_3 + 0.075x_1^2 - 0.074x_2^2 + 0.13x_3^2 \tag{5-30}$$

表 5 - 18 回归方程系数显著性检验

系数项	干强度		
	参数估计	*F* 值	*P* 值
截距	2.37	5.76	0.002 5
x_1	0.39	28.79	0.000 1
x_2	0.12	2.95	0.109 6
x_3	0.24	11.43	0.004 9
x_1x_2	0.13	1.82	0.200 4
x_1x_3	0.073	0.59	0.456 8
x_2x_3	0.013	0.017	0.896 8
${x_1}^2$	0.075	1.25	0.284
${x_2}^2$	-0.074	1.2	0.292 7
${x_3}^2$	0.13	3.74	0.075 1

根据试验结果,对性能指标干强度进行单因素和双因素效应分析。单因素效应分析:各性能指标的回归方程当中有3个变量,为了直观地找出各因素(变量)对各性能指标的影响,分别让2个因素中的2个因素取不同水平,观察另一因素对各性能指标的影响。双因素效应分析:根据试验数据借助等高线和双因素曲面图的方法,描述3个因素对各性能指标的影响效应。

(1)干燥时间与干强度之间的关系

在模型中将过热蒸汽温度和过热蒸汽质量流量固定在 -1,0,1 水平上,可分别得到干燥时间与干强度之间的一元回归模型。

曲线1$(x_1, -1, -1)$:$y_1 = 2.066 + 0.187x_1 + 0.075{x_1}^2$

曲线2$(x_1, 0, 0)$:$y_1 = 2.37 + 0.39x_1 + 0.075{x_1}^2$

曲线3$(x_1, 1, 1)$:$y_1 = 2.786 + 0.593x_1 + 0.075{x_1}^2$

图5-63为干燥时间与干强度之间的关系。由图可见,当过热蒸汽温度和过热蒸汽质量流量取 -1,0,1 水平时,干强度均随干燥时间水平增大逐渐增大,且趋势较明显。

(2)过热蒸汽温度与干强度之间的关系

在模型中将干燥时间和过热蒸汽质量流量固定在 -1,0,1 水平上,可分别得到过热蒸汽温度与干强度之间的一元回归模型。

曲线1$(-1, x_2, -1)$:$y_1 = 2.018 - 0.01x_2 - 0.074{x_2}^2$

曲线2$(0, x_2, 0)$:$y_1 = 2.37 + 0.12x_2 - 0.074{x_2}^2$

曲线3$(1, x_2, 1)$:$y_1 = 3.278 + 0.25x_2 - 0.074{x_2}^2$

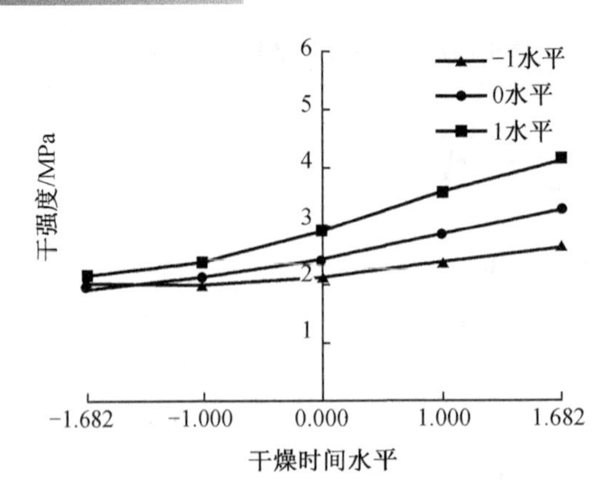

图 5-63　干燥时间与干强度之间的关系

图 5-64 为过热蒸汽温度与干强度之间的关系。由图可见，当干燥时间和过热蒸汽质量流量取 -1 和 0 水平时，干强度随过热蒸汽温度水平的增加先略有增大后再减小，过热蒸汽温度均在 0 水平时，干强度达到最大。当干燥时间和过热蒸汽质量流量取 1 水平时，干强度随过热蒸汽温度的增大而逐渐增大，但整体增幅不大。

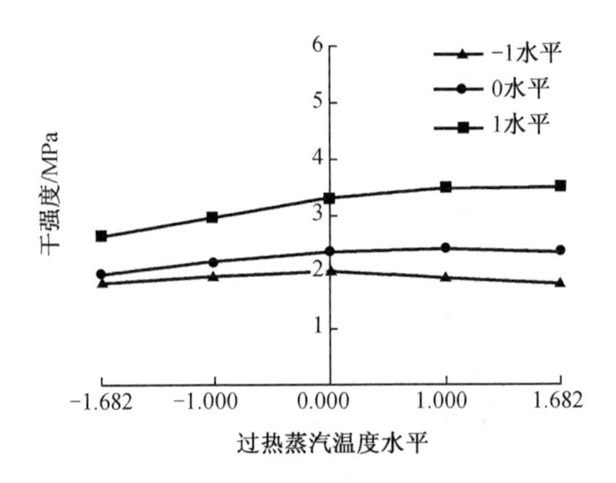

图 5-64　过热蒸汽温度与干强度之间的关系

(3)过热蒸汽质量流量与干强度之间的关系

在模型中将干燥时间和过热蒸汽温度固定在 -1,0,1 水平上，可分别得到过热蒸汽质量流量与干强度之间的一元回归模型。

曲线 1$(-1,-1,x_3)$：$y_1 = 1.991 + 0.167x_3 + 0.13x_3^2$

曲线 2$(0,0,x_3)$：$y_1 = 2.37 + 0.24x_3 + 0.13x_3^2$

曲线 3$(1,1,x_3)$：$y_1 = 3.011 + 0.313x_3 + 0.13x_3^2$

图 5-65 为过热蒸汽质量流量与干强度之间的关系。当干燥时间和过热蒸汽温度水平取 -1 和 0 时，干强度随过热蒸汽质量流量水平的增加呈先略有降低后增加的趋势，在过热蒸汽质量流量为 -1 水平时，干强度达到最小值。当干燥时间和过热蒸汽温度取 1 水平时，干强度随过热蒸汽质量流量的增加而增大，且在 -1.682 到 -1 水平过程中，干强度增幅很

小,过热蒸汽质量流量达到 -1 水平后,干强度随过热蒸汽质量流量水平的增大而增大的幅度开始变得较为明显。

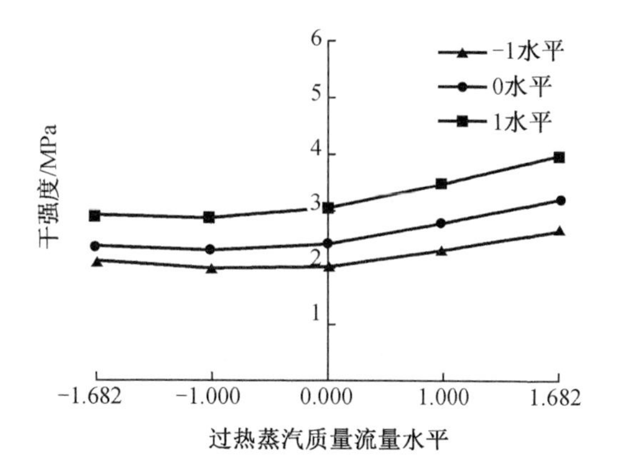

图 5-65 过热蒸汽质量流量与干强度之间的关系

(4)干燥时间和过热蒸汽温度的交互作用对干强度的影响分析

图 5-66 和图 5-67 分别为干燥时间和过热蒸汽温度交互作用时对干强度影响的等高线图和响应曲面图。由图可见,当干燥时间水平固定且水平较低时,干强度随过热蒸汽温度水平增大呈先增大后减小的趋势,干燥时间水平较高时,干强度随过热蒸汽温度水平的增大而增大。当过热蒸汽温度水平固定时,干强度随干燥时间水平的增大而增大,且过热蒸汽温度水平较低时干强度随干燥时间增加幅度不大,过热蒸汽温度水平较高时,干强度随干燥时间增大的趋势明显,增幅较大。

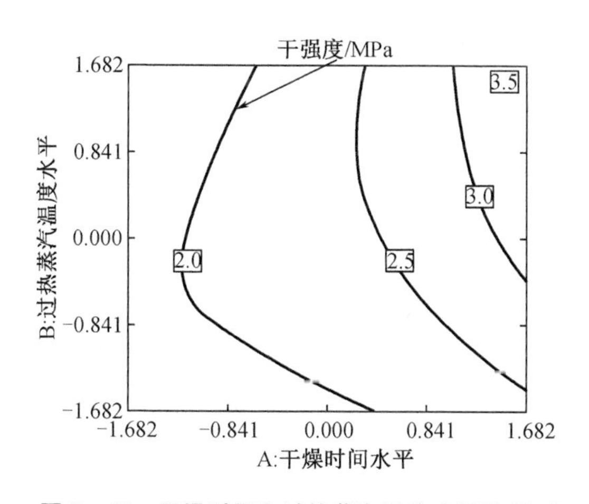

图 5-66 干燥时间和过热蒸汽温度交互作用时对干强度影响的等高线图

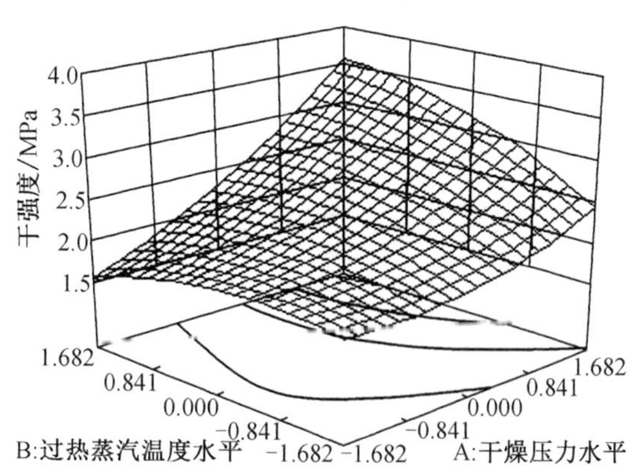

图 5-67 干燥时间和过热蒸汽温度交互作用时对干强度影响的响应曲面图

(5)干燥时间和过热蒸汽质量流量的交互作用对干强度的影响分析

图 5-68 和图 5-69 为干燥时间和过热蒸汽质量流量交互作用时对干强度影响的等高线图和响应曲面图。由图可见,当干燥时间水平固定时,干强度随过热蒸汽质量流量水平

的增大呈先减小后增大的趋势，在过热蒸汽质量流量为 0 水平左右时，干强度基本达到最小。当过热蒸汽质量流量水平固定时，干强度随干燥时间的增大而增大，且当过热蒸汽质量流量水平为 -1.682 时，干强度随干燥时间水平增大而增大的幅度较小，当过热蒸汽质量流量水平为 1.682 时，干强度随干燥时间水平的增大而增大的幅度较大，过热蒸汽质量流量为其他水平时，干强度增加幅度介于 -1.682 水平和 1.682 水平之间。

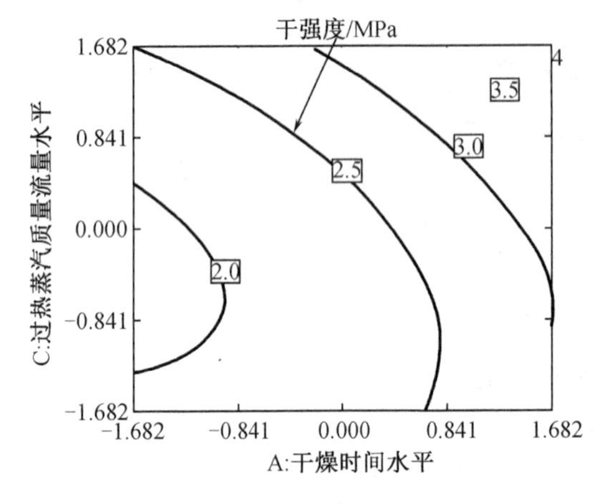

图 5－68　干燥时间和过热蒸汽质量流量交互作用时对干强度影响的等高线图

图 5－69　干燥时间和过热蒸汽质量流量交互作用时对干强度影响的响应曲面图

(6)过热蒸汽温度和过热蒸汽质量流量的交互作用对干强度的影响分析

图 5－70 和图 5－71 分别为过热蒸汽温度和过热蒸汽质量流量交互作用时对干强度影响的等高线图和响应曲面图。由图可见，当过热蒸汽温度水平固定时，干强度随过热蒸汽质量流量水平的增加而略有增加，但变化的趋势不是很明显。当过热蒸汽质量流量水平固定时，干强度随过热蒸汽温度水平增大而增大，总体增加趋势不是太明显。

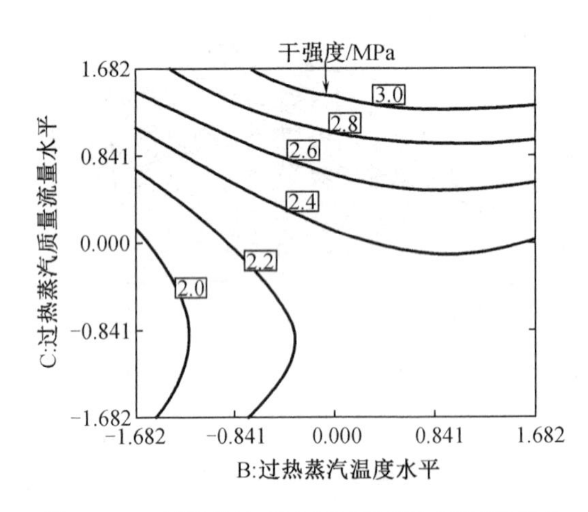

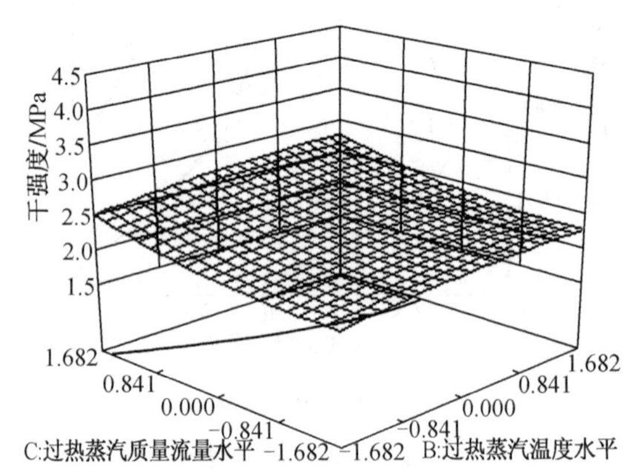

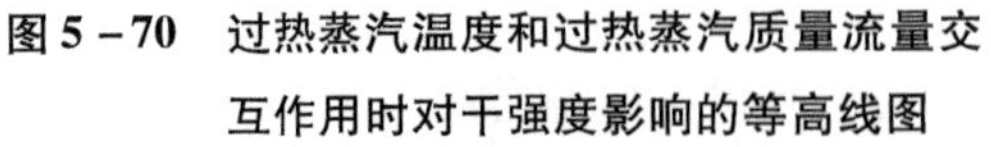
图 5－70　过热蒸汽温度和过热蒸汽质量流量交互作用时对干强度影响的等高线图

图 5－71　过热蒸汽温度和过热蒸汽质量流量交互作用时对干强度影响的响应曲面图

由各因素贡献率和交互作用可知，各因素对干强度影响的主次顺序为过热蒸汽质量流量 > 干燥时间 > 过热蒸汽温度。

2. 湿强度

经 Design - expert Version 8.0.5 软件分析，得到以湿强度为响应函数，以各影响因素水平编码值为自变量的回归模型：

$$y_2 = 1.41 + 0.08x_1 + 0.049x_2 + 0.07x_3 - 0.026x_1x_2 - 0.00875x_1x_3 - 0.049x_2x_3 - 0.027{x_1}^2 - 0.022{x_2}^2 - 0.042{x_3}^2 \quad (5-31)$$

式中 x_1、x_2、x_3——各因素水平编码。

对试验结果进行方差分析，见表 5 - 19。结果表明湿强度 y_2 回归模型差异显著（$P = 0.0438$），说明回归方程有意义。压板压力拟合方差不显著，说明方程拟合得较好，具有实际意义。

表 5 - 19 回归模型方差分析

方差来源	自由度	平方和	均方	F 值	P 值
回归	9	0.26	0.029	2.82	0.043 8
剩余	13	0.13	0.01		
拟合	5	0.091	0.018	3.52	0.056
误差	8	0.042	0.005 193		
总和	22	0.39			

模型系数显著性检验见表 5 - 20，剔除模型中 $P > 0.5$ 的系数项，获得干强度 y_2 的回归模型：

$$y_2 = 1.41 + 0.08x_1 + 0.049x_2 + 0.07x_3 - 0.026x_1x_2 - 0.049x_2x_3 - 0.027{x_1}^2 - 0.022{x_2}^2 - 0.042{x_3}^2 \quad (5-32)$$

表 5 - 20 回归方程系数显著性检验

系数项	湿强度		
	参数估计	F 值	P 值
截距	1.41	2.82	0.043 8
x_1	0.08	8.57	0.011 8
x_2	0.049	3.27	0.093 9
x_3	0.07	6.58	0.023 5
x_1x_2	-0.026	0.54	0.475 9
x_1x_3	-0.008 75	0.06	0.810 5
x_2x_3	-0.049	1.86	0.195 9
${x_1}^2$	-0.027	1.17	0.3
${x_2}^2$	-0.022	0.76	0.399 8
${x_3}^2$	-0.042	2.68	0.125 6

根据试验结果,对性能指标湿强度进行单因素和双因素效应分析。

(1)干燥时间与湿强度之间的关系

在模型中将过热蒸汽温度和过热蒸汽质量流量固定在 -1,0,1 水平上,可分别得到干燥时间与湿强度之间的一元回归模型。

曲线 1$(x_1,-1,-1)$:$y_2=1.178+0.106x_1-0.027x_1^2$

曲线 2$(x_1,0,0)$:$y_2=1.41+0.08x_1-0.027x_1^2$

曲线 3$(x_1,1,1)$:$y_2=1.416+0.054x_1-0.027x_1^2$

图 5-72 为干燥时间与湿强度之间的关系曲线。由图可见,当过热蒸汽温度和过热蒸汽质量流量取 -1 水平和 0 水平时,湿强度随干燥时间水平增大逐渐增大。当过热蒸汽温度和过热蒸汽质量流量取 1 水平时,湿强度随干燥时间水平增大呈先增加后小幅度降低的趋势,当干燥时间为 1 水平时,湿强度基本达到最高数值。

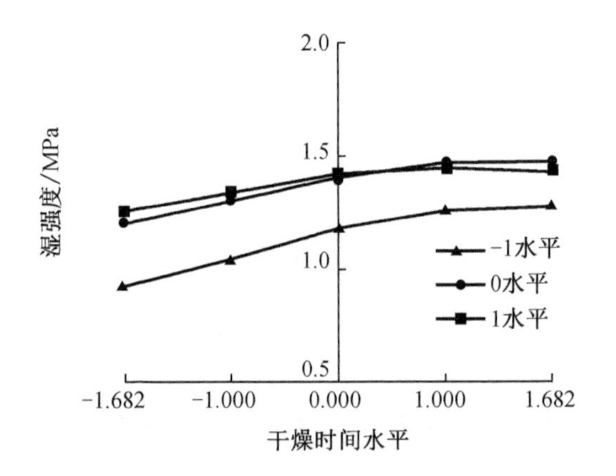

图 5-72 干燥时间与湿强度之间的关系曲线

(2)过热蒸汽温度与湿强度之间的关系

在模型中将干燥时间和过热蒸汽质量流量固定在 -1,0,1 水平上,可分别得到过热蒸汽温度与湿强度之间的一元回归模型。

曲线 1$(-1,x_2,-1)$:$y_2=1.191+0.124x_2-0.022x_2^2$

曲线 2$(0,x_2,0)$:$y_2=1.41+0.049x_2-0.022x_2^2$

曲线 3$(1,x_2,1)$:$y_2=1.491-0.026x_2-0.022x_2^2$

图 5-73 为过热蒸汽温度与湿强度之间的关系曲线。由图可见,当干燥时间和过热蒸汽质量流量取 -1 和 0 水平时,湿强度随过热蒸汽温度水平的增大而增大。当干燥时间和过热蒸汽质量流量取 1 水平时,湿强度随过热蒸汽温度水平的增大呈先增大后减小的趋势,当过热蒸汽温度水平从 -1.682 增大到 0 时,湿强度数值几乎不变,当从 0 水平增加到 1.682水平时,湿强度逐渐减小。

(3)过热蒸汽质量流量与湿强度之间的关系

在模型中将干燥时间和过热蒸汽温度固定在 -1,0,1 水平上,可分别得到过热蒸汽质量流量与湿强度之间的一元回归模型。

曲线 1(-1, -1, x_3): $y_2 = 1.206 + 0.119x_3 - 0.042x_3^2$

曲线 2(0,0, x_3): $y_2 = 1.41 + 0.07x_3 - 0.042x_3^2$

曲线 3(1,1, x_3): $y_2 = 1.464 + 0.021x_3 - 0.042x_3^2$

图 5-74 为过热蒸汽质量流量与湿强度之间的关系曲线。当干燥时间和过热蒸汽温度水平取 -1 和 0 时，湿强度随过热蒸汽质量流量水平的增大而增大。当干燥时间和过热蒸汽温度水平取 1 时，湿强度随过热蒸汽质量流量水平的增大呈先增大后减小的趋势，且湿强度在 0 水平时达到最大。

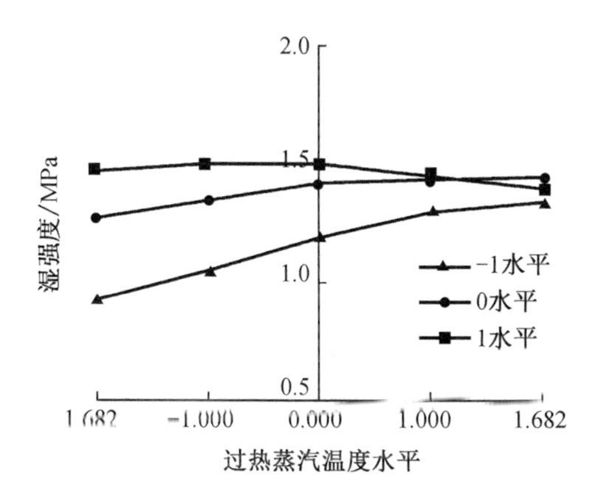

图 5-73 过热蒸汽温度与湿强度之间的关系曲线

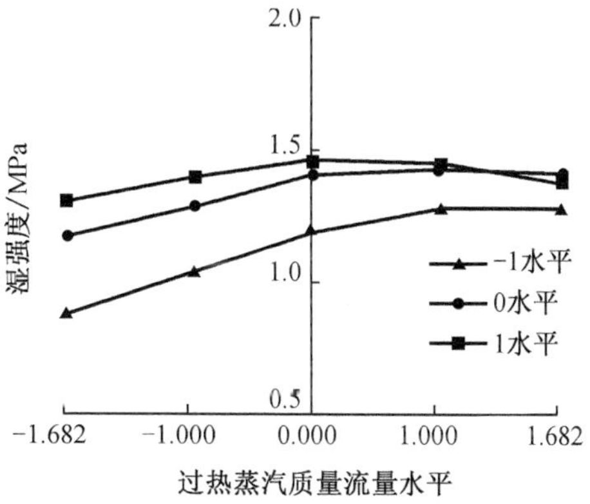

图 5-74 过热蒸汽质量流量与湿强度之间的关系曲线

(4) 干燥时间和过热蒸汽温度的交互作用对湿强度的影响分析

图 5-75 和图 5-76 分别为干燥时间和过热蒸汽温度交互作用时对湿强度影响的等高线图和响应曲面图。由图可见，当干燥时间水平固定时，湿强度随过热蒸汽温度水平增大而增大，干燥时间为 -1.682 水平时比 1.682 水平时增幅要大一些。当过热蒸汽温度水平固定时，湿强度随干燥时间水平的增大而增大。

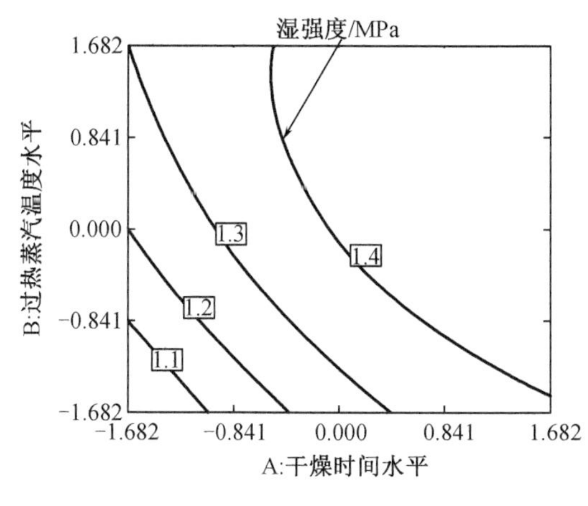

图 5-75 干燥时间和过热蒸汽温度交互作用时对湿强度影响的等高线图

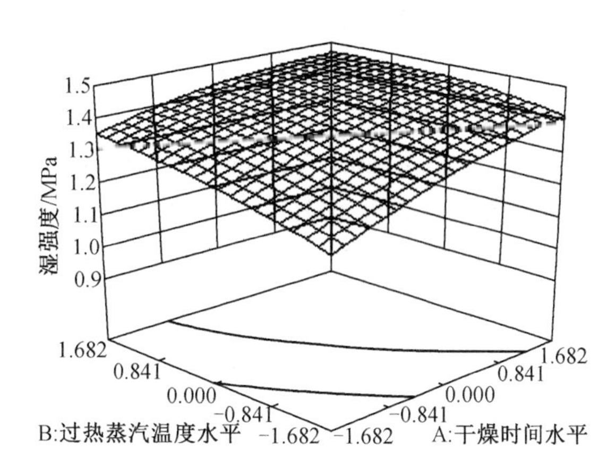

图 5-76 干燥时间和过热蒸汽温度交互作用时对湿强度影响的响应曲面图

（5）干燥时间和过热蒸汽质量流量的交互作用对湿强度的影响分析

图5－77和图5－78分别为干燥时间和过热蒸汽质量流量交互作用时对湿强度影响的等高线图和响应曲面图。由图可见，当干燥时间水平固定时，湿强度随过热蒸汽质量流量水平增大呈先增大后减小的变化趋势，且变化趋势明显。当过热蒸汽质量流量水平固定时，湿强度随干燥时间水平增大呈先增大后减小的变化趋势。

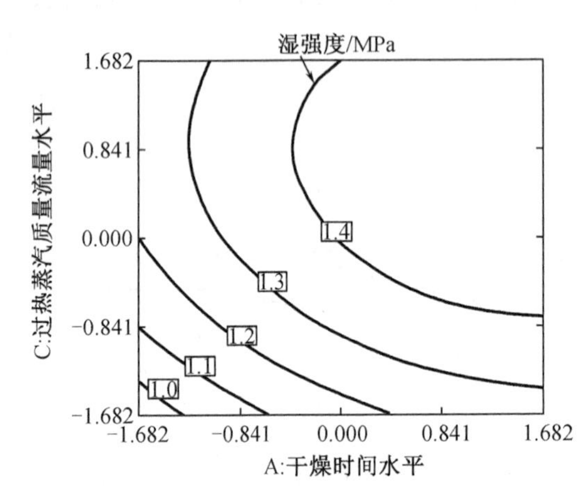

图5－77　干燥时间和过热蒸汽质量流量交互作用时对湿强度影响的等高线图

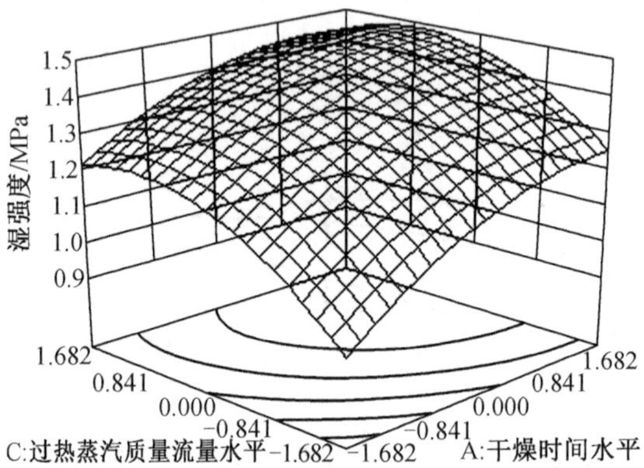

图5－78　干燥时间和过热蒸汽质量流量交互作用时对湿强度影响的响应曲面图

（6）过热蒸汽温度和过热蒸汽质量流量的交互作用对湿强度的影响分析

图5－79和图5－80分别为过热蒸汽温度和过热蒸汽质量流量交互作用时对湿强度影响的等高线图和响应曲面图。由图可见，当过热蒸汽温度水平固定且水平较低时，湿强度随过热蒸汽质量流量水平增加而增大，在水平较高时，湿强度随过热蒸汽质量流量增大呈先增大后减小的变化趋势。当过热蒸汽质量流量水平固定，在水平较低时，湿强度随过热蒸汽温度水平增大而增大，在水平较高时，湿强度随过热蒸汽温度水平增大呈先增大后减小趋势，且总体变化趋势不明显。

由各因素贡献率和交互作用可知，各因素对湿强度影响的主次顺序为过热蒸汽质量流量＞干燥时间＞过热蒸汽温度。

3．湿基含水率

经Design－expert Version 8.0.5软件分析，得到以湿基含水率为响应函数，以各影响因素水平编码值为自变量的回归模型：

$$y_3 = 9.54 - 0.91x_1 - 0.58x_2 - 0.57x_3 - 0.081x_1x_2 + 0.57x_1x_3 - 0.074x_2x_3 + 0.34x_1^2 + 0.29x_2^2 + 0.19x_3^2 \tag{5-33}$$

式中　x_1、x_2、x_3——各因素水平编码。

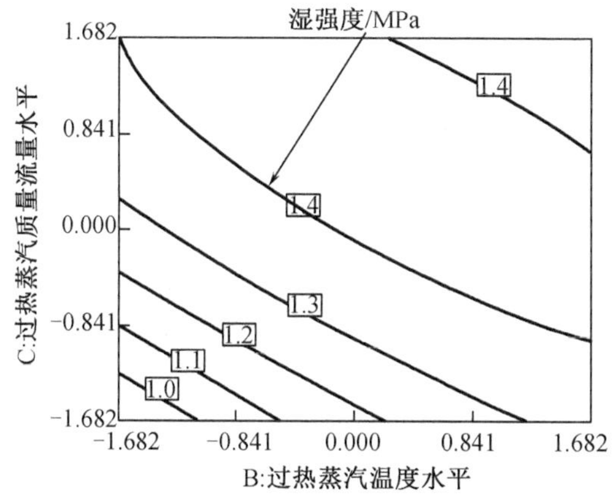

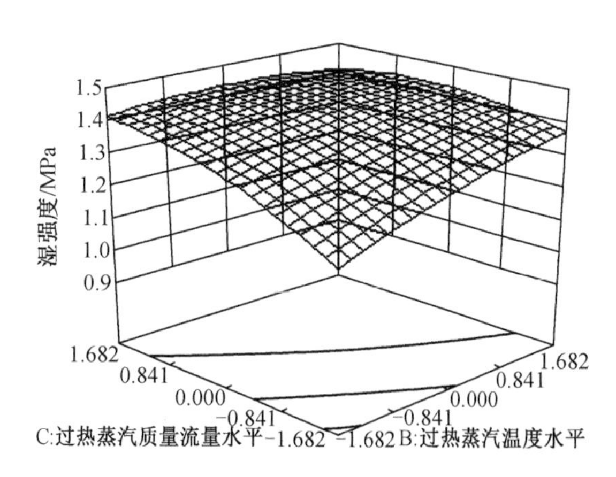

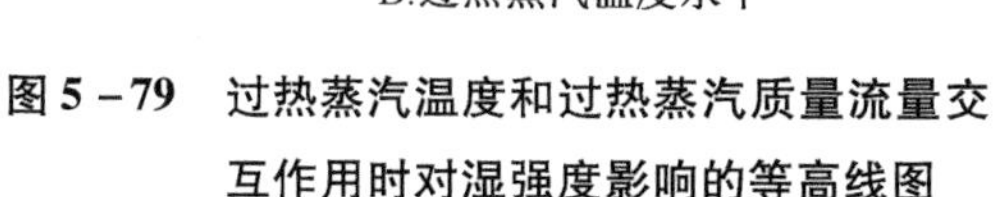

图 5 – 79　过热蒸汽温度和过热蒸汽质量流量交互作用时对湿强度影响的等高线图

图 5 – 80　过热蒸汽温度和过热蒸汽质量流量交互作用时对湿强度影响的响应曲面图

对试验结果进行方差分析，见表 5 – 21。结果表明湿基含水率 y_3 回归模型差异显著（$P = 0.003\ 1$），说明回归方程有意义。压板压力拟合方差不显著，说明方程拟合得较好，具有实际意义。

表 5 – 21　回归模型方差分析

方差来源	自由度	平方和	均方	F 值	P 值
回归	9	16.58	2.95	5.49	0.003 1
剩余	13	7	0.54		
拟合	5	3.54	0.71	1.64	0.253 5
误差	8	3.45	0.43		
总和	22	33.57			

模型系数显著性检验见表 5 – 22，剔除模型中 $P > 0.5$ 的系数项，获得湿基含水率 y_3 的回归模型：

$$y_3 = 9.54 - 0.91x_1 - 0.58x_2 - 0.57x_3 + 0.57x_1x_3 + 0.34{x_1}^2 + 0.29{x_2}^2 + 0.19{x_3}^2 \tag{5-34}$$

表 5 – 22　回归方程系数显著性检验

系数项	湿基含水率		
	参数估计	F 值	P 值
截距	9.54	5.49	0.003 1
x_1	−0.91	21.09	0.000 5
x_2	−0.58	8.4	0.012 4

表 5-22(续)

系数项	湿基含水率		
	参数估计	F 值	P 值
x_3	-0.57	8.16	0.013 5
x_1x_2	-0.081	0.098	0.759 1
x_1x_3	0.57	4.89	0.045 5
x_2x_3	-0.074	0.081	0.780 6
x_1^2	0.34	3.32	0.091 5
x_2^2	0.29	2.41	0.144 4
x_3^2	0.19	1.01	0.332 9

根据试验结果,对性能指标湿基含水率进行单因素和双因素效应分析。

(1)干燥时间与湿基含水率之间的关系

在模型中将过热蒸汽温度和过热蒸汽质量流量固定在 -1,0,1 水平上,可分别得到干燥时间与湿基含水率之间的一元回归模型。

曲线 1$(x_1,-1,-1)$:$y_3=11.17-1.48x_1+0.34x_1^2$

曲线 2$(x_1,0,0)$:$y_3=9.54-0.91x_1+0.34x_1^2$

曲线 3$(x_1,1,1)$:$y_3=8.87-0.34x_1+0.34x_1^2$

图 5-81 为干燥时间与湿基含水率之间的关系曲线。由图可见,当过热蒸汽温度和过热蒸汽质量流量取 -1 水平和 0 水平时,湿基含水率随干燥时间水平增大逐渐减小。当过热蒸汽温度和过热蒸汽质量流量取 1 水平时,湿基含水率随干燥时间水平增大先减小后增大,湿基含水率最小值在 0 水平时。

(2)过热蒸汽温度与湿基含水率之间的关系

在模型中将干燥时间和过热蒸汽质量流量固定在 -1,0,1 水平上,可分别得到过热蒸汽温度与湿基含水率之间的一元回归模型。

曲线 1$(-1,x_2,-1)$:$y_3=12.12-0.58x_2+0.29x_2^2$

曲线 2$(0,x_2,0)$:$y_3=9.54-0.58x_2+0.29x_2^2$

曲线 3$(1,x_2,1)$:$y_3=9.16-0.58x_2+0.29x_2^2$

图 5-82 为过热蒸汽温度与湿基含水率之间的关系曲线。由图可见,当干燥时间和过热蒸汽质量流量取 -1,0,1 水平时,湿基含水率随过热蒸汽温度水平增大呈先减小后增大的趋势,且湿基含水率在过热蒸汽温度水平 1 时取得最小值。

(3)过热蒸汽质量流量与湿基含水率之间的关系

在模型中将干燥时间和过热蒸汽温度固定在 -1,0,1 水平上,可分别得到过热蒸汽质量流量与湿基含水率之间的一元回归模型。

曲线 1$(-1,-1,x_3)$:$y_3=11.66-1.14x_3+0.19x_3^2$

曲线 2$(0,0,x_3)$:$y_3=9.54-0.57x_3+0.19x_3^2$

曲线 3(1,1,x_3):$y_3 = 8.68 + 0.19x_3^2$

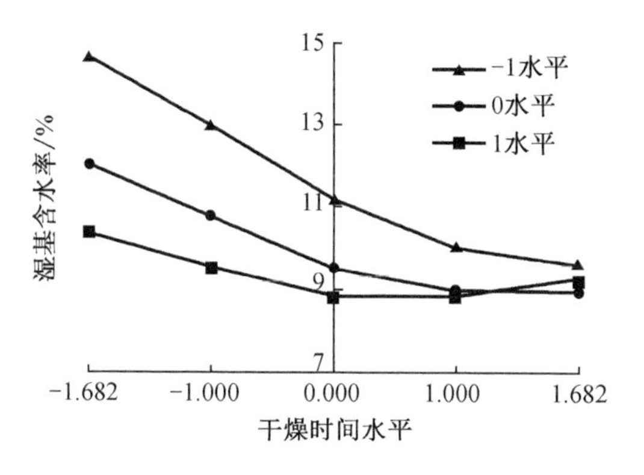

图 5-81 干燥时间与湿基含水率之间的关系曲线

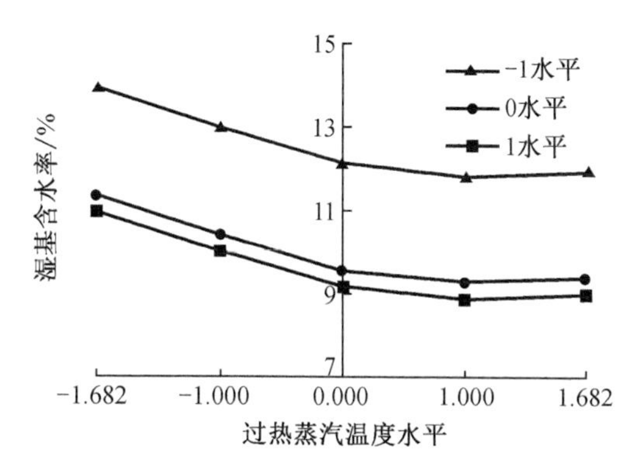

图 5-82 过热蒸汽温度与湿基含水率之间的关系曲线

图 5-83 为过热蒸汽质量流量与湿基含水率之间的关系曲线。当干燥时间和过热蒸汽温度水平取 -1 和 0 时,湿基含水率随过热蒸汽质量流量水平增加而减小。当干燥时间和过热蒸汽温度为 1 水平时,湿基含水率随过热蒸汽质量流量水平增大先减小后增大。

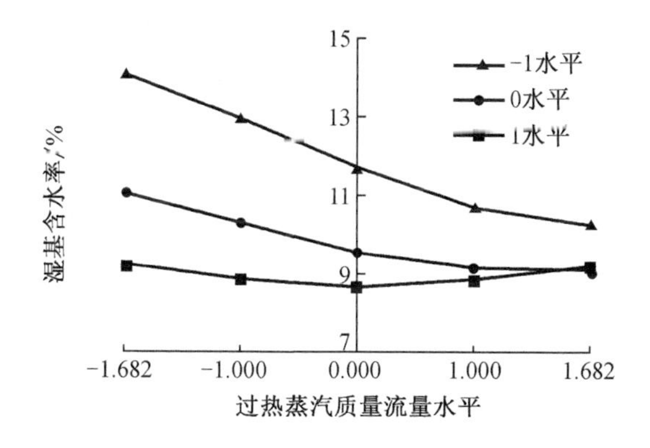

图 5-83 过热蒸汽质量流量与湿基含水率之间的关系曲线

(4)干燥时间和过热蒸汽温度的交互作用对湿基含水率的影响分析

图 5-84 和图 5-85 分别为干燥时间和过热蒸汽温度交互作用时对湿基含水率影响的等高线图和响应曲面图。由图可见,当干燥时间水平固定时,湿基含水率随过热蒸汽温度水平增大先减小后增大,在过热蒸汽温度水平固定且水平较高时,湿基含水率随干燥时间水平增大而减小,在水平较低时,湿基含水率随干燥时间水平增大先减小后增大。

(5)干燥时间和过热蒸汽质量流量的交互作用对湿基含水率的影响分析

图 5-86 和图 5-87 分别为干燥时间和过热蒸汽质量流量对湿基含水率影响的等高线图和响应曲面图。由图可见,当干燥时间水平固定时,湿基含水率随过热蒸汽质量流量水平的增大而减小,当过热蒸汽质量流量水平固定时,湿基含水率随干燥时间水平的增大而减小。

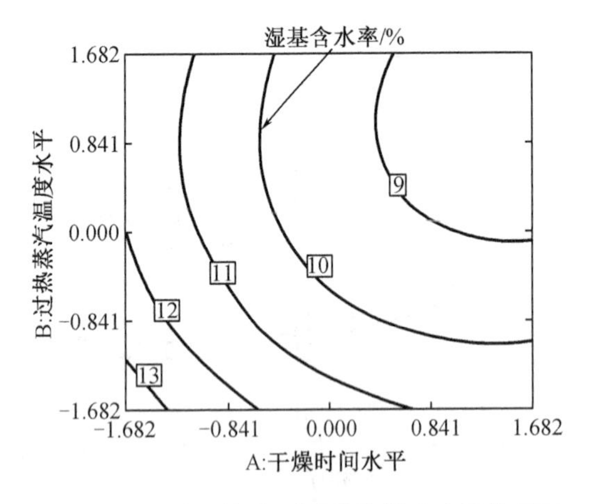

图 5-84　干燥时间和过热蒸汽温度交互作用时对湿基含水率影响的等高线图

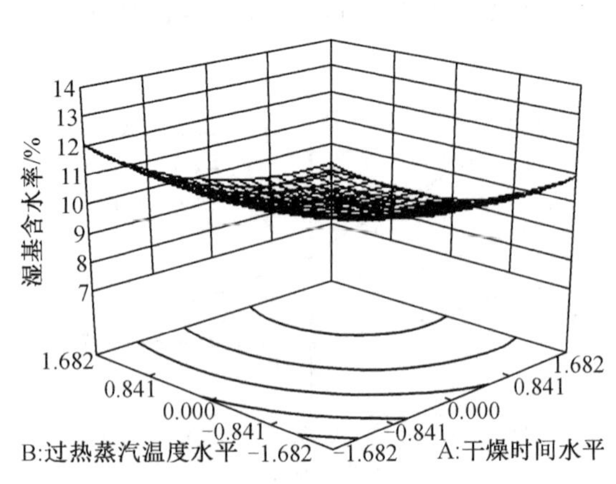

图 5-85　干燥时间和过热蒸汽温度交互作用时对湿基含水率影响的响应曲面图

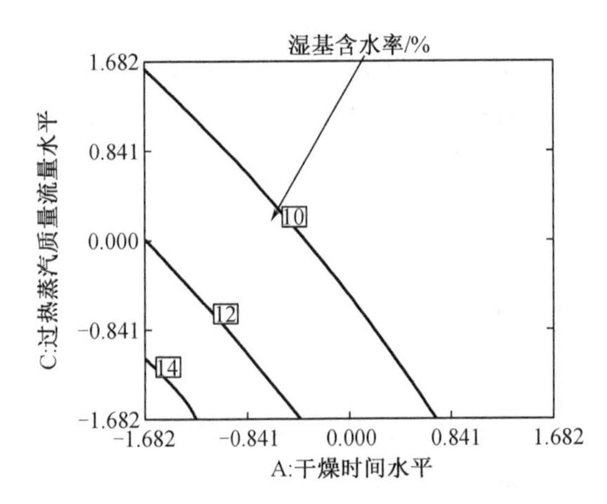

图 5-86　干燥时间和过热蒸汽质量流量交互作用时对湿基含水率影响的等高线图

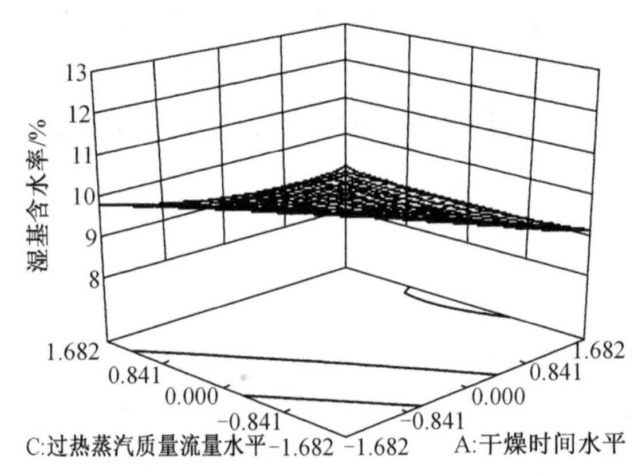

图 5-87　干燥时间和过热蒸汽质量流量交互作用时对湿基含水率影响的响应曲面图

(6)过热蒸汽温度和过热蒸汽质量流量的交互作用对湿基含水率的影响分析

图 5-88 和图 5-89 分别为过热蒸汽温度和过热蒸汽质量流量交互作用时对湿基含水率影响的等高线图和响应曲面图。由图可见,当过热蒸汽温度水平固定时,湿基含水率随过热蒸汽质量流量水平增大先减小后略有增大。当过热蒸汽质量流量水平固定且水平较低时,湿基含水率随过热蒸汽温度水平增大先减小后增大,在水平较高时,湿基含水率随过热蒸汽温度水平增大而减小。

由各因素贡献率和交互作用可知,各因素对湿基含水率影响的主次顺序为干燥时间 > 过热蒸汽温度 > 过热蒸汽质量流量。

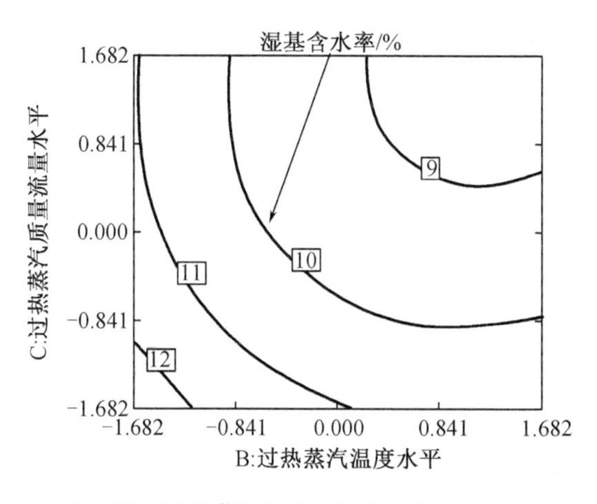

图5-88 过热蒸汽温度和过热蒸汽质量流量交互作用时对湿基含水率影响的等高线图

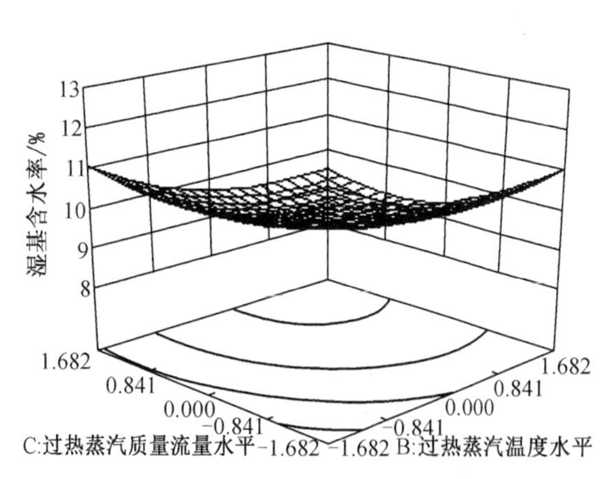

图5-89 过热蒸汽温度和过热蒸汽质量流量交互作用时对湿基含水率影响的响应曲面图

5.7.3 优化分析

采用多指标优化的方法,设定性能指标优化目标为干强度、湿强度为最大值,湿基含水率为最小值,在 Design - expert 软件中利用 Optimization 功能进行优化。优化后得到的最优参数组合方案见表5-23。

表5-23 优化后得到的最优参数组合方案

因素	水平值	实际值
干燥时间 x_1	1	25 min
过热蒸汽温度 x_2	0.77	164.25 ℃
过热蒸汽质量流量 x_3	1	3.0 $kg \cdot m^{-2} \cdot s^{-1}$

5.7.4 验证试验

根据优化后的干燥固化工艺参数组合结果,取干燥时间为25 min、过热蒸汽温度为164.25 ℃、过热蒸汽质量流量为3.0 $kg \cdot m^{-2} \cdot s^{-1}$时,对钵盘进行干燥固化验证试验。试验进行三次取平均值,所得性能指标见表5-24。

表5-24 验证试验得到的性能指标

性能指标	干强度/MPa	湿强度/MPa	湿基含水率/%
数值	3.48	1.46	9.1

试验证明,在最优参数组合下的验证试验中,各项性能指标均满足钵盘的实际使用要求。

5.8 本章小结

(1)设计钵盘物料各组成部分的质量分数为:秸秆6%,增强基质64%,固体凝结剂10%,水20%,进行钵盘初步成型试验。试验结果为:钵盘压制成型率达到95.1%,但不加入生物淀粉胶的钵盘在干燥固化后出现裂纹和断裂现象严重,其中断裂比例为10.5%,裂纹比例达30%左右,再经过育秧的温湿环境,断裂的比例达到25.6%。

(2)选取水稻秸秆、增强基质、固体凝结剂、生物淀粉胶和水为试验因素,以钵盘的成型率、不断裂率、抗弯强度、抗压强度和最大剪切力为性能评价指标进行单因素试验研究,结果如下:

①加入生物淀粉胶压制成型的钵盘,其断裂和裂纹问题均能得到很好的解决。当施胶量占钵盘物料质量分数从0.01%逐渐增加到0.04%时,钵盘压制成型率均能达到95.6%以上,加入0.04%的生物淀粉胶的钵盘在干燥固化后断裂率为0.73%,育秧后钵盘的完整率均能达到95%以上。继续增加生物淀粉胶的质量分数,钵盘压制成型率提高幅度极小,干燥固化后钵盘的断裂率基本不变。因此,确定钵盘物料中生物淀粉胶较佳的质量分数为0.04%。

②水的质量分数对钵盘的强度有显著的影响,随着含水量逐渐增加,抗弯强度和抗压强度明显增加,对钵盘膨胀率和最大剪切力影响较显著,当水的质量分数为17.96%~21.96%区间时,钵盘的性能达到较为理想的状态。

③随着固体凝结剂的质量分数的增加,钵盘抗弯强度和抗压强度均增加,经初步确定钵盘中固体凝结剂所占的质量分数为10%左右时,钵盘的抗弯强度和抗压强度达到较佳程度,钵盘最大剪切力和膨胀率均先增大后减小,最大剪切力达到0.184 5 kN后开始下降,钵盘膨胀率达到最大1.874%后开始下降,但下降的幅度不大。

④随着增强基质质量分数的增加,钵盘抗压强度总体呈上升趋势,当增强基质质量分数达到60%后,继续增加增强基质质量分数,钵盘抗压强度增加趋势明显,但抗弯强度开始下降;钵盘最大剪切力呈上升趋势,基本呈线性关系;增强基质质量分数对钵盘膨胀率的变化具有一定的波动性,呈先增加后降低,再增加再降低的趋势,但增强基质质量分数对膨胀率总体影响不大,膨胀率基本维持在1.5%左右。

⑤随着秸秆质量分数的增加,钵盘的抗压强度总体呈下降趋势,当秸秆质量分数从20%增加到25%时变化不大;钵盘抗弯强度随秸秆质量分数的增加先增大后减小,当秸秆质量分数为15%时,抗弯强度达到最大,为1.17 MPa;钵盘最大剪切力随秸秆质量分数的增加而减小,当秸秆质量分数增加到15%以后,最大剪切力下降的幅度变得较为平缓;膨胀率随秸秆质量分数增加而持续迅速增大。

(3)选取钵盘成型压力、钵盘合成物料中水稻秸秆、增强基质的质量分数为因素,以钵盘成型率、膨胀率、抗弯强度、钵盘的剪切力为钵盘性能指标,采用三因素五水平的二次正交旋转组合设计试验方案进行多因素试验,利用 Design - expert Version 8.0.5 软件对试验数据进行单因素和双因素效应分析,结果如下:由各因素贡献率和交互作用可知,对钵盘膨胀率影响的因素主次顺序为秸秆质量分数 > 成型压力 > 增强基质质量分数;对钵盘抗弯强度影响的因素主次顺序为秸秆质量分数 > 成型压力 > 增强基质质量分数;对钵盘抗压强度影响的因素主次顺序为增强基质质量分数 > 成型压力 > 秸秆质量分数;对钵盘最大剪切力影响的因素主次顺序为秸秆质量分数 > 成型压力 > 增强基质质量分数。

(4)在 Disign - expert 软件中利用 Optimization 功能进行优化分析,得出优化参数组合为:成型压力 x_1为1水平、秸秆质量分数 x_2为0.24水平、增强基质质量分数 x_3为0.46水平,即确定了成型压力为26 MPa、秸秆质量分数为16.44%、增强基质质量分数为57.3%,对优化后钵盘的关键性能指标进行验证试验,得到的性能指标为钵盘膨胀率2.327%、抗弯强度1.136 MPa、抗压强度1.315 MPa、钵盘所能承受的剪切力0.133 8 kN。满足钵盘的实际使用性能要求。

(5)对过热蒸汽干燥过程及传热传质机理进行理论分析,通过推导分析过热蒸汽干燥固化钵盘的总传热方程和传质方程,表明过热蒸汽干燥固化钵盘是一项相当复杂的传热传质过程,提高过热蒸汽干燥温度和过热蒸汽质量流量,增大传质系数,可提高干燥的效率。

(6)分析了过热蒸汽干燥凝结段的干燥动力学特性,通过对热空气干燥曲线的研究,对过热蒸汽干燥曲线方程进行了推导分析,表明过热蒸汽干燥钵盘时,过热蒸汽在湿物料表面产生凝结现象的时间虽然很短,但是会对过热蒸汽干燥质量和效率产生较大影响。

(7)根据前文试验获得的较佳的钵盘成分配比制备钵盘,作为待测试试验材料。以过热蒸汽温度、干燥时间、过热蒸汽质量流量为因素,钵盘干强度、湿强度和干燥速率为钵盘性能评价指标,进行单因素试验,结果如下。

①干燥时间对钵盘强度的影响分析

在干燥温度145 ℃、质量流量1.81 kg · m^{-2} · s^{-1}的条件下,随干燥时间的增加,钵盘干燥固化后的干强度和钵盘育苗后的湿强度均呈现先增加后降低的变化趋势,在干燥时间为20 min时,钵盘干、湿强度达到最大值:干强度为2.57 MPa,湿强度为1.58 MPa。之后随着干燥时间的进一步增加,钵盘干、湿强度均呈下降趋势,但下降的幅度不大。

②过热蒸汽温度对钵盘干湿强度的影响

在干燥时间为20 min,过热蒸汽质量流量为1.81 kg · m^{-2} · s^{-1}的条件下,分别取过热蒸汽干燥温度为105 ℃、125 ℃、145 ℃、165 ℃、185 ℃对钵盘进行干燥固化试验。随着过热蒸汽温度的增加,钵盘干、湿强度均呈先增大后减小的趋势,在145 ℃时达到最大值,干强度为2.53 MPa,湿强度为1.35 MPa。

③过热蒸汽质量流量对钵盘强度的影响

在干燥时间为20 min、干燥温度为145 ℃的条件下,分别取过热蒸汽质量流量为1.41 kg · m^{-2} · s^{-1}、1.81 kg · m^{-2} · s^{-1}、2.35 kg · m^{-2} · s^{-1}、2.89 kg · m^{-2} · s^{-1}、3.42 kg · m^{-2} · s^{-1},对钵盘进行干燥固化试验。随着过热蒸汽质量流量的增大,钵盘干强

度呈先增大后减小的趋势,当过热蒸汽质量流量为2.89 $kg \cdot m^{-2} \cdot s^{-1}$时钵盘干强度达到最大,为2.29 MPa,然后随着过热蒸汽质量流量继续增加钵盘干强度开始降低。随着过热蒸汽质量流量的增大钵盘湿强度总体呈增大的趋势,但增加幅度不大,从1.17 MPa增加到最大值1.27 MPa。

④过热蒸汽质量流量对钵盘干燥速率的影响

干燥速率随着过热蒸汽质量流量的增大而所需的干燥时间减小,当过热蒸汽质量流量为3.42 $kg \cdot m^{-2} \cdot s^{-1}$、干燥时间为18 min时钵盘湿基含水率就已降至8.8%。可见,通过提升过热蒸汽的质量流量可以提升干燥速率,从而提升干燥效率。

⑤过热蒸汽温度对钵盘干燥速率的影响

干燥时间相同的前提下,过热蒸汽温度高的钵盘湿基含水率较低,干燥速率较高,提升干燥蒸汽温度可明显提升干燥速率,若不考虑干燥功耗便可获得更好的干燥效率。

(8)以干燥固化时的干燥时间、过热蒸汽温度和过热蒸汽质量流量为因素,取钵盘干强度、湿强度和湿基的含水率为指标,设计三因素五水平的正交旋转组合试验方案,进行试验研究与分析,结果如下。

①分别建立了干燥时间、过热蒸汽温度和过热蒸汽质量流量与干强度、湿强度和湿基含水率之间的关系模型,分析了各因素之间的交互作用,由各因素贡献率和交互作用可知,各因素对干强度和湿强度影响的主次顺序为过热蒸汽质量流量 > 干燥时间 > 过热蒸汽温度,对湿基含水率影响的主次顺序为干燥时间 > 过热蒸汽温度 > 过热蒸汽质量流量。

②设定性能指标优化目标为干强度、湿强度为最大值,湿基含水率为最小值,优化结果:干燥时间 x_1 为1水平、过热蒸汽温度 x_2 为0.77水平、过热蒸汽质量流量 x_3 为1水平。

③通过验证试验测得钵盘的关键性能指标为干强度为3.48 MPa、湿强度为1.46 MPa、湿基含水率为9.1%,满足钵盘实际使用要求。

第6章　玉米植质钵育排种器与供苗机构设计与试验

6.1　玉米芽种物理特性试验研究

玉米芽种属于农业物料，研究农业物料的物理特性就是通过现代物理学理论技术以及方法来研究农业物料的特性和各个物理因子、生物物料相互作用。物料特性的研究能够为排种器的研究提供最基础的设计依据。近年来国内外学者对一些农业物料的物理特性展开研究，其中江苏大学对水稻、番茄、油菜包衣种子进行物理特性研究，测得包衣种子的几何特性、力学特性及流动特性，为仿真物料种群在磁吸式滚筒排种器震动种箱内的种子运动规律提供理论依据；中国农业大学的于恩中对水稻芽种散粒体物料的特性进行了试验与研究，并由此确定了气吸式播种机种盘的吸孔尺寸以及种子在播种过程中的受力情况；黑龙江八一农垦大学科研团队对黑龙江省常用的几种水稻种子进行了不同含水率下的水稻芽种物理特性试验研究，得到了不同含水率的几何尺寸、休止角、自流角的变化趋势。

黑龙江省地处高寒区，受北方寒地气候影响，为提高种子出苗能力，延长生长周期，玉米移栽技术已逐渐成为发展趋势。因此，为提高钵育全程机械化程度，设计适用于玉米育苗移栽方式的播种机，展开了对芽种精密播种技术的研究。本章通过对几何特性、千粒重、弹性模量、恢复系数等物理特性取值范围的确定，为排种器设计提供理论依据。本研究针对黑龙江省垦区常用的 2 个玉米品种“兴垦 3 号”和“德美亚 1 号”的芽种物理特性进行试验研究。

6.1.1　试验材料与研究内容

本研究选用黑龙江省垦区常用的玉米品种“兴垦 3 号”和“德美亚 1 号”为研究对象。为确保试验的准确性，试验前先对种子进行筛选，除去干瘪种子，选择饱满均匀的籽粒作为研究对象。将种子浸泡于水中使水分达到饱和，在 25 ℃下进行浸种催芽约 36 h，待种子露出白色芽尖后，取芽尖长 2 ~ 3 mm 的种子作为试验对象。

对“兴垦 3 号”和“德美亚 1 号”芽种展开三轴尺寸、千粒重等基本物理特性研究。“兴垦 3 号”和“德美亚 1 号”芽种的机械特性研究方法为通过剪切试验研究种子所能承受的载荷，计算出芽种弹性模量，通过种子运动方程计算得到种子恢复系数。

6.1.2 物理机械特性测试

1. 几何特性

玉米播种机精密排种器与种子直接接触，因此种子的几何尺寸直接影响排种器的结构参数，研究种子几何特性便于分析种子在排种器内的各种状态。种子三维坐标如图 6－1 所示。

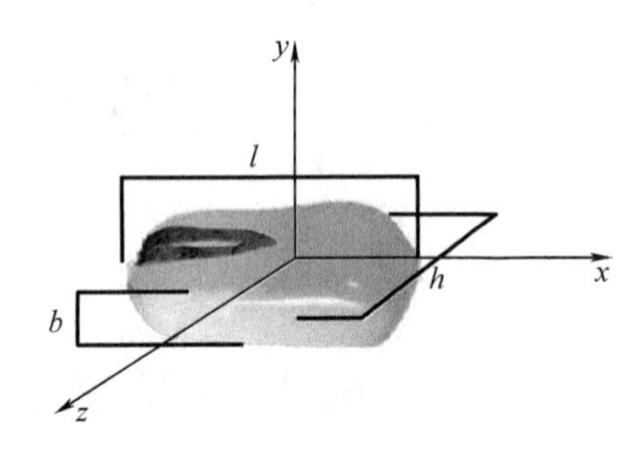

图 6－1 种子三维坐标系

试验方法：随机选取 2 种种子的干种和芽种各 100 粒，在长、宽、厚 3 个方向上，用游标卡尺进行测量，每次试验重复 3 次，取平均值。

玉米催芽播种时含水率范围通常在 23% ～ 25%，本试验以 25% 含水率的玉米芽种和干玉米种子同时进行研究。

(1) 干种子几何尺寸分布

种子宽度分布范围为 6.2～10.8 mm。种子厚度主要为 5～6 mm，由图 6－2、图 6－3 可知，2 种种子的长、宽、高度都服从正态分布。种子长度主要为 9.5～10.5 mm，其余向两边递减，种子长度分布范围为 7.5～12.5 mm。其中"兴垦 3 号"种子宽度主要为 8.5～9.5 mm，种子厚度分布范围为 5.9～11.5 mm。"德美亚 1 号"种子宽度主要为 8～8.5 m，种子厚度分布范围为 3.5～8.8 mm。

(2) 芽种几何尺寸分布

由图 6－4、图 6－5 可知，2 种芽种在长、宽、高度上的分布服从正态分布，芽种长度主要为 11.5～12.5 mm，其余分布向两边递减，芽种长度分布范围为 9.8～14.5 mm。"兴垦 3 号"芽种宽度主要为 10～11 mm，芽种宽度分布范围为 7.5～12.5 mm。"德美亚 1 号"芽种宽度主要为 8.5～9.5 mm，芽种宽度分布范围为 7～12.5 mm。芽种在厚度上分布服从正态分布，芽种厚度主要为 5.5～6.5 mm，芽种厚度分布范围为 4～9 mm。

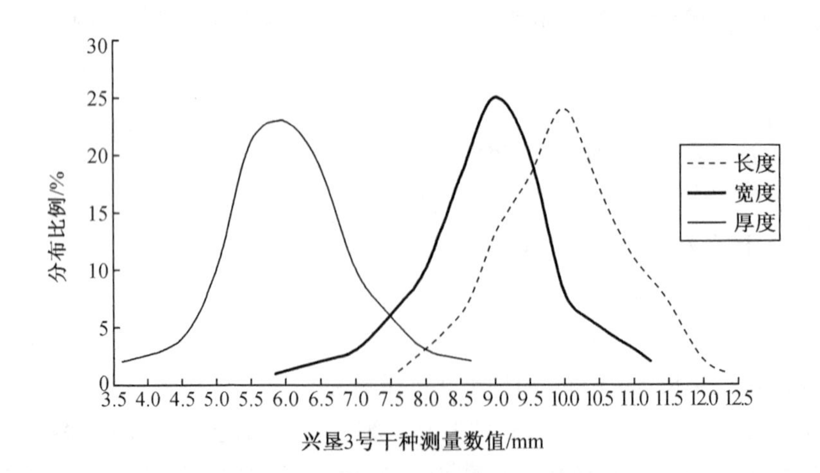

图 6－2 "兴垦 3 号"干种尺寸分布

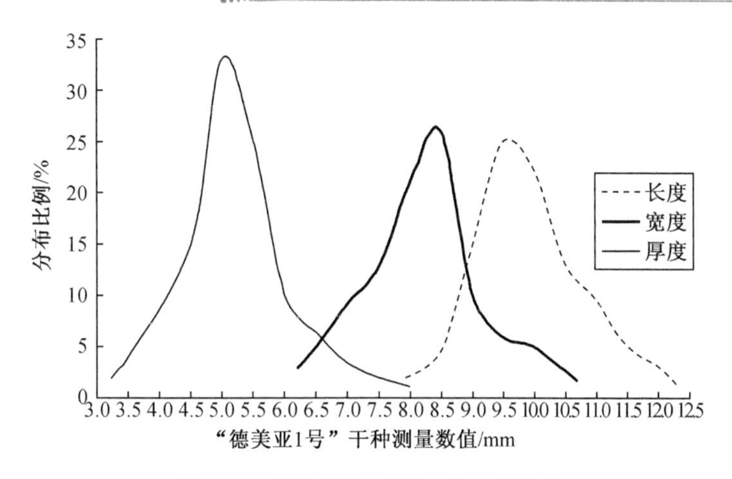

图 6－3 “德美亚 1 号”干种尺寸分布

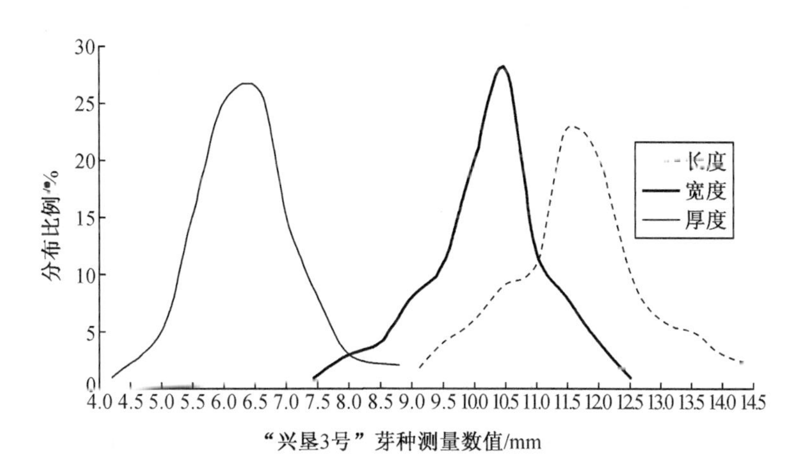

图 6－4 “兴垦 3 号”芽种尺寸分布

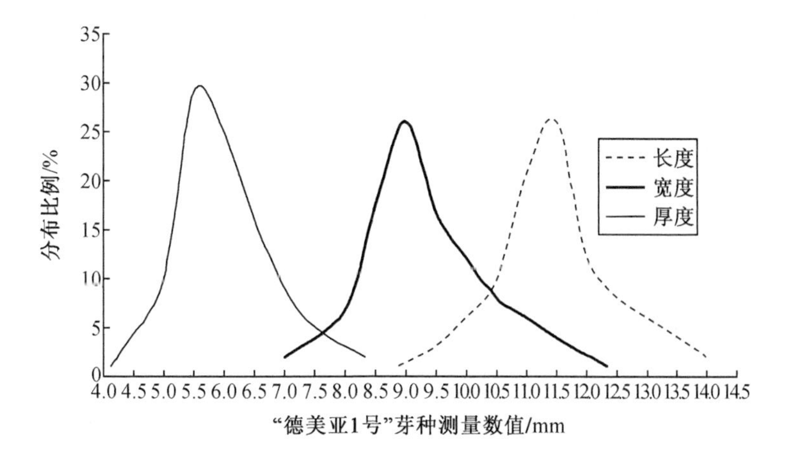

图 6－5 “德美亚 1 号”芽种尺寸分布

（3）干种与芽种尺寸变化

干种催芽后其尺寸变化如图 6－6、图 6－7 所示。2 种种子浸种后长、宽、厚度增长比例基本一致，干种与浸种催芽后的芽种的尺寸呈线性相关（其中相关系数："兴垦 3 号"为 $R^2=0.923\,5$，"德美亚 1 号"为 $R^2=0.975\,9$），"兴垦 3 号"和"德美亚 1 号"关系式分别为

$$y=0.691\,4x+1.987 \tag{6-1}$$

$$y=1.119\,8x+0.162\,1 \tag{6-2}$$

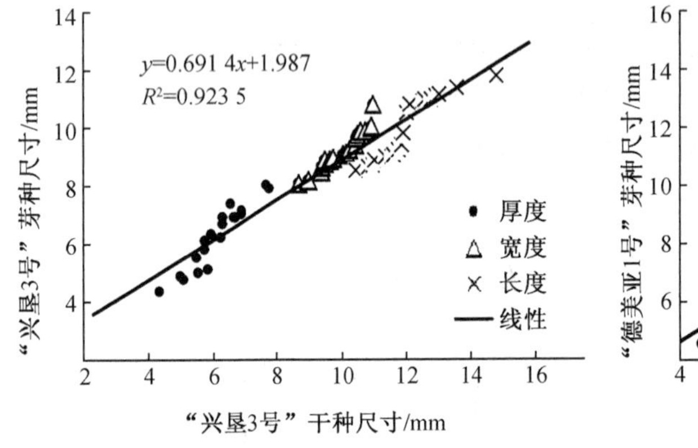

图 6－6　"兴垦 3 号"干种与芽种尺寸比较

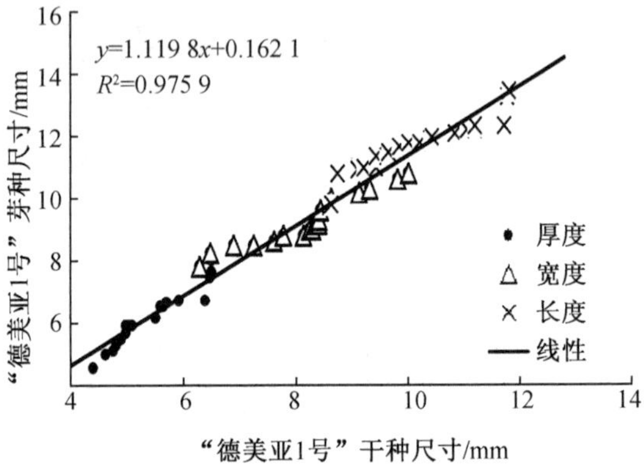

图 6－7　"德美亚 1 号"干种与芽种尺寸比较

2. 千粒重

千粒重是以克(g)为单位来表示 1 000 粒种子的绝对质量，它是用来体现种子颗粒大小与饱满程度的一项重要指标。千粒重的大小对播种过程中种子在排种轮内随排种器工作过程的运动轨迹、运动状态有影响。

试验方法：随机选取在含水率为 20%、23%、25% 下的 2 种玉米种子的芽种各 10 000 颗，等分成 10 组。在室温为 20 ℃、相对湿度为 50% 的情况下，用测量精度为 0.05 g 的电子天平进行测量，并记下测量结果。为了减少误差，每次试验重复 3 次，计算其平均值，再根据方差计算公式进行计算。

$$S=\sqrt{\frac{\sum_{i=1}^{n}(x_i-\bar{x})^2}{n-1}} \tag{6-3}$$

式中　x_i——每一组样本的实测值；

$\bar{x}$——每一组样本实测值的平均值。

得到 2 个品种的玉米芽种在含水率为 20%、23% 和 25% 下的千粒重的方差值，见表 6－1。

表 6-1 玉米芽种千粒重

品种	“兴垦 3 号”芽种			“德美亚 1 号”芽种		
含水率/%	20	23	25	20	23	25
千粒重/g	398.72	410.65	437.25	328.73	349.66	365.47
方差值	0.09	0.16	0.21	0.17	0.29	0.32

3. 弹性模量

种群随窝眼滚筒运动时，种子间、种子与窝眼滚筒间存在相互作用的力。种子在运动过程中由于挤压力而破损，损伤的种子充种后直接影响出苗率。因此，为提高出苗率、避免种子在排种器中挤压损伤，需确定种子弹性模量的范围。弹性模量是反映弹性颗粒刚度的一个重要力学指标，它反映了种子受力时应力和应变之间的关系。

试验方法：采用万能试验机对玉米种子的弹性模量进行测量，试验机如图 6-8 所示。

图 6-8 WDW-200E 型微控电子万能试验机

试验选取两种型号种子的干种和芽种各 20 粒，将种子分别放在万能试验机压头中央，在压头与种子还有一定距离时选用 50 mm/min 的加载速度，在压头距离种子 10 mm 左右时暂停机器，将加载速度调为 5 mm/min 向下运动，直到压头接触种子并进行按压，此时要观察电脑显示的试验力-变形曲线的变化，当曲线突然持续上升且超过种子的屈服强度后，立即点击停止按钮，将压头升起结束加载。

不同品种种子因种子形状、品质的差异，其试验力-变形曲线也有所区别。以玉米干种与含水率为 25% 的玉米芽种为例，选取典型的种子的试验力-变形曲线，分别如图 6-9 和图 6-10 所示。

由图 6-9 和图 6-10 可知，曲线主要分为 *AB*、*BC*、*CD*、*DE* 四个阶段。在 *AB* 阶段时，可以看出力与位移呈线性关系，此时种子处于弹性形变阶段。*BC* 阶段是种子的破碎阶段，在 *B* 点种子开始出现破损，随着变形量的增大种子开始屈服变形，到 *C* 点时种子破碎。*CD* 阶段破碎的种子逐渐被压扁。*DE* 阶段，随着力的不断施加，种子被压扁直至变成粉末。由于种子间的个体差异，每粒种子试验力-变形曲线也有所不同，通过试验测得干种的屈服点对应的弹性模量为 1.10 ~ 2.12 GPa，B 点弹性模量为 1.24 GPa，含水率在 25% 芽种对应的弹性模量 0.08 ~ 0.25 GPa，B 点弹性模量为 0.11 GPa，降低幅度为 1.13 GPa。

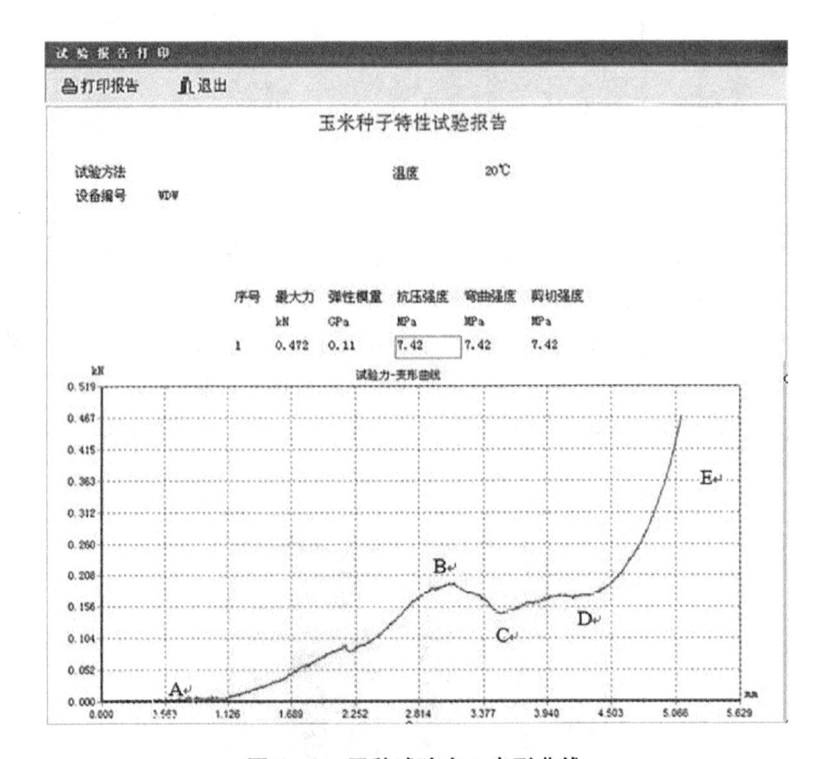

图 6－9　干种试验力－变形曲线

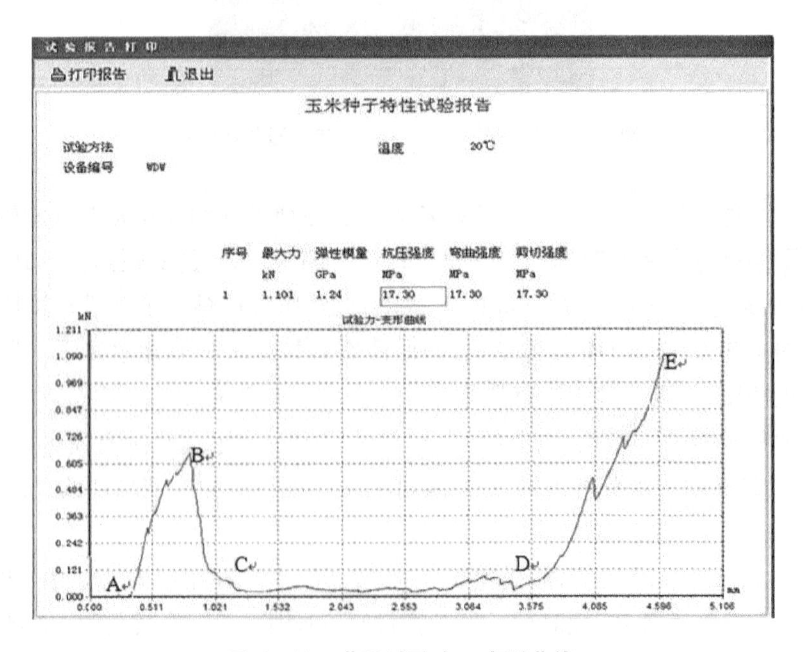

图 6－10　芽种试验力－变形曲线

由图6－11可知,随着含水率的增加弹性模量呈减小趋势。

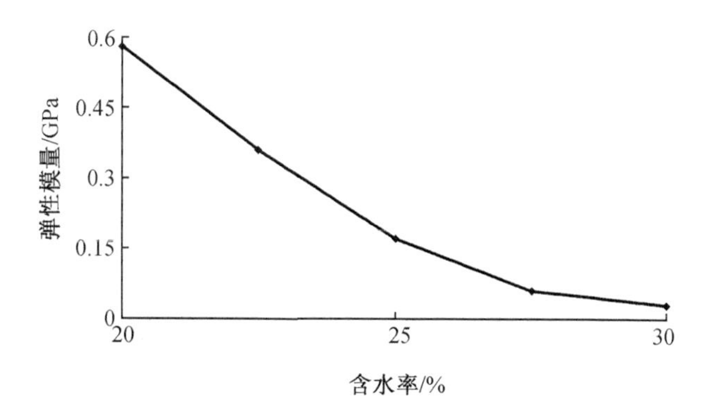

图6－11　弹性模量随含水率变化关系曲线

4.恢复系数

种子在排种器内随排种器运动过程中,种子运动到任何阶段都会与相邻种子或与排种器壁发生碰撞,发生碰撞后的种子运动轨迹会发生改变,影响充种和投种率。因此,为探究种在排种器中的运动规律需确定种子的恢复系数。在谷物物料学里,将恢复系数定义为碰撞前后速度模量在接触点的法线上的投影比,表示为 C_r,即

$$C_r = \mu_n / v_n \tag{6-4}$$

式中　μ_n——颗粒物料碰撞后的法向分速度,m/s;

v_n——颗粒物料碰撞后的方向分速度,m/s。

试验方法:关于弹性物体恢复系数的测量方法,前人做了大量的研究,本试验基于运动学方程原理的测试方法,通过测量种子下落碰撞到碰撞板后回弹的高度来进行测量,测试装置如图6－12所示。碰撞板与水平方向成45°角,碰撞板的高度能够人为自由调节,玉米种子从投料口投下,投料的高度也可调节。

使种子以静止的状态从 A 点下落,经过时间 t 后,种子落到碰撞板上。设种子碰撞前垂直速度为 v_0,碰撞后的速度分解成水平分量 u_x 和垂直分量 u_y,从碰撞到落地所用的时间为 t_1,下落高度为 h_1,颗粒到底板表面的水平平均测量距离为 S_1;下落高度若为 h_2,则对应时间为 t_2,水平平均测量距离为 S_2。根据运动学原理,有

$$\begin{cases} H = gt^2/2 \\ v = gt \end{cases} \tag{6-5}$$

式中　g——重力加速度,m/s^2;

H——A 点与碰撞板的距离,mm;

v——种子运动速度,m/s。

$$\begin{cases} h_1 = u_y t_1 + g\,t_1^2/2 \\ h_2 = u_y t_2 + g\,t_2^2/2 \\ t_1 = S_1/u_x \\ t_2 = S_2/u_x \end{cases} \tag{6-6}$$

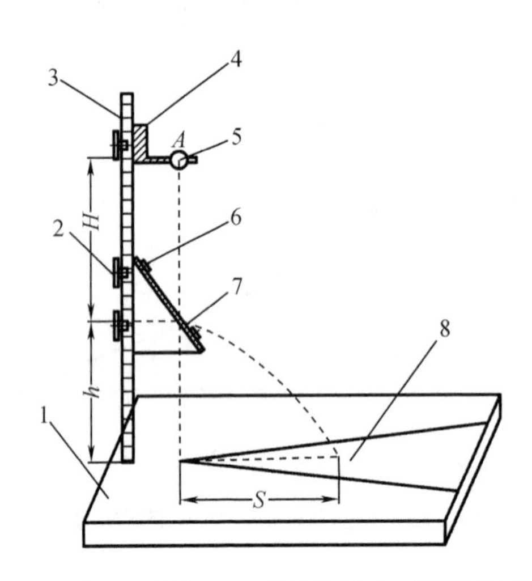

1—底座;2—调整螺钉;3—标尺杆;4—投料口;5—颗粒物料;6—紧固螺钉;7—碰撞板;8—有效区域。

图 6-12 测试装置结构简图

由式(6-5)可得,种子在碰撞点处碰撞前的速度为

$$v_0 = \sqrt{2gH} \tag{6-7}$$

由式(6-6)可得,种子在碰撞点处碰撞后的速度为

$$\begin{gathered} u_x = \sqrt{g S_1 S_2 (S_1 - S_2)/2(S_2 h_1 - S_1 h_2)} \\ u_y = (g S_1^2 - 2 u_x^2 h_1)/2 u_x S_1 \end{gathered} \tag{6-8}$$

由式(6-8)可得,种子物料碰撞后的法向分速度为

$$u_n = \sqrt{u_x^2 + u_y^2} \cos\left(45° - \arctan \frac{u_x}{u_y}\right) \tag{6-9}$$

由于碰撞板与水平方向成的夹角为45°,因此种子碰撞前的法向分速度为

$$v_n = v_0 \sin 45° \tag{6-10}$$

因此,颗粒的恢复系数可表示为

$$C_\gamma = \frac{\sqrt{u_x^2 + u_y^2} \cos\left(45° - \arctan \frac{u_x}{u_y}\right)}{v_0 \sin 45°}$$

本试验选取大小均匀的干种、芽种各 10 粒,调节测试设备高度使 A 点距碰撞板的高度 H 为 200 mm,第一次碰撞高度 h_1 选择 300 mm,第二次碰撞高度 h_2 选择 260 mm。对种子碰撞后的水平距离进行测量,每次试验重复 3 次,取平均值。

测量所得的种子水平距离和计算的种子恢复系数见表 6-2、表 6-3。“兴垦 3 号”的干种恢复系数为 0.547,芽种恢复系数为 0.516,变化率为 5.66%;“德美亚 1 号”的干种恢复系数为 0.475,芽种恢复系数为 0.453,变化率为 4.6%,变化率很小。

表 6－2 “兴垦3号”恢复系数

序号	H/mm	干种		芽种	
		S_1/mm	S_2/mm	S_1/mm	S_2/mm
1	200	13.3	9.8	12.2	10.5
2	200	11.8	12.2	13	10
3	200	12.7	11.1	11.8	9.8
4	200	15.4	9.6	12.6	10.3
5	200	14.5	9.4	12.9	11.2
6	200	14.2	10.5	13.2	10.7
7	200	12.5	10.4	13.1	9.4
8	200	13.9	10.7	13.3	10.6
9	200	13.2	9.9	12.1	9.9
10	200	13.8	11.3	12.7	10.3
平均	200	13.53	10.49	12.69	10.27
恢复系数		0.547		0.516	

表 6－3 “德美亚1号”恢复系数

序号	H/mm	干种		芽种	
		S_1/mm	S_2/mm	S_1/mm	S_2/mm
1	200	21.4	15.5	17.5	15.6
2	200	21.5	16.0	20.3	18.1
3	200	20.3	17.4	20.6	19.3
4	200	19.8	18.8	18	17.9
5	200	17.5	20.0	16.9	15.8
6	200	16.3	18.9	20.2	17.8
7	200	14.5	15.7	19.6	17.5
8	200	21.2	18.6	18.6	18.2
9	200	20.2	16.5	19.3	16.4
10	200	18.1	18.8	18.6	18.6
平均	200	19.08	17.62	18.96	17.52
恢复系数		0.475		0.453	

6.2 排种器的工作原理及其工作过程数学模型的建立

排种器是精密播种机的关键部件,它对播种机的播种精度、播种速度以及对种子的适应能力各个方面均有影响,它的工作性能是保证精密播种机工作质量的前提。玉米钵育播种是在大棚内进行的,因此播种机具应体积小、结构简单,且播种时稳定性好。通过对比机械式与气力式排种装置的优缺点,得到在大棚作业中机械式播种装置工作可靠,机具结构简单的结论。基于钵盘的结构特点以及播种要求,选择适用于小粒距密集播种的窝眼轮式排种结构。本研究以玉米芽种的物理特性为理论基础,以窝眼轮式排种原理为设计依据,进行玉米钵育窝眼轮式精量排种装置的研究和设计。

6.2.1 排种器结构与工作过程

1. 排种器结构

玉米钵育窝眼轮式精量排种器主要由窝眼滚筒、导种板、刮种刷、扫种滚刷、护种板等组成,如图 6 – 13 所示。

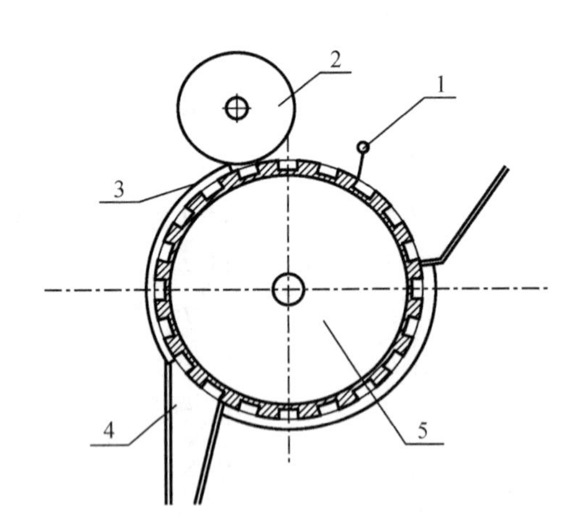

1—刮种刷;2—扫种滚刷;3—护种板;4—导种板;5—窝眼滚筒。

图 6 – 13 窝眼轮式排种器结构简图

2. 排种器工作过程

排种装置分充种区、清种区、护种区和投种区 4 个区域,如图 6 – 14 所示。首先,在清种区和护种区,分别由刮种刷、扫种滚刷和护种板来保证种子随窝眼滚筒运动到达投种区前,每个窝眼内有且只有一粒玉米种子;然后,由护种板保证在种子达到投种区前不会脱离滚筒窝眼；最后，在投种区种子在重力或重力和护种板刮擦力的共同作用下脱离滚筒窝眼，经导种板落入钵盘中，从而实现“一穴一粒”的投种要求。在此过程中，刮种刷和扫种滚刷的作用为减少窝眼内多粒和空穴的现象。

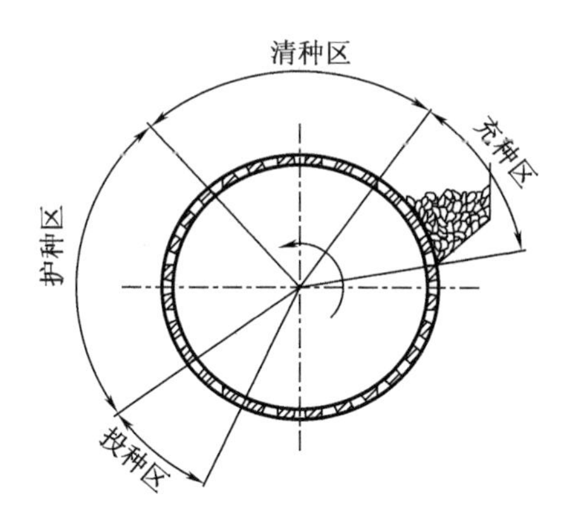

图6-14 排种器工作原理图

充种过程：排种器工作时，种子随着窝眼滚筒转动，种箱内的种子在自身重力以及种子群体之间的相互作用力下从窝眼滚筒外侧充入窝眼内。

清种过程：窝眼滚筒继续转动，窝眼转至清种区，刮种刷和扫种滚刷将多余的种子扫出窝眼，只留定量的种子在窝眼内。清种装置是实现精密播种的关键。

护种过程：窝眼中的种子经过清种区后，进入护种区内，在护种板的保护下种子随排种轮同步运动达到投种区，实现护种功能。

投种过程：种子在窝眼内随排种轮一起运动，经过护种区后，进入排种轮的投种区域。由于在排种过程中，种子随排种轮一起运动，在投种区时，种子靠自身重力的作用脱离滚筒窝眼，经导种板完成排种。

3. 窝眼的形状和尺寸

排种器窝眼的形状与尺寸应根据种子的形状与尺寸来决定。窝眼轮式排种器的设计中要求每穴1粒种子。根据《单粒（精密）播种机试验方法》（GB/T 6793—2005），窝眼孔径 A 和窝眼孔深 H 须满足以下条件：

$$L_{max} < A < 2L_{min} \tag{6-11}$$

$$b_{min} < H < L_{max}/2 \tag{6-12}$$

$$A = L_{max} + K \tag{6-13}$$

式中 A——窝眼孔径，mm；

H——窝眼孔深，mm；

L_{max}——玉米种子长度最大值，mm；

L_{min}——玉米种子长度最小值，mm；

b_{min}——玉米种子厚度最小值，mm；

K——窝眼内种子与窝眼间隙，mm。

根据经验公式,窝眼直径 A 取值范围为 $1.1\ L_{max} \sim 1.4\ L_{max}$,玉米种子和玉米芽种的尺寸变化率已经在第2章中探讨过,因此在窝眼尺寸设计时可以结合其线性相关的方程得到种子尺寸从而计算窝眼尺寸。以“兴垦 3 号”玉米种子为例,种子长度分布范围在 8.5 ~ 9.5 mm,厚度为 5 ~6 mm,通过式(6-11)、式(6-12)计算得到适用于“兴垦 3 号”玉米种子排种轮的窝眼尺寸:窝眼孔径为 12.5 mm,窝眼孔深为 6 mm。

4. 窝眼轮直径

窝眼滚筒是排种器的重要组成部分,在排种器随播种机实际工作的过程中,若滚筒直径相对较大,那么充种时间相对充裕,但滚筒尺寸过大则会加重整机质量。在窝眼滚筒半径的确定过程中应充分考虑窝眼间距对充种和清种的影响,若相邻两窝眼间距过小则会导致种子在窝眼间堆积影响充种和清种。

因此,窝眼滚筒半径为

$$R = \frac{n(A+S)}{2\pi} \tag{6-14}$$

式中 R——滚筒半径,mm;

n——圆周方向上的窝眼个数;

A——窝眼直径,mm;

S——窝眼间距($S>A$),mm。

以“兴垦 3 号”的种子尺寸为例,经计算其窝眼孔径为 12.5 mm,拟窝眼间距为 12.6 mm 且圆周上窝眼个数为 20 个,则其窝眼滚筒半径为 79.93 mm,考虑到加工精度取整为 80 mm。

6.2.2 排种器工作过程力学分析

1. 充种过程力学分析

在充种的初始阶段,种子在种箱内成堆积状态,在种箱底层与排种轮接触的种子会随着排种轮的转动而产生运动。为便于分析与研究种子的充种过程,简化种子受到的复杂的作用力,做以下几点假设:①忽略种子碰撞时发生翻转和空气对种子运动产生的阻力作用。②根据散粒物体流动特性的动态落粒拱理论,上方种子对窝眼处的种子几乎没有压力作用。种子在窝眼处几乎不受上层其他种子对它的压力作用,因此忽略掉种子间相互作用的力。

当窝眼滚筒转动,种子要开始充入窝眼时,种子受到排种轮对其的作用力和自身重力。如图 6-15 所示。

种子受到的合力为

$$F = G + f \tag{6-15}$$

其中,

$$G = mg$$

式中 F——种子所受合力,N;

G——种子所受重力,N;

f——排种轮对种子的作用力,N;

m——种子的质量,kg;

g——重力加速度,kg/N。

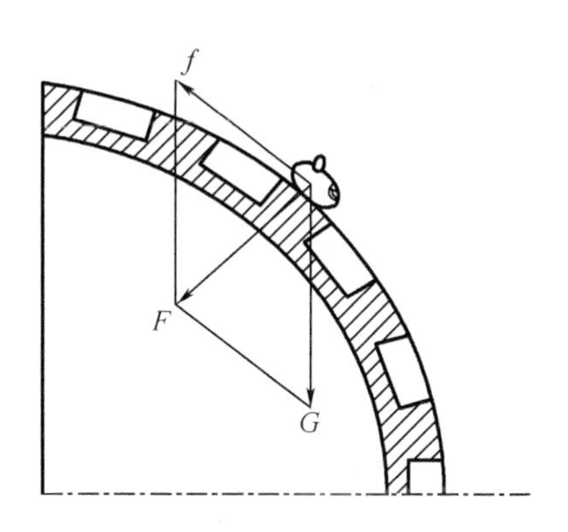

图6-15 种子充种时受力图

由图6-15可知,随着作用力f的增加,f与合力F的夹角将减小,种子进入窝眼的概率将会减小,当窝眼轮的转速过大时,则会发生该窝眼已经转过充种区而种子却未落入窝眼的现象,导致空穴率的增加。

因此,为分析排种轮速度与窝眼直径对充种性能的影响,假设种子在充种时位于排种轮的表面,为如图6-16所示状态。

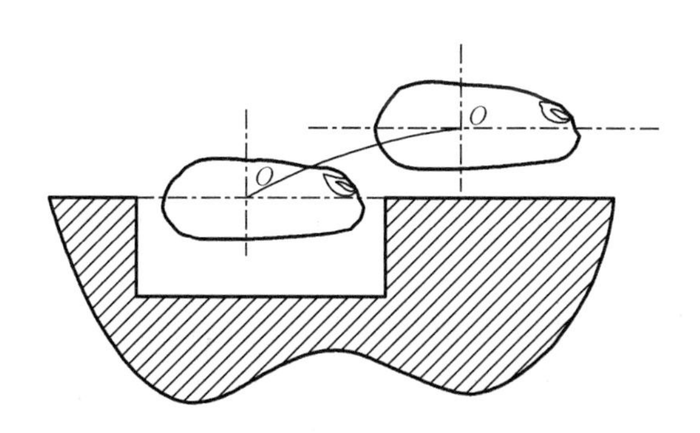

图6-16 排种轮极限圆周速度

窝眼轮的线速度v的大小对种子充种性能有直接的影响。当线速度过大时,窝眼经过充种区域的时间短,种子未来得及进入窝眼而导致空穴,造成漏播。假设种子随排种轮运动,线速度为v,种子靠自身重力落入窝眼,当种子在窝眼上方运动时,若保证种子一定落入窝眼中,则其重心O应降低到低于窝眼滚筒的平面。

按照自由落体方程则有

$$t=\sqrt{\frac{2h}{g}} \tag{6-16}$$

其中，

$$h=\frac{b}{2}$$

式中　t——种子下落时间，s；

h——种子下落高度，mm；

b——种子厚度，mm；

g——重力加速度，kg/N。

因此，根据速度位移公式可求出种子充种的极限线速度：

$$v\leqslant\left(A-\frac{b}{2}\right)\sqrt{\frac{g}{b}} \tag{6-17}$$

式中　A——窝眼直径，mm。

则根据线速度的公式可以推出充种的极限角速度：

$$\omega\leqslant\frac{\left(A-\frac{b}{2}\right)\sqrt{\frac{g}{b}}}{R} \tag{6-18}$$

以适用于"兴垦3号"播种的窝眼尺寸为例，经计算得到种子充种时的极限线速度为0.38 m/s，极限角速度为0.47 rad/s。充种时，窝眼轮对种子的力f是窝眼滚筒对种子的支持力N和摩擦力F的合力（图6-17），种子在窝眼外依靠其重力能顺利落入窝眼中，则根据几何关系式可以得到极限充种角：

$$\tan\alpha=\frac{A}{\frac{1}{2}b+H} \tag{6-19}$$

式中　A——窝眼直径，mm；

b——种子厚度，mm；

H——窝眼深度，mm。

以设计适用于"兴垦3号"种子播种的排种器为例，计算得到其极限充种角为55.78°。

2. 清种过程力学分析

清种过程是排种器实现精量播种的关键环节之一，其要求是清除窝眼中多余的种子，只保留一粒种子在窝眼中。在窝眼轮式玉米排种器中，清种时主要存在种子、窝眼滚筒和刮种刷三者的相互作用力。在这个相互作用的过程中，刮种刷将多余的种子从窝眼上方清除出来。被清除种子的受力如图6-18所示。

设种子质心为O，种子受到刮种刷的清扫力为F，待清除种子与窝眼内种子相对运动产生的摩擦力为f，窝眼内种子对待清除种子的支持力为N，种子本身重力为G。

当这些力处于平衡状态时，其条件如下：

$$\begin{cases}F_x=F_1\cos\alpha+N\sin\alpha-f\cos\alpha=0\\F_y=N\cos\alpha+f\sin\alpha-G-F_1\sin\alpha=0\end{cases} \tag{6-20}$$

其中，$f=\mu N$，$N=G\cos\alpha$，$G=mg$。

因此，刮种刷能够清除多余种子的条件是：

$$F_1 \geqslant N(\mu\cos\alpha - \sin\alpha) \tag{6-21}$$

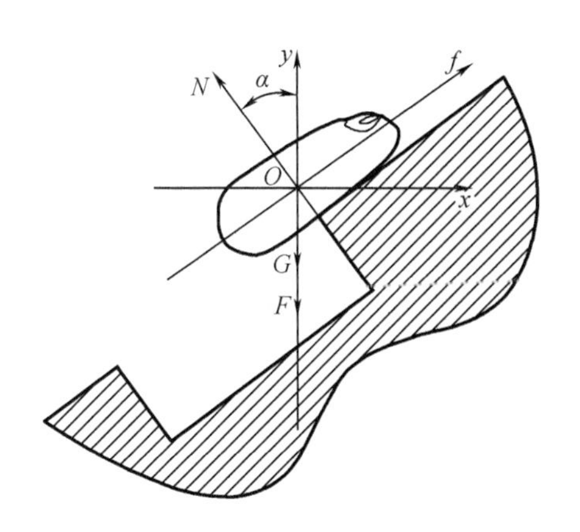

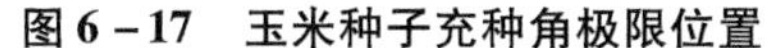
图6-17 玉米种子充种角极限位置

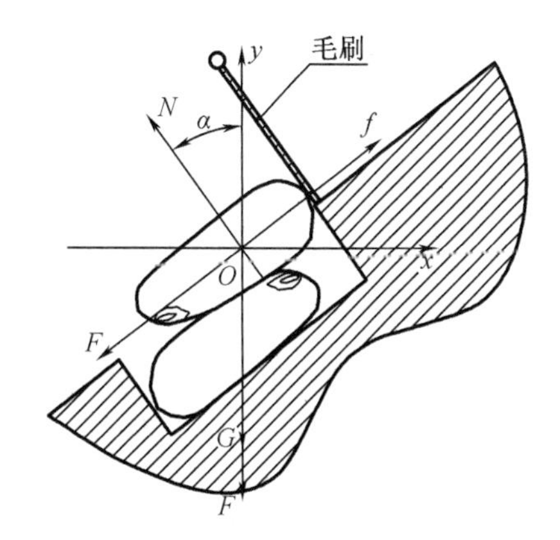

图6-18 被清除种子的受力分析

由此可推知，毛刷安装位置与竖直方向夹角 α 越小，清种所需要的毛刷清种力越大。在窝眼孔径 D 取最小值、种子厚度 B 取最小值时，多余种子清出高程为 $m=H-B$。当高程差斜面与水平平面重合时，多余种子受到的支持力与铅垂方向重合。当滚筒继续转动，高程差斜面将不再与水平面重合，支持力方向将位于坐标系第一象限。此时如果种子质心位于窝眼边缘竖直范围内，在没有毛刷的作用下，种子将有向回滚动或滑动的趋势。所以为了使毛刷能更好地实现功能，减少对毛刷的要求，应将毛刷安放在这个角度上，因为毛刷平面与滚筒圆周法向重合，所以 α 的值可以通过几何关系求出，即

$$\tan\alpha = \frac{H-B}{D} \tag{6-22}$$

以设计适用于“兴垦3号”播种的排种装置为例，计算得到其刮种刷与竖直方向夹角为9.09°，刮种刷清除种子所需要的最小力为0.002 417 N。虽然刮种刷在清种时仅需要很小的力就能将种子清种，但在设计时应充分考虑刮种刷的材质，以保证清种力小于种子能承受的最大应力。

3. 护种过程力学分析

经过清种区的种子在窝眼内随排种轮运动，进入护种区，若将排种轮分为四个象限，那么种子在护种区内将经过第二、三象限。当种子到达第三象限时，作用在种子上的排种器径向合力小于离心力，原本在窝眼底部的种子会向外运动与护种板接触，种子碰到护种板后，护种板会对种子产生压力和摩擦力，从而产生使种子向窝眼内运动的推力，由于产生了相对运动，因此种子在此阶段易造成损伤。种子在护种区受力如图6-19所示。

由图6-19可知，以离心力方向为 x 轴，垂直方向为 y 轴，建立种子受力平衡方程：

$$\begin{cases} mg\cos\alpha + F - P = 0 \\ mg\sin\alpha - N = 0 \end{cases} \tag{6-23}$$

其中，$P = mr\omega^2$，$F = \mu N$。

式中 α——种子与竖直方向的夹角，(°)；

r——种子质心到窝眼轮回转中心的距离,mm;

ω——排种器角速度,rad/s;

μ——摩擦系数。

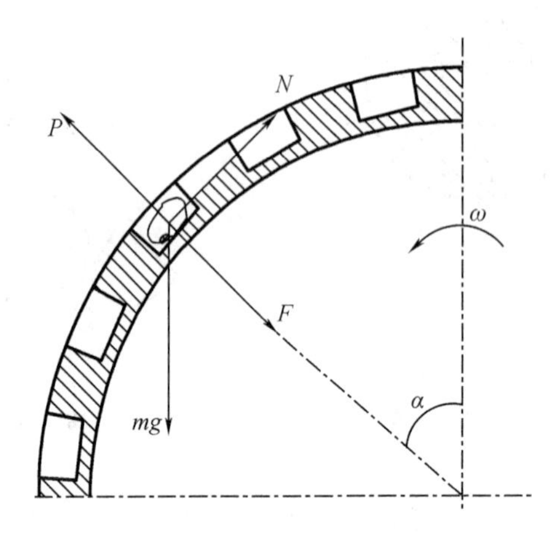

图 6－19　种子在护种区受力情况

种子发生相对运动的临界条件是 $\alpha=\frac{\pi}{2}$,当 $0<\alpha<\frac{\pi}{2}$ 时种子不发生滚动,当 $\alpha\geqslant\frac{\pi}{2}$ 时种子滚动。因此,在护种阶段,若为减小种子破损率则排种器角速度 ω 的范围为

$$\omega\leqslant\sqrt{\frac{g(\cos\alpha+\mu\sin\alpha)}{r}} \tag{6-24}$$

4. 投种过程力学分析

种子在护种板的作用下随排种器一同运动到投种区域,种子在投种口失去护种板的护种作用,在重力和离心力的作用下运动出窝眼,完成排种。为保证窝眼内种子均匀连续进行投种,投种口应安排在较低的位置减小种子下落时间,降低种子下落速度。窝眼内的种子在达到投种区域后,由于离心力和重力的作用自行脱离窝眼,种子受力分析如下:在投种初始阶段种子相对于窝眼是静止状态,种子受力如图 6－20 所示。

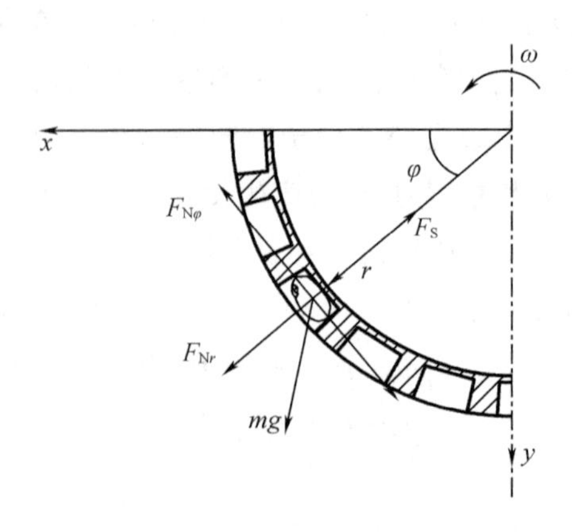

图 6－20　投种时种子受力分析

$$\begin{cases} m\omega r^2 = F_S - mg\sin\varphi - F_{Nr} \\ F_{N\varphi} - mg\cos\varphi = 0 \end{cases} \tag{6-25}$$

式中 F_S——窝眼对种子的摩擦力,N;

F_{Nr}——窝眼对种子径向作用力,N;

$F_{N\varphi}$——窝眼对种子法向作用力,N;

mg——种子所受重力,N;

r——排种轮中心到种子质心的距离(沿投种方向为正向),mm;

φ——导种管与水平方向的夹角,(°)。

当窝眼对种子径向作用力为零且$F_S = fF_{N\varphi}$时,种子相对排种轮由静止开始沿窝眼向外运动,而此时的导种管与水平方向的夹角即视为种子能够投种的初始位置。

初始位置:

$$\varphi = \arctan f - \arcsin \frac{\omega r^2}{g\sqrt{f^2+1}} \tag{6-26}$$

设投种起始角位置用 θ_1 表示,投种终止角用 θ_2 表示,其中 θ_2 须保证能够充分投种。θ_1 则保证投种的准确性和充分性。θ_1 的大小影响种了投种时水平和竖直方向的分速度。投种口的位置应能够保证种子顺利投出且不被挤伤或被排种轮带走。因此,种子能够投出的极限状态的运动方程为

$$\begin{cases} v_x = r\omega\cos\theta_1 \\ v_y = r\omega\sin\theta_1 \end{cases} \tag{6-27}$$

其竖直与水平方向的位移为

$$\begin{cases} x = v_x t \\ y = \dfrac{1}{2}gt^2 + v_y t \end{cases} \tag{6-28}$$

当 ω 一定时,θ_2 越小种子下落越慢,则种子越容易被排种轮带走,导致漏播。因此,θ_1 到 θ_2 应至少大于一个窝眼直径加窝眼间距对应的弧度。

6.2.3 种子运动轨迹分析

在实际播种过程中,播种机在田间行驶过程中会产生颠簸与震动,且种子在排种器内是杂乱无章地随机分布的,它的运动是一个复杂的过程。为了便于分析种子在排种器内的运动过程,做如下假设:播种机在工作过程中平稳运行,无颠簸或震动。

窝眼内的种子运动轨迹则可以分解成以下两种运动的合运动:

(1)沿播种机的前进方向的水平运动;

(2)绕排种轮轴线的旋转运动。

将排种轮径向截面作为基准面,设排种轮的中心为原点,播种机的前进方向为 x 轴建立坐标系。种子运动轨迹图如图 6-21 所示。

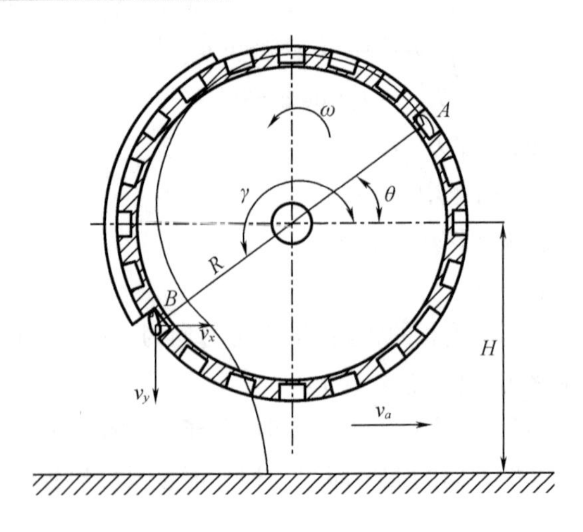

图 6-21　种子运动轨迹图

图 6-21 中 A 是初始位置，是充种起点，$t=0$。则种子随时间 t 的轨迹方程为

$$\begin{cases} X = v_a - R\cos(\theta + \omega t) \\ Y = R\sin(\theta + \omega t) \end{cases} \tag{6-29}$$

式中　X——种子在 x 轴上的分位移，mm；

Y——种子在 y 轴上的分位移，mm；

R——窝眼滚筒中心到窝眼内种子质心的距离，mm；

θ——种子进入窝眼时刻与 x 轴的夹角，(°)；

ω——窝眼滚筒角速度，rad/s。

对式(6-29)中的时间 t 求导，则种子速度方程为

$$\begin{cases} v_x = v_a + R\omega\sin(\theta + \omega t) \\ v_y = R\omega\cos(\theta + \omega t) \end{cases} \tag{6-30}$$

则

$$v = \sqrt{v_x^2 + v_y^2} = \sqrt{v_a^2 + 2v_a R\omega\sin(\theta + \omega t) + R^2\omega^2} \tag{6-31}$$

对速度中的时间 t 求导，得到加速度为

$$\begin{cases} a_x = R\omega^2\cos(\theta + \omega t) \\ a_y = -R\omega^2\sin(\theta + \omega t) \end{cases} \tag{6-32}$$

种子在某时刻的加速度大小为

$$a = \sqrt{a_x^2 + a_y^2} = R\omega^2 \tag{6-33}$$

由式(6-33)可得到，影响种子加速度大小的主要有两个因素：窝眼滚筒直径和窝眼滚筒角速度。

以上是种子在排种器内的运动，而后种子到达投种区开始投种。为探究种子从排种器排出的运动轨迹，暂且忽略种子的物理机械特性不完全相同以及播种机运动时的震动对种子运动轨迹的影响。假设种子从同一点沿排种器旋转切线方向排出，这一点角度为 γ，带入式(6-29)中，则可以得到种子投种的初速度：

$$\begin{cases} v_{x0} = v_a + R\omega\sin\gamma \\ v_{y0} = R\omega\cos\gamma \end{cases} \tag{6-34}$$

因此,种子在投种时的运动轨迹就是沿水平方向初速度为v_{x0}的直线运动和沿竖直方向初速度为v_{y0}的自由落体运动的合运动。

种子下落高度为

$$h = H - R\sin(\gamma + \pi) = H + \cos\gamma \tag{6-35}$$

由自由落体公式求得种子下落时间为

$$t = \frac{-v_{y0} + \sqrt{v_{y0}^2 + 2gh}}{g} = \frac{-R\omega\cos\gamma + \sqrt{R^2\omega^2\cos^2\gamma + 2g(H + R\sin\gamma)}}{g} \tag{6-36}$$

因此,在 t 时间内种子的水平位移为

$$s = v_{x0}t = (R\omega\sin\gamma + v_a)t \tag{6-37}$$

种子从 A 点到 B 点的运动可由作图法得到,为一条摆线,当种子运动到 B 点以后则运动轨迹为抛物线。

6.3　本章小节

本章测得了一定含水率下的玉米芽种几何特性及力学特性。

(1)干种与芽种的几何尺寸成正态分布,不同品种间的玉米种子尺寸差异不大,不同品种玉米干种的长、宽、厚度分布范围基本一致,但不同品种种子宽度存在一定差异。干种浸种催芽后尺寸增加,且几何尺寸成线性相关。其中“兴垦 3 号”干、芽种三轴尺寸线性关系为$y=0.691\,4x+1.987$,“德美亚 1 号”干、芽种三轴尺寸线性关系为$y=1.119\,8x+0.162\,1$,因此在芽种育秧播种机窝眼设计中,应充分考虑芽种尺寸的变化。

(2)干种的弹性模量范围在 1.10 ~ 2.12 GPa。在一定含水率下,芽种的弹性模量范围在 0.08 ~ 0.25 GPa。与干种相比芽种弹性模量降低,承载压力能力下降,在排种装置设计过程中,要充分考虑窝眼尺寸、窝眼轮转速等因素改变后造成的种子间压力对芽种的损伤。

(3)受种子形状、品质的影响,不同品种种子的恢复系数略有不同。“兴垦 3 号”芽种的恢复系数为 0.516,“德美亚 1 号”芽种的恢复系数为 0.453,相对其干种恢复系数的变化率都很小,在排种装置设计时,暂不考虑芽种碰撞系数对排种器充种角度和投种高度的影响。

(4)本章对窝眼轮式玉米精量排种器的结构、工作原理以及工作过程进行了详细的介绍。窝眼轮式精量排种器主要由窝眼滚筒、导种板、刮种板、扫种滚刷、护种板组成。

(5)对排种器关键部件的参数进行理论推导,以“兴垦 3 号”种子为例求得其理论值范围。对排种器的工作过程中种子的动力学进行了理论分析,建立了种子在充种、清种、护种、投种四个阶段的力学模型,同时分析计算得到充种极限速度、清种角、投种口位置的数学模型。

(6)通过对种子进行运动学分析,得到单粒种子在排种器内运动以及投种的运动轨迹模型。

第7章　玉米植质钵育供苗装置设计与试验

7.1　供苗机构的设计及其工作原理分析

7.1.1　玉米植质钵育秧盘的物理性状

玉米植质钵育秧盘如图7－1所示。它是基于保护性耕作措施,以植物秸秆为主要原料,具有氧化分解的性质,以实现秸秆还田、高速、低成本移栽为目的制作而成。其成型模具以钵育苗秧盘的尺寸为基础,由课题组自行设计并加工制造。钵盘模具的具体结构如图7－2所示。YJ－1000液压成型机如图7－3所示,模具的上模下模分别固定在压缩成型机上下两部分,由液压系统控制其上下移动。将物料加入下模具的料框内后,使上下模具逐渐合模,完成物料的成型,余料被挤出。使液压缸下移推出成型的钵盘,完成制盘过程。

图7－1　玉米植质钵育秧盘

育苗前期工作是先将玉米种子进行催芽,以剔除坏种保证种子成活率,育种时将营养土置于钵盘内,并将玉米种子固定在营养土中。待幼苗长到一定阶段后将钵苗取出、移栽,使其继续生长。钵盘穴孔排列规则,尺寸一致,材料以植物秸秆为主,成分接近土壤成分,且具有一定的韧性,育苗过程形变量小,能保证幼苗以规则的形态生长排列,这一因素有力地提高了钵苗机械化移栽的可行性。在幼苗生长过程中,由于受到孔穴的限制使两苗之间根系盘结率大大减小，移栽时伤根率低，入土后缓苗期短，提早成熟，有效缩短生长期。

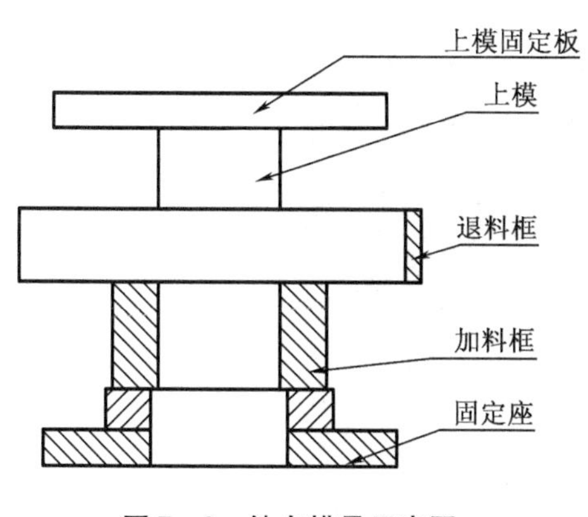

图7－2　钵盘模具示意图

图7－3　YJ－1000液压成型机

本课题组以该植质钵盘为移栽机构方案设计和结构设计的依据，本章所用的钵盘外形尺寸参见表7－1。

表7－1　钵盘外形尺寸参数

名称	数值
整体尺寸（长×宽×高）	276 mm×42 mm×35 mm
单钵尺寸（长×宽×高）	42 mm×35 mm×32 mm
壁厚	3.5 mm
穴数	6个
排数	单排

7.1.2　玉米植质钵育移栽机供苗机构核心功能及设计要求分析

根据上述玉米植质钵育秧盘的物理参数以及本课题组自行研制的旋转夹持式栽植机构（图7－4）工作特性，对所要设计的供苗装置进行初步分析。钵盘每穴一颗玉米幼苗，均长至适合移栽的阶段，在秧箱中6穴横排放置，横向供苗机构需要保证在栽植机构转至秧门处取苗前将承载的钵苗准确移到秧门位置，横行供给完成单行程6穴的取苗作业后，纵向进给下一盘钵苗，回程同样完成新盘6穴取苗作业，以此类推，直至秧箱内钵苗全部栽完。因此，供苗装置的功能分析可分为横向供苗要求和纵向供苗要求两部分。

1. 横向供苗的分析

横向供苗需要研究的对象是玉米植质钵育秧盘和旋转夹持式栽植机构，根据钵盘的物理性状分析是否可以实现自动供苗。钵盘横向6穴，相邻两穴孔中心距为45.5 mm，单钵尺寸为2 mm×35 mm。当夹持式栽植机构的两夹持秧刀在秧门位置1时切割钵盘（图7－5），在完全切割钵盘后两活动秧刀在拉杆的作用下将切下的钵苗牢牢地夹持住，当栽植机构运行到位置 2 时(图 7－5),拉杆弹出使两活动秧刀张开,钵苗落下,完成栽植过程。

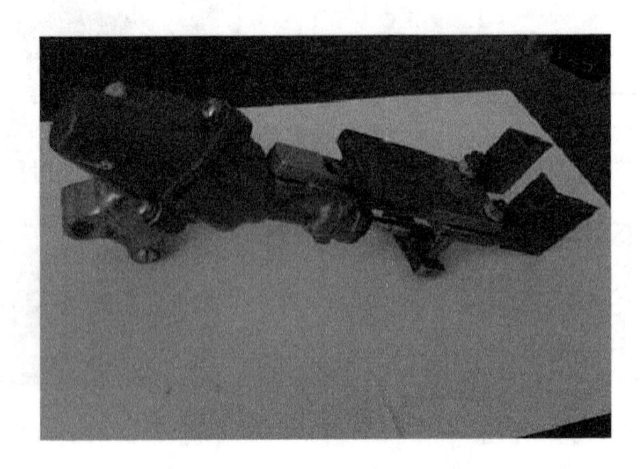

图 7－4 夹持式栽植机构试验模型

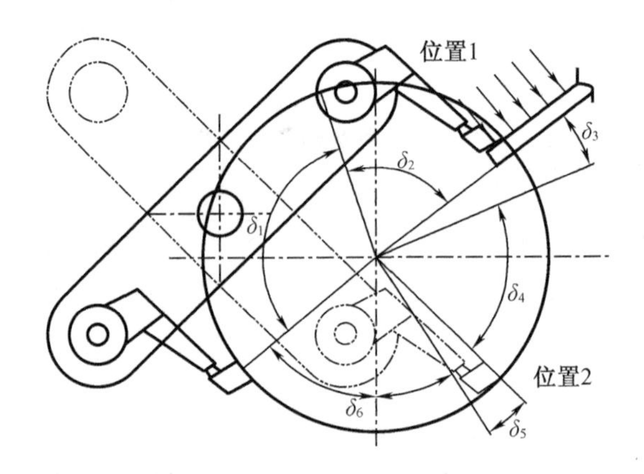

图 7－5 可夹持式栽植机构工作示意图

为了实现横向供苗的准确移动并保证与取苗机构的完全配合,必须保证秧刀取苗过程中不能与秧箱发生干涉,并结合玉米种植的农艺要求保证移栽不伤叶脉,理论上的最佳效果是在理想秧箱倾角、秧刀持苗位置等条件下横向供苗的过程中每次都使钵苗的中心线和秧刀的中心线重合。由此可见,需要选取或设计一套能实现间歇供苗作业的机构,该机构一方面要保证供苗时的横向位移,另一方面该机构的供苗试件周期要与取苗机构的取苗时间周期相互配合。

取苗时当秧刀与钵苗中心线重合时,秧刀外壁与穴孔内壁间距为 2 mm,该尺寸理论研究时已经足够避免发生干涉,但在实际的加工成产中可能由于制造精度或振动磨损等因素导致秧刀与钵盘发生干涉,因此在以后的试验研究中应加以重视,进一步优化改良,以免造成损失。

综上分析本研究设计横向送苗机构需要满足以下要求:

(1)横向间歇位移 45.5 mm,秧刀进入穴孔取苗过程钵盘允许的最大位移为 4 mm,最佳方案是取苗时钵盘静止;

(2)实现横行往复运动,一排6穴取苗完成后,钵苗随秧箱反向运动,进行下一排钵苗移栽作业。

2. 纵向间歇供苗的分析

钵盘纵向供苗的设计要求与横向供苗相似,钵盘纵向进给的位移量为两相邻钵盘的中心距35 mm。相对于横向供苗来说,纵向供苗时秧刀与钵盘发生干涉的可能性非常小。依据钵苗移栽作业的整体工作流程,纵向间歇供苗机构的设计需要解决进给时间和进给间距控制的两个问题。在机械设计中用来实现时间和距离调控的装置有很多,诸如PLC(可编程逻辑控制器)电子电路装置、液压装置等均能准确满足要求。但针对玉米移栽机这种中小型农业机械来说,最终的目的是广泛的田间生产应用,要以低成本、便使用、高效率为目标,因此本研究力求一种以机械机构为核心的装置来实现纵向间歇供苗。

纵向间歇供苗需要满足以下要求:

(1)间歇进给,进给位移为35 mm;

(2)纵向进给要在横向取完一排6穴钵之后进行。

7.1.3 供苗机构设计方案分析

针对上述供苗要求,螺旋轴机构可以实现钵苗的往复运动,是将旋转运动转换为直线运动的理想机构;纵向进给直接选用便于控制进给量的拔叉棘轮机构。由螺旋轴机构上的滑块连接带动秧箱,就能实现玉米移栽机的往复供苗功能。试验台由TCC-3土槽自动化试验车做牵引并提供动力,便于供苗机构与栽植机构的配合,长距离的动力传递使用链传动方式。

1. 螺旋轴式横向供苗机构设计与分析

螺旋轴机构(图7-6)可以将连续的旋转运动转换为直线运动,其关键部件为螺旋轴和滑块。当螺旋轴5转动时,滑块4有3个平动自由度,X方向上可以随滑套1一起沿螺旋轴轴向方向往复平动,Y方向上被滑套1限制,Z方向上被滑块压板3限制;滑块4有3个转动自由度,X和Y方向上被滑套1限制,Z方向上无限制,当滑块与螺旋轴配合运动时滑块绕Z适当转动。

2. 螺旋轴的分析与设计

(1)螺旋轴直径的设计

螺旋轴是机构中的受力部件,为防止螺旋轴工作过程中过载破损,需要校核螺旋轴最小直径的尺寸。螺旋轴工作时几乎无弯矩,主要受力为剪应力,当螺旋轴受扭矩T(N·mm)时,所受剪应力为

$$\tau_T = \frac{T}{W_T} \approx \frac{9.55 \times 10^6 P}{0.2\,d^3 n} \leqslant [\tau_T]\ \text{MPa} \tag{7-1}$$

则轴颈为

$$d \geqslant \sqrt[3]{\frac{9.55 \times 10^6 P}{0.2n[\tau_T]}} = \sqrt[3]{\frac{9.55 \times 10^6}{0.2[\tau_T]}} \cdot \sqrt{\frac{P}{n}} = C\sqrt[3]{\frac{P}{n}} \tag{7-2}$$

式中　τ_T——扭转剪应力，MPa；

T——螺旋轴所受扭矩，N·mm；

W_T——螺旋轴抗扭截面系数，mm^3；

P——螺旋轴传递功率，kW；

n——螺旋轴转速，r/min；

d——计算截面轴的直径，mm。

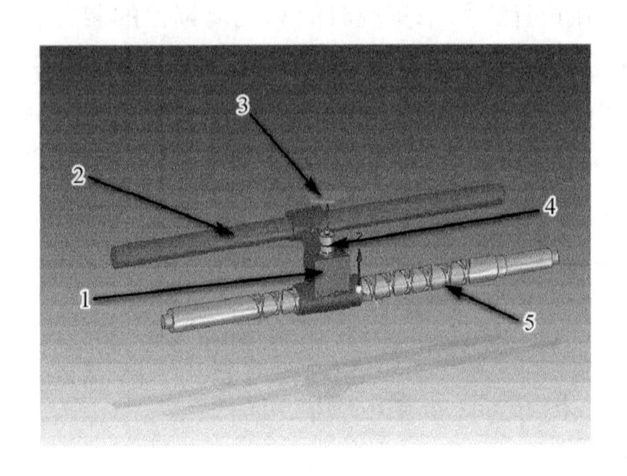

1—滑套；2—秧箱连杆；3—滑块压板；4—滑块；5—螺旋轴。

图7-6　螺旋轴机构三维建模

依据工况和设计手册，螺旋轴选材为40 C_v，取$\tau_T=45$ MPa，$C=102$代入公式计算得$d\geqslant 10.53$ mm。螺旋轴传递的有效功率$P=0.22$ kW，转速$n=200$ r/min，直径大于100 mm的轴，有一个键槽轴颈增大3%，所以有螺旋最小直径$d=10.53\times(1+3\%)=10.845\ 9$ mm。考虑到螺旋轴两端的轴承，所以去最小直径$R_{\min}=12$ mm，最大直径$R_{\max}=22$ mm。

(2)螺旋轴数学模型方程

螺旋轴上的螺旋槽滑道由正旋和反旋两条螺旋槽组成，轴身采用阿基米德螺杆（ZA型）设计，齿廓曲面为阿基米德螺旋面（图7-7），求螺旋线及螺旋面的螺旋轴模型为

$$\begin{cases} x=\pm D\dfrac{\gamma}{2\pi}+k \\ y=r\sin\gamma \\ z=r\cos\gamma \end{cases} \tag{7-3}$$

式中，D为螺旋线的螺距；γ为螺旋角；r为螺旋轴外圆半径；k与坐标位置及半径r有关，当坐标位置确定后也就是k值一定，k只与r有关仅为r的函数，因此有$k=f(r)$。当允许r在某一闭区间$[a,b]$内任意取值时，则获得螺旋面方程为

$$\begin{cases} x=\pm D\dfrac{\gamma}{2\pi}+f(r) \\ y=r\sin\gamma \\ z=\cos\gamma \end{cases} \tag{7-4}$$

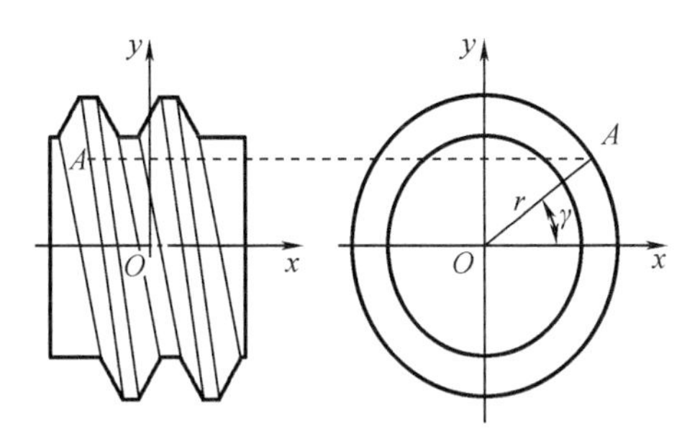

图 7－7　螺旋轴模型

螺旋面的类型由式中 $f(r)$ 决定，下面介绍阿基米德螺旋面方程的获得。螺旋轴模型如图 7－8 所示。r_1 为螺旋轴分度圆半径，α 为轴向齿形角，s 为分度圆轴向齿槽宽，t 为两相邻螺旋面发生线的交点到轴心线的距离。

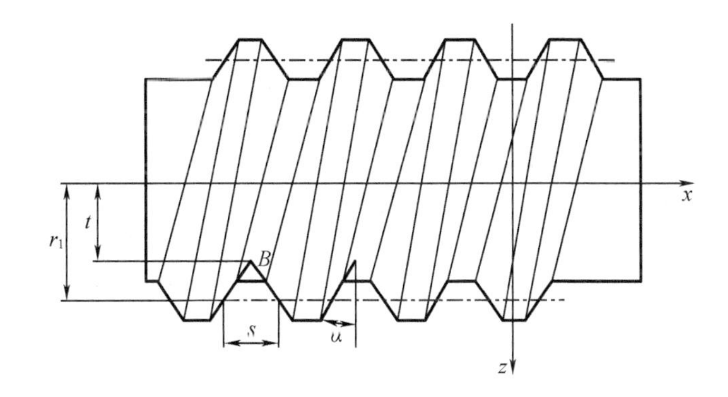

图 7－8　螺旋轴模型

$$t = r_1 - \frac{s}{2\tan\alpha} \tag{7-5}$$

令坐标平面 $y-z$ 面通过齿槽对称中心，则发生线任意半径为 r 的点，其坐标为

$$x = (r-t)\tan\alpha = \pm\frac{x}{2\pi}\gamma + f(r) \tag{7-6}$$

令 $\gamma = 0$，得

$$f(r) = (r-t)\tan\alpha \tag{7-7}$$

所以，阿基米德螺旋面的方程为

$$\begin{cases} x = \pm D\dfrac{\gamma}{2\pi} + \left(r - r_1 + \dfrac{s}{2\tan\alpha}\right)\tan\alpha \\ y = r\sin\gamma \\ z = r\cos\gamma \end{cases} \tag{7-8}$$

（3）螺距及螺旋升角的确定

结合育秧农艺要求和结构设计确定出螺旋轴的螺距为 23 mm，设栽植机构的取苗周期为 T，T 时间内螺旋轴转过 k 圈，D(mm) 为螺距，滑块从螺旋轴最左端走到最右端螺旋轴转

过 n 圈(n 为整数),因此有

$$\begin{cases} k \cdot D = 45.5 \\ k + 5k = n \end{cases} \tag{7-9}$$

将 $D = 23$ mm 带入得$\begin{cases} k = 2 \\ n = 12 \end{cases}$。

螺旋升角 $\gamma = \arctan\left(\frac{D}{\pi R_{max}}\right) = \arctan\left(\frac{23}{22\pi}\right) = 18.4°$。

(4)滑块的设计

滑块需要沿螺旋槽绕螺旋轴沿着轴向方向转动,因此滑块与螺旋槽内的柱面接触端为双圆弧结构(图 7-9),这样就能保证滑块通过轴两端的过渡部分和螺旋槽的交叉处仍然能够按照正确的方向运动。B 为螺旋槽宽度,R 为滑块圆弧半径,γ 为螺旋升角。取槽宽 $B = 5$ mm,将 $\gamma = 18.4°$带入得 $l = 8.347$ mm,因此 L 取 17 mm。

$$\begin{cases} L > 2l \\ l = \dfrac{B}{2\sin\gamma \cdot \cos\gamma} \end{cases} \tag{7-10}$$

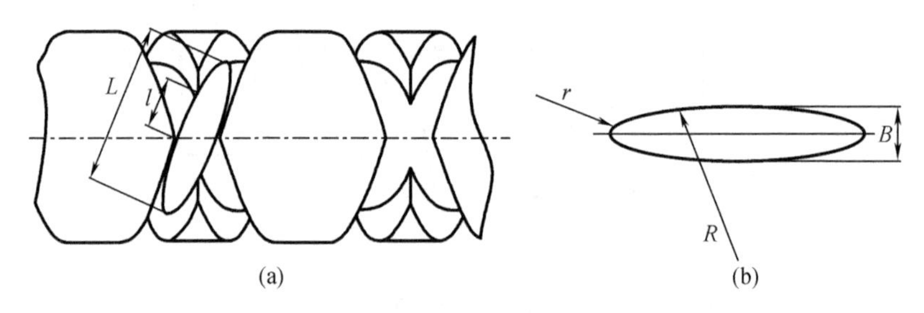

图 7-9　双圆弧滑块机构示意图

3. 棘轮式纵向供苗机构设计与分析

(1)棘轮机构工作特点及参数要求分析

棘轮的典型结构(图 7-10),由棘轮 1、棘爪 2、、摇杆 3 和 4、止动爪 5、棘轮转轴 6 五部分组成。其中止动爪和棘爪配有弹簧或弹片,使其一直与棘轮保持接触。当摇杆 3 逆时针转动时,棘爪 2 推动棘轮,以相同的角速度转动,止动爪 5 不起作用;当摇杆 3 顺时针转动时,棘爪 2 沿棘轮 1 表面划过,止动爪 5 限制棘轮的转动,棘轮保持静止。因此,当摇杆连续往复摆动时,就实现了棘轮单方向的间歇运动。

该机构特点:结构简单、成本低、便于加工,棘轮轴转动角度可调范围大。其不足之处是工作时冲击力和噪音较大,棘轮在惯性的作用下运动精度差,转动角度往往大于摇杆的转角。因此,棘轮机构通常应用于低载荷、低速度的条件下。

由前面章节中描述的钵盘物理性状可知本研究的纵向进给要求如下:

①间歇供苗,供给位移 42 mm;

②每次取完一盘钵苗时进行纵向供苗。

棘轮机构为纵向供苗的核心机构,棘爪拨动棘轮带动同轴的滚筒传送带结构,借助传

送带与钵苗的摩擦力，配合适当的秧箱夹角完成纵向间歇供苗。本设计思路为在秧箱横向移动到两端时，拨叉拨动摇杆两次，每次拨动一个棘齿，棘轮转过两个齿时，完成纵向补苗位移 42 mm，这种连续动作使得纵向进给量更加准确，减小振动，延长机构寿命，功能更可靠。

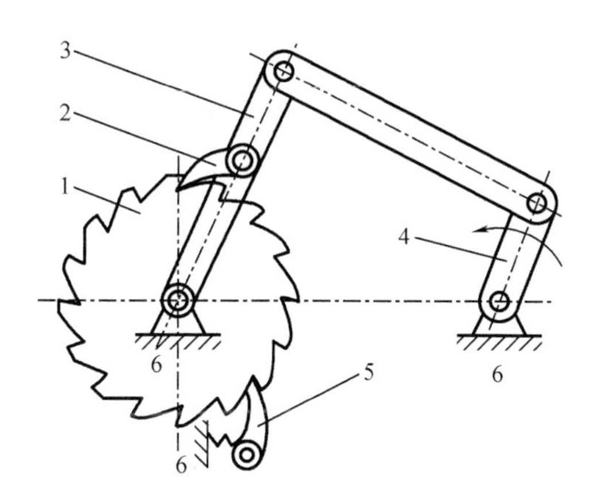

1—棘轮；2—棘爪；3，4—摇杆；5—止动爪；6—棘轮转轴。

图 7－10 棘轮机构示意图

棘轮直径 R 可表示为

$$\frac{1}{\text{棘轮齿数}}\cdot 2\pi \cdot R=\frac{42}{2}\ \text{mm} \tag{7-11}$$

根据钵苗箱体结构要求及棘轮机构联动特点，棘轮直径以小为优，使得 $R\leqslant 55$ mm，因此棘轮齿数取 15，解得 $R\approx 4.50$ mm。

由此可知棘轮单次转角 θ 为

$$\theta=\frac{360^\circ}{15}=24^\circ \tag{7-12}$$

所以，当秧箱移动到两端时，拨叉拨动棘轮两次纵向钵苗进给 42 mm，既实现补充一个钵盘。

（2）纵向供苗机构的设计

本设计的纵向补苗机构的结构原理如图 7－11 所示。结合秧箱整体布局要求，在设计使用经典棘轮机构时加以改进，关键点如下：

①该机构用于纵向补苗，棘轮带动同轴的纵向传送带轮轴，传送带与钵盘接触面积大，导致摩擦力大，因此棘轮上不需添加止动爪；

②为使机构简单，棘轮机构装配于秧箱上，拨叉轴一直旋转，当秧箱横向移动到两端时，摇杆才进入拨叉拨动的有效范围内，拨动摇杆；

③以弹簧或弹簧杆作为摇杆回程驱动力，可以减小振动，延长机构使用寿命，有利于保证棘轮转角的准确性。

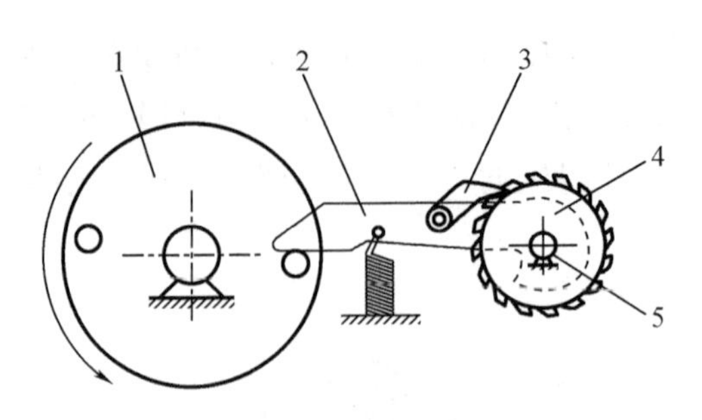

1—拨叉;2—摇杆;3—棘爪;4—棘轮;5—纵向传送带轮轴。

图 7-11　纵向补苗机构的结构原理图

图 7-11 中 1 为拨叉,拨叉轴动力由螺旋轴经过齿轮结构传递,使得拨叉在玉米钵苗移栽机工作时,连续逆时针转动。当秧箱移动到两端时,一盘 6 棵钵苗刚好取完需要纵向补给,摇杆 2 进入拨叉两根拨动手臂的工作有效区域,螺旋轴带动拨叉轴转动一周,拨动手臂拨动摇杆两次,棘爪推动棘轮顺时针转动两个棘齿,每次由弹簧带动摇杆返回初始位置,同轴传送带纵向位移 42 mm,完成纵向补苗。此时滑块刚好经过螺旋槽两端缓冲区进入回程滑道,带动秧箱横向供苗。

7.2　供苗机构样机试验与优化设计

7.2.1　试验条件与试验方案

1. 试验条件

本书通过 Solid Edge 软件在虚拟环境下的建模及运动仿真分析,修正并完善了供苗装置整体的结构参数,接下来建立试验台,进一步验证该设计方案在实践中的可行性。

试验环节是通过在建好的玉米植质钵育移栽机供苗机构试验样机上进行大量试验来检测机构性能,是验证前期理论分析准确性必不可少的部分。

(1)动力由 TCC-3 土槽自动化试验车提供(图 7-12),通过万向节传递给试验台动力输入轴,具体参数如下。

①最大牵引力:P_{max} = 2 000 kg(5 kg/h)

②速度范围:0.3 ~ 8 km/h 无级调速

③动力输出轴转速:0 ~ 1 000 r/min 无级调速

④最大提升能力:10 kN

图7-12 TCC-3 土槽自动化试验车

(2)试验台(图7-13)与土槽自动化试验车以三点悬挂的方式挂接,三点悬挂结构与试验机架为一体。

图7-13 供苗机构试验台

(3)变速箱、秧箱取自废弃的水稻插秧机,在其基础之上改建。

(4)在前面章节参数分析中已经详述,试验台建立需要保证传动比。动力输入轴通过锥齿轮传递动力,动力传递轴与螺旋轴以1:1速比传递,动力传递轴通过链传动以1:2的速比将动力传递给栽植机构,实现供苗与取苗的周期性配合。

2. 试验方案

(1)影响因素分析

①秧箱水平倾角:一个空的钵盘质量约为0.28 kg,每穴的体积V=长×宽×高=47.04 cm^3,钵内的农业营养土主要成分为珍珠岩和泥炭等有机质,因此取营养土的密度为1 g/cm^3,钵苗的最大质量为

$$M_{\max}=6\rho v+M_{空盘}=6\times1\times47.04+0.28\approx0.56\ \text{kg}$$

空盘秧箱材质为聚甲醛,查得其相对于钵盘的动摩擦因数$\mu>0.4$。设秧箱倾斜角度为α,如图7-14所示,当α大于临界值,重力下滑分力大于正压力(即$F_X>F_N$)时钵苗开始下滑,临界角度推算:

$$G \cdot \sin \alpha > \mu \cdot G \cdot \cos \alpha$$

将μ代入解得：$\alpha > \arctan 0.4 \Rightarrow \alpha > 21.8°$。

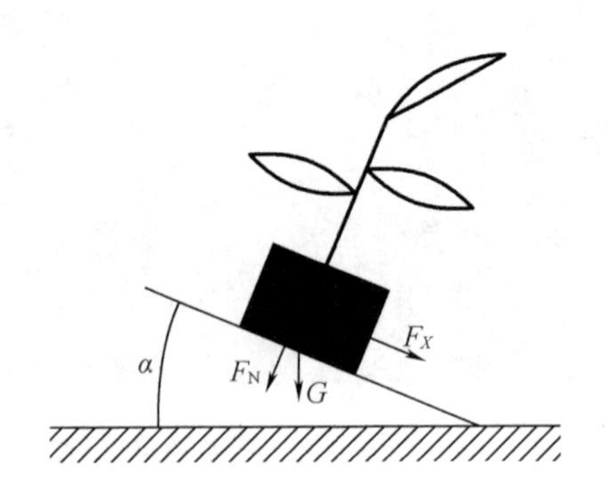

图 7－14 钵苗受力分析

②投苗角度：本课题组设计的玉米植质钵育移栽机，整体的设想是在玉米钵苗移栽投苗时钵苗落入移栽机前端开沟器开好的沟内，呈现一定的后倾角度，以便后续的覆土工作将钵苗扶正，因此投苗延迟角度要适中。

③机车速度：经本课题组仿真推算，当机车的行进速度 $V = 0.4$ m/s，栽植机构运行角速度 $\omega = 2\pi$ rad/s。当相位角 $\theta = \omega t = 0°$时，栽植机构的最大轴向速度 $V_{max} = 1.41$ m/s；当 $\theta = \pi$ 时，$V_{min} = -0.47$ m/s；当 $\theta = 0.66\pi$ 时，$V = 0$ m/s，理论上实现了“零速投苗”状态，保证了投苗的稳定性，故试验时机车速度应在 0.4 m/s 上下浮动。

依据上述分析计算，结合农艺要求及前期简单试验得出影响玉米植质钵苗移栽质量的因素主要为秧箱倾角、投苗角度、机车速度。设秧箱水平倾角为 Z_1，投苗垂直倾角为 Z_2，机车速度为 Z_3，经上述因素分析及单因素试验确定各影响因素变化范围，见表 7－2。

表 7－2 影响因素及其变化范围

	试验因素	变化范围
Z_1	秧箱水平倾角/(°)	22～45
Z_2	投苗垂直倾角/(°)	10～20
Z_3	机车速度/(m/s)	0.2～0.6

(2)试验指标

依据 2001 年中国机械行业旱地栽植机械的行业标准，旱地移栽机的评价指标包括漏栽率、重栽率、直立度、伤苗率等多个方面，结合玉米植质钵苗移栽要求分析确定玉米植质钵苗移栽机移栽质量的评价标准主要为秧苗的倒伏率，因此以玉米钵苗的直立度为试验评价指标。直立度为

$$C = N_{ZL}/N' \times 100\%$$

式中 N_{ZL}——直立株数；

N'——测定段内的设计株数，$N' = \text{int}(L/X_r) + 1$（其中，$X_r$ 为株距；L 为测定段长度）。

(3)多因素试验

二次回归正交旋转试验具有试验次数少、计算简便、可避免回归系数之间相关性等优点,因此本书采用二次回归正交旋转组合试验设计方法,因素水平编码见表 7-3。

表 7-3 因素水平编码

编码值 x_j	因素水平		
	秧箱水平倾角 $Z_1/(°)$	投苗垂直倾角 $Z_2/(°)$	机车速度 $Z_3/(m/s)$
上星号臂(+1.682)	45	20	0.6
上水平(+1)	40	18	0.5
零水平(0)	33.5	16.5	0.4
下水平(-1)	27	15	0.3
下星号臂(-1.682)	22	13	0.2
变化区间Δ	6.5	2	0.1

各试验因素的线性变换如下:

$x_j=(T_j-T_{0j})/\Delta_j$　　　$\Delta_j=(T_{2j}-T_{0j})/rj$

$x_1=(T_1-33.5)/\Delta_1$　　　$\Delta_1=(45-33.5)/1.682\approx6.5$[①]

$x_2=(T_2-16)/\Delta_2$　　　$\Delta_2=(20-16.5)/1.682\approx2$

$x_3=(T_3-0.4)/\Delta_3$　　　$\Delta_3=(0.6-0.4)/1.682\approx0.1$

经查表确定三因素二次回归正交旋转试验方案,见表 7-4。

表 7-4 三因素二次回归正交旋转试验方案

No.	Z_0	Z_1	Z_2	Z_3	Z_1Z_2	Z_1Z_3	Z_2Z_3	Z_1'	Z_2'	Z_3'
1	1	-1	-1	-1	1	1	1	0.406	0.406	0.406
2	1	-1	-1	1	1	-1	-1	0.406	0.406	0.406
3	1	-1	1	-1	-1	1	-1	0.406	0.406	0.406
4	1	-1	1	1	-1	-1	1	0.406	0.406	0.406
5	1	1	-1	-1	-1	-1	1	0.406	0.406	0.406
6	1	1	-1	1	-1	1	-1	0.406	0.406	0.406
7	1	1	1	-1	1	-1	-1	0.406	0.406	0.406
8	1	1	1	1	1	1	1	0.406	0.406	0.406
9	1	-1.682	0	0	0	0	0	2.234	-0.594	-0.594
10	1	1.682	0	0	0	0	0	2.234	-0.594	-0.594
11	1	0	-1.682	0	0	0	0	-0.594	-0.594	-0.594

① 为了试验便于实施,取步长为6.5。

表 7－4(续)

No.	Z_0	Z_1	Z_2	Z_3	Z_1Z_2	Z_1Z_3	Z_2Z_3	Z_1'	Z_2'	Z_3'
12	1	0	1.682	0	0	0	0	－0.594	－0.594	－0.594
13	1	0	0	－1.682	0	0	0	－0.594	－0.594	－0.594
14	1	0	0	1.682	0	0	0	－0.594	－0.594	－0.594
15	1	0	0	0	0	0	0	－0.594	－0.594	－0.594
16	1	0	0	0	0	0	0	－0.594	－0.594	－0.594
17	1	0	0	0	0	0	0	－0.594	－0.594	－0.594
18	1	0	0	0	0	0	0	－0.594	－0.594	－0.594
19	1	0	0	0	0	0	0	－0.594	－0.594	－0.594
20	1	0	0	0	0	0	0	－0.594	－0.594	－0.594
21	1	0	0	0	0	0	0	－0.594	－0.594	－0.594
22	1	0	0	0	0	0	0	－0.594	－0.594	－0.594
23	1	0	0	0	0	0	0	－0.594	－0.594	－0.594

7.2.2 试验结果与数据处理

本章的数据分析是在 SPSS 19.0 的软件环境下进行的，该版本由 IBM 公司于 2010 年 8 月更新发布。SPSS 软件是世界上最早的统计分析软件，多年来不断更新完善，操作上也越来越简便，使其很快在自然科学、技术科学、社会科学等各个领域中发挥了巨大作用，该软件还可以应用于经济、数学、统计学、物流管理、生物学、心理学、地理学、医疗卫生、体育、农业、林业、商业等各个领域，在自动统计绘图、数据的深入分析等方面得到各界用户的高度评价。

1. 建立回归方程

将试验结果统计在表 7－5 中，对所得数据进行回归分析，建立各个因素对试验指标影响的回归模型，确定其影响程度，以获得玉米植质钵育移栽机试验台最佳系统参数。

表 7－5　玉米移栽试验结果

序号	秧箱水平倾角 Z_1/(°)	投苗垂直倾角 Z_2/(°)	机车速度 Z_3/(m/s)	直立度 y/%
1	27	15	0.3	90.000
2	27	15	0.5	87.220
3	27	18	0.3	80.235
4	27	15	0.5	83.33
5	40	15	0.3	75.47
6	40	15	0.5	63.38

表 7－5(续)

序号	秧箱水平倾角 Z_1/(°)	投苗垂直倾角 Z_2/(°)	机车速度 Z_3/(m/s)	直立度 y/%
7	40	18	0.3	57.02
8	40	18	0.5	55.365
9	22	18	0.4	89.925
10	45	16.5	0.4	59.715
11	33.5	13	0.4	76.11
12	33.5	20	0.4	66.97
13	33.5	16.5	0.2	72.22
14	33.5	16.5	0.6	59.505
15	33.5	16.5	0.4	80.575
16	33.5	16.5	0.4	85.12
17	33.5	16.5	0.4	86.77
18	33.5	16.5	0.4	78.505
19	33.5	16.5	0.4	82.23
20	33.5	16.5	0.4	84.755
21	33.5	16.5	0.4	87.745
22	33.5	16.5	0.4	81.155
23	33.5	16.5	0.4	69.705

将表7－5中数据输入SPSS 19.0中进行线形回归分析，表7－6为方差分析结果，由于F值显著性概率(sig)为0.000，小于5%，所以回归达到显著水平，说明作为因变量的直立度y和各个影响因素之间存在显著的回归关系，该三因素二次回归旋转试验的设计方案是正确的，此种正交回归组合设计也是恰当的，因此回归方程式有意义。

表 7－6　方差分析结果

模型		平方和	自由度	均方	F 值	显著性概率(sig)
1	回归	1 442.486	1	1 442.486	23.879	0.000[a]
	残差	1 268.573	21	60.408		
	总计	2 711.059	22			
2	回归	1 931.002	2	965.501	24.755	0.000[b]
	残差	780.57	20	39.003		
	总计	2 711.059	22			
3	回归	2 206.795	3	735.598	27.716	0.000[c]
	残差	504.264	19	26.540		
	总计	2 711.059	22			

注：a. 预测变量包括常量、Z_1；b. 预测变量包括常量、Z_1、Z_3'；c. 预测变量包括常量、Z_1、Z_2、Z_3'。

表 7－7 为系数分析表，经逐步回归，得出方程的常数项为 77.005，Z_1 的系数为 －10.816，Z_2 的系数为 －4.38，Z_3'的系数为 －5.783，其余各项由于差异不显著被剔除；综合以上信息，用逐步回归法获得的多元线性回归方程为

$$\hat{y}=77.005-10.816\ Z_1-4.38\ Z_2-5.783\ Z_3' \tag{7-13}$$

表 7－7　系数分析表

模型		非标准化系数			
		B	标准误差	t 值	sig
1	常量	76.218	1.621	47.030	0.000
	Z_1	－10.277	2.103	－4.887	0.000
2	常量	76.794	1.312	58.517	0.000
	Z_1	－10.277	1.690	－6.081	0.000
	Z_3'	－5.588	1.579	－3.539	0.000
3	常量	77.005	1.085	71.003	0.000
	Z_1	－10.816	1.404	－7.704	0.000
	Z_3'	－5.783	1.304	－4.435	0.000
	Z_2	－4.380	1.359	－3.224	0.000

分别将中心化公式 $Z_3'=X_3^2-0.594$ 和编码转换公式 $Z_1=\dfrac{X_1-33.5}{6.75}$；$Z_2=\dfrac{X_2-16.5}{2}$和 $Z_3=\dfrac{X_3-0.4}{0.1}$ 带入上式，整理得到回归方程：

$$\hat{y}=170-1.6\ X_1-2.19\ X_2-5.78\ X_3^2 \tag{7-14}$$

2. 试验结果单因素效应分析

通过降维法分析：所谓降维法是把多元变量问题转化为较少变量问题的研究方法。降维法在数学计算中应用广泛，借助降维法将复杂的多元问题转化成便于理解的一元或二元的简化问题。在试验的数据分析中，通过这种方法转化后便于分析单因素、双因素与评价指标之间的关系，也便于直观地认知所研究的对象。

将多元二次回归方程模型 $y=b_0+\sum_{j=1}^{m}b_jx_j-\sum_{i\leqslant j}b_{ij}x_ix_j+\sum_{j=1}^{m}b_{jj}x_j^2$ 中固定 $m-1$ 个元素，可导出单变量回归模型 $y=a_0+a_kx_k+a_{kk}x_k^2$。

直立度回归方程式（7－14）中共有 3 个变量，为更加清晰地找出各因素 X_j 对直立度 y 的影响规律，令其中两个因素去不同的水平，观察剩余一个因素对直立度的影响。

（1）秧箱水平倾角与直立度之间的关系分析

在模型中将投苗垂直倾角与机车速度两个因素分别固定在 －1，0，1 三个水平，可得出秧箱水平倾角和直立度之间的一元回归模型：

曲线 1$(Z_1, -1, -1)$：$f(Z_1) = 87.165 - 10.816Z_1$

曲线 2$(Z_1, 0, 0)$：$f(Z_1) = 77.005 - 10.816Z_1$

曲线 3$(Z_1, 1, 1)$：$f(Z_1) = 66.845 - 10.816Z_1$

从图 7 - 15 中可以看出：随着秧箱水平倾角的不断增大，直立度呈现减小的趋势。其主要原因是秧箱水平倾角过大，秧苗落地时倾斜角度大，倒伏率高。

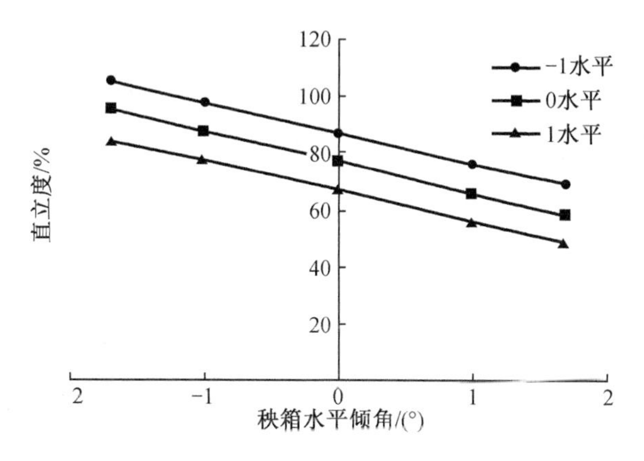

图 7 - 15　秧箱水平倾角对直立度的影响

(2)投苗垂直倾角与直立度之间的关系分析

在模型中将秧箱水平倾角与机车速度两个因素分别固定在 -1，0，1 三个水平，可得出投苗垂直倾角和直立度的一元回归模型：

曲线 1$(-1, Z_2, -1)$：$f(Z_2) = 93.604 - 4.38Z_2$

曲线 2$(0, Z_2, 0)$：$f(Z_2) = 77.005 - 4.38Z_2$

曲线 3$(1, Z_2, 1)$：$f(Z_2) = 60.406 - 4.38Z_2$

从图 7 - 16 中可以看出：随着投苗倾角的逐渐增大，直立度呈现减小的趋势。原因是投苗倾角过大，使钵苗落地时角度过大，导致钵苗倒伏。

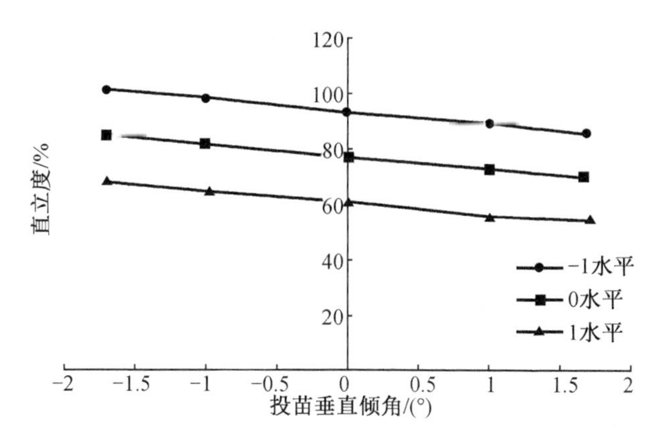

图 7 - 16　投苗垂直倾角对直立度的影响

(3)机车速度与直立度之间的关系分析

在模型中将秧箱水平倾角与投苗垂直倾角两个因素分别固定在 -1,0,1 三个水平,可得出机车速度和直立度的一元回归模型:

曲线1$(-1,-1,Z_3)$:$f(Z_3)=92.201-5.78Z_3$

曲线2$(0,0,Z_3)$:$f(Z_3)=77.005-5.78Z_3$

曲线3$(1,Z_3,1)$:$f(Z_3)=61.809-5.78Z_3$

从图7-17中可以看出:随着机车前进速度的增大,钵苗直立度逐渐减小。原因是当机车速度达到与栽植机构投苗转速的水平分速度大小相等方向相反时,也就是图7-17中零水平实现零速抛秧,钵苗直立度较高;相反机车速度过大或过小都会导致钵苗倒伏。

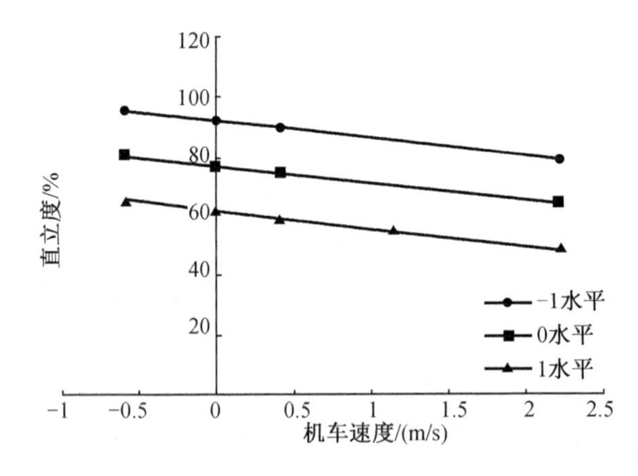

图7-17　机车速度对直立度的影响

3.两因素效应分析

在含有 n 个因素的二次回归模型中,将 $n-2$ 个因素固定,可得到两个因素与评价指标间的回归模型为 $y=a_0+a_sx_s+a_tx_t+a_{st}x_sx_t+a_{ss}x_s^2+a_{tt}x_t^2$。对于二元回归方程而言,我们可以借助绘制因素曲面图的方法,来分析两个因素与评价指标之间的效应。

(1)秧箱水平倾角与投苗垂直倾角对直立度的影响分析

在分析秧箱水平倾角 Z_1 与投苗垂直倾角 Z_2 两个因素的交互作用对直立度 y 的影响时,可先将机车速度 Z_3 固定在某个取定的值上,令机车速度 $Z_3=0$,则回归方程为

$$y=77.005-10.816Z_1-4.38Z_2$$

图7-18为秧箱水平倾角与投苗垂直倾角交互作用下对直立度的影响。由图7-18可得出以下结论:直立度比较高的区域出现在秧箱水平倾角和投苗垂直倾角0水平以下。当投苗垂直倾角一定时,随着秧箱水平倾角的减小直立度缓缓增加。当秧箱水平倾角一定时,随着投苗垂直倾角的减小直立度有明显增大的趋势。因此,在秧箱水平倾角与投苗垂直倾角的交互作用中,投苗垂直倾角是影响直立度的主要因素。

(2)秧箱水平倾角与机车速度对直立度的影响分析

在分析秧箱水平倾角 Z_1 与机车速度 Z_3 两个因素的交互作用对直立度 y 的影响时,令投苗垂直倾角 $Z_2=0$,则回归方程为

$$y = 77.005 - 10.816Z_1 - 5.78Z_3'$$

秧箱水平倾角与机车速度的交互作用对直立度的影响如图7－19所示。由图7－19可得出以下结论：机车速度处于－0.594水平左右，秧箱水平倾角处于0水平以下时，直立度最高。当机车速度不变时，随秧箱水平倾角的改变引起的直立度变化幅度较小；当秧箱水平倾角不变，机车速度改变时，直立度有明显的增减变化，当机车速度过大或过小时，都会引起直立度的降低。因此，在机车速度和秧箱水平倾角两者交互作用时，影响直立度的主要因素是秧箱水平倾角。

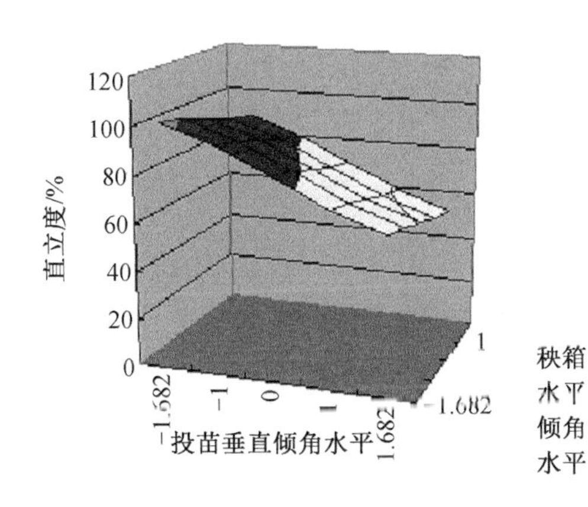

图7－18　秧箱水平倾角与投苗垂直倾角交互作用下对直立度的影响

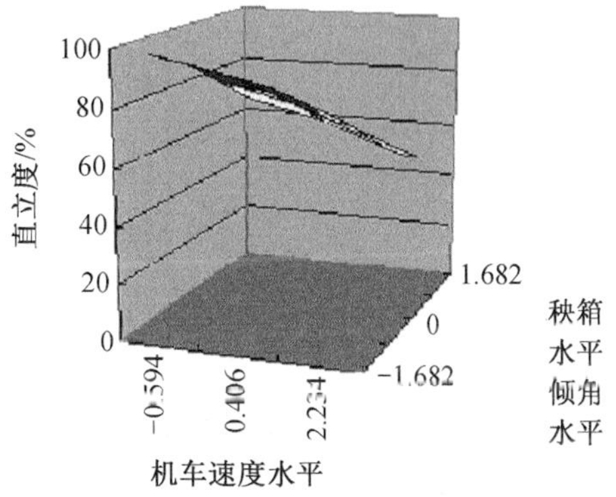

图7－19　秧箱水平倾角与机车速度交互作用下对直立度的影响

(3)机车速度与投苗垂直倾角对直立度的影响分析

在分析机车速度 Z_3 与投苗垂直倾角 Z_2 两个因素的交互作用对直立度 y 的影响时，令秧箱水平倾角 $Z_1 = 0$，则回归方程为

$$y = 77.005 - 4.38Z_2 - 5.78Z_3'$$

图7－20为机车速度与投苗垂直倾角的交互作用下对直立度的影响。由图7－20可得出如下结论：较高的直立度出现在机车速度在－0.594水平左右，投苗垂直倾角在0水平以下的区域。当机车速度保持不变时，随着投苗垂直倾角的变动，直立度变化幅度较小。机车速度处于0.406水平以上时直立度比机车速度处于0.406水平以下时的直立度变化幅度大。综合分析得出，投苗垂直倾角和机车速度的交互作用中，影响直立度的主要因素为机车速度。

4.影响直立度的各因素重要性分析

通常采用贡献率法来判定因素的主次和对目标值的影响程度。对于二次回归方程，求解出回归系数的方差比 $F(j)$、$F(ij)$、$F(jj)$，令 $\delta = \begin{cases} 0(F \leqslant 1) \\ 1 - \frac{1}{F}(F > 1) \end{cases}$，由此可求得回归方程各因素对评价指标 y 贡献率的大小。对于第 j 个因素对评价指标 y 的贡献率计算公式为 $\Delta_j = \delta_j + \frac{1}{2}\sum_{\substack{i=1 \\ i \neq j}}^{m} \delta_{ij} + \delta_{jj}$。其中，$\delta_j$ 表示第 j 个因素一次项的贡献，δ_{ij} 为交互项的贡献，δ_{jj} 表示二次项

的贡献。通过比较贡献率 Δ_j 数值的大小,可以直观地判断出各个因素对评价指标 y 的影响主次和程度。

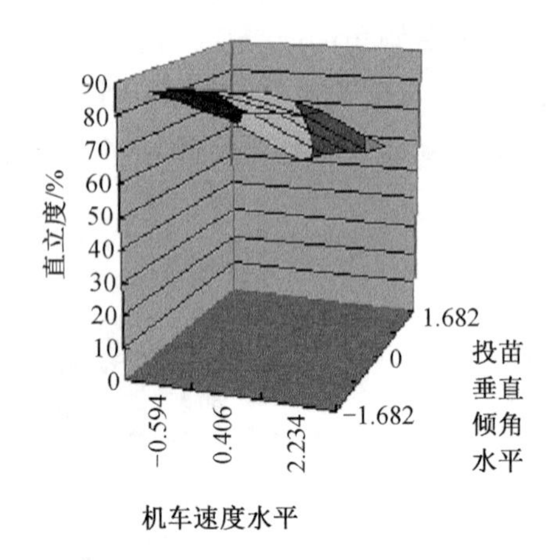

图 7-20　机车速度与投苗垂直倾角交互作用下对直立度的影响

由此可得出本次试验中各回归系数方差比和贡献度为

$F(1)=23.879$　　　　$\delta_1=0.958$

$F(2)=27.716$　　　　$\delta_2=0.963$

$F(33)=24.755$　　　　$\delta_{33}=0.959$

其余项的 δ 值为 0,由此可得到各因素的贡献率分别为 $\delta_1=0.958$,$\delta_2=0.963$,$\delta_3=0.959$。因此,秧箱水平倾角 Z_1、投苗垂直倾角 Z_2、机车速度 Z_3 对直立度作用的大小顺序是 $\Delta_2>\Delta_3>\Delta_1$,即投苗垂直倾角 > 机车速度 > 秧箱水平倾角。

7.2.3　MATLAB 参数优化

MATLAB 语言是一种广泛应用于工程计算及数值分析领域的新型高级语言,自 1984 年由美国 Math Works 公司推向市场以来,历经多年发展与竞争,现已成为国际公认的最优秀的工程应用开发软件。MATLAB 功能强大、简单易学、编程效率高,深受广大科技工作者的欢迎。其主要功能有数值分析、工程与科学绘图、通信系统与控制系统的设计及仿真、数字图像处理等。MATLAB 中还拥有包含数百个内部函数的主包和三十几种工具包,本章应用的就是工具包中的 Optimization Box 优化工具箱,来对目标函数求取最优解。

优化工具箱中的 fmincon 函数提供了大型优化算法和中型优化算法,优化需要用其来编写目标函数及执行条件的语言代码,方法如下。

步骤 1　新建目标函数的 M 文件,命名为 fun1. m,编写返回 x 的函数 f。

```
function f = fun1(x)
```

$$f=10.816x_1+4.38x_2+5.783x_3^2$$

步骤 2　新建另外一个 M 文件,默认名称即可,编写目标函数约束及主程序执行代码。

```
x0 =[x;x;x];              初始值
A =[];b =[];不等式系数矩阵及约束
Aeq =[x x x;x x x;];beq =[];等式系数矩阵及约束
vlb =[];vub =[];变量上下限
[x,fval] = fmincon( fun1',x0,A,b,Aeq,beq,vlb,vub)
```

步骤3 主程序编写完成后,执行优化运算。

命令窗口 Commad Window 得出如下结果:

```
Optimization terminated: first - order optimality measure less than options.Tol
Fun and maximum constraint violation is less than options. Tol Con. Active
inequalities(to within options.Tol Con = 1e-006):
lower     upper     ineqlin    ineqnonlin
1         3
2
3
x = -1.6820; -1.6820;1.6820
fval = -9.1988
```

经过编码转换公式转换为真实值:

$$x_j = x_{0j} + r^* \Delta$$

在秧箱水平倾角为 22.5°、投苗垂直倾角为 13.14°、机车速度为 0.57 m/s 的条件下,玉米植质钵苗的直立度为 89.64%。

7.3 供苗机构试验验证

本章对二次正交旋转试验数据分析处理得到的各因素对直立度影响程度以及最优参数组合下对直立度的影响做了进一步试验分析,验证玉米植质钵育移栽机供苗机构在移栽作业中,主要参数对直立度影响与数据处理结果的拟合度。试验过程如图 7-21 所示。

图 7-21 试验过程

7.3.1 各因素对直立度影响程度的验证

1. 投苗垂直倾角对直立度的影响程度

试验中，令秧箱水平倾角和机车速度处于0水平参数，调节投苗垂直倾角参数处于0水平和-1水平，同一条件做三组试验，统计钵苗直立度，分析直立度变化显著程度。试验方案见表7-8。

表7-8 验证试验方案(一)

No.	投苗垂直倾角水平	秧箱水平倾角水平	机车速度水平	直立度/%	平均值/%	差值Δ_1
1	0	0	0	80.74	83.64	8.7
2	0	0	0	83.85		
3	0	0	0	86.33		
4	-1	0	0	74.53	74.94	
5	-1	0	0	77.01		
6	-1	0	0	73.29		

2. 机车速度对直立度的影响程度

令投苗垂直倾角和秧箱水平倾角参数处于0水平，调节机车速度处于0水平和-1水平，分别进行多组试验，同一条件做三组试验，统计钵苗直立度，分析直立度变化的显著程度。试验方案见表7-9。

表7-9 验证试验方案(二)

No.	投苗垂直倾角水平	秧箱水平倾角水平	机车速度水平	直立度/%	平均值/%	差值Δ_1
1	0	0	0	82.60	82.19	6.07
2	0	0	0	80.12		
3	0	0	0	83.85		
4	0	0	-1	76.39	76.12	
5	0	0	-1	77.63		
6	0	0	-1	74.35		

3. 秧箱水平倾角对直立度的影响程度

令投苗垂直倾角和机车速度参数处于0水平，调节秧箱水平倾角处于0水平和-1水平，分别进行多组试验，同一条件做三组试验，统计钵苗直立度，分析直立度变化的显著程度。试验方案见表7-10。

表 7-10 验证试验方案(三)

No.	投苗垂直倾角水平	秧箱水平倾角水平	机车速度水平	直立度/%	平均值/%	差值 Δ_1
1	0	0	0	80.14	81.56	5.44
2	0	0	0	81.56		
3	0	0	0	82.97		
4	0	-1	0	78.04	76.12	
5	0	-1	0	73.04		
6	0	-1	0	77.30		

综合分析,$\Delta_1(8.7) > \Delta_2(6.07) > \Delta_3(5.44)$,由此可知当机车速度、秧箱水平倾角两个因素固定不变时,调节变动投苗垂直倾角对钵苗直立度的影响程度较大,移栽时钵苗的倒伏率明显增加;其次是机车速度,最后是秧箱水平倾角。因此得出结论:对于钵苗直立度的影响程度,投苗垂直倾角 > 机车速度 > 秧箱水平倾角。这与数据分析的结果相符。

7.3.2 最佳参数组合试验验证直立度

上一节数据处理中,通过 MATLAB 软件优化,获得了较高直立度的参数最优解,为了检验理论上数据优化分析的准确性进行验证性试验。试验用玉米植质钵苗的种子采用“先育335”,最佳移栽苗龄为 38 d,钵苗生长到 3 叶 1 芯到 4 叶 1 芯,平均株高在 184 mm 左右。由于试验过程中钵苗的直立度还会受到土壤条件、钵苗的生长状况、钵盘湿度等因素的干扰,在优化后的组合参数条件下(表 7-11),测得玉米钵苗移栽直立度约为 83.6%,与优化结果的相对误差小于 10%,在允许范围内,因此优化结果可靠。

表 7-11 验证试验方案(四)

No.	投苗垂直倾角/(°)	秧箱水平倾角/(°)	机车速度/(m/s)	直立度/%	平均值/%
1	13.14	22.5	0.57	82.32	83.6
2	13.14	22.5	0.57	85.08	
3	13.14	22.5	0.57	83.42	

7.4 本章小结

(1)根据玉米植质钵育秧盘的物理性状及玉米移栽农艺要求,结合机构运动特点,确定了玉米钵育移栽机横向、纵向供苗机构中螺旋轴、滑块、拨叉棘轮等零部件的各项机构参数。

(2)通过三因素二次回归旋转组合设计的试验方法,对本书所设计的玉米植质钵育移栽机供苗机构的主要参数在不同土壤条件下对玉米钵苗直立度的影响进行了分析,通过SPSS 软件对采集的数据进行分析,建立了影响因素和目标值之间的数学模型,通过单因素和两因素交互作用的图文分析,得出各因素对直立度的影响程度为投苗垂直倾角 > 机车速度 > 秧箱水平倾角。并用 MATLAB 对回归方程进行优化求得最优解,确定了玉米植质钵育移栽机供苗机构最佳参数组合:秧箱水平倾角为 22.5°,投苗垂直倾角为 13.14°,机车速度为 0.57 m/s。通过大量的试验,找出了影响移栽质量的其他因素,包括取苗间歇性、土壤条件、钵苗生长状况、移栽时钵盘湿度等。

(3)经验试验验证,影响直立度的各因素的主次顺序为投苗垂直倾角 > 机车速度 > 秧箱水平倾角;最佳参数组合为秧箱水平倾角为 22.5°,投苗垂直倾角为 13.14°,机车速度为 0.57 m/s。这与理论分析结果相符,所得的性能指标均能满足玉米植质钵育移栽机供苗机构技术要求。

第8章　玉米植质钵育栽植机

8.1　玉米植质钵育秧盘的破坏试验

8.1.1　试验设计

1. 试验目的

利用植质钵育秧盘进行育苗移栽与传统秧盘的不同点在于取苗过程中需要完成对钵盘的切割破坏，为了找出不同的破坏方式对钵盘破坏效果的影响，本章对钵盘以弯曲和剪切的方式进行破坏，为找出最佳的破坏方式提供理论基础。

2. 试验仪器设备

(1) WDW－1 微机控制电子万能试验机

WDW－1 微机控制电子万能试验机(图8－1)通过计算机中的控制软件操控试验台恒速上升、下降动作，完成试样压缩、剪切等力学性能试验；可自动求取材料的拉伸强度、弯曲强度、屈服强度、伸长率、弹性模量，求取最大值，并能自动打印力－时间、力－位移曲线及试验结果报告；对试验结果自动存储，试验结果可任意存取，随时模拟再现。其技术参数见表8－1。

图8－1　WDW－1 微机控制电子万能试验机

表 8-1　WDW-1 微机控制电子万能试验机技术参数

技术参数	数值
最大试验力	1 000 N
试验力准确度	优于 ±1%
位移分辨率	0.01 mm
位移测量准确度	优于 ±1%
压缩行程	600 mm 或 1 000 mm(可选)
位移速度控制范围	1~500 mm/min
位移速度控制精度	优于 ±1%
试验机级别	优于 1 级
变形示值误差	$\leqslant \pm(50+0.15L)$

(2)秧盘破坏装置

图 8-2 和图 8-3 分别为安装在试验台上的弯曲破坏和剪切破坏装置。弯曲破坏装置通过压块对待破坏钵块壁的上表面施加压力而完成对钵盘的破坏，剪切破坏装置则利用刀刃对钵块进行剪切破坏。

图 8-2　弯曲破坏装置

图 8-3　剪切破坏装置

3. 试验材料

根据玉米育苗的农艺要求，结合实际情况，设计加工了如图 8-4 所示的玉米植质钵育秧盘，钵盘外形尺寸参数见表 8-2。考虑应保证其在育苗和移栽过程中强度能够满足移栽要求和降低钵苗进给难度的需要，钵盘选取了合理的外形尺寸并采用单排六连钵结构。

4. 试验评价标准

将完成破坏所需最大力和钵盘完成破坏的规则度作为评价破坏效果的指标。所需力峰值越小，完成破坏的单钵越规则说明破坏效果越好。

图 8-4 玉米植质钵育秧盘

表 8-2 玉米植质钵育秧盘外形尺寸参数

名称	数值
整体尺寸(长×宽×高)	276 mm×42 mm×35 mm
单钵尺寸(长×宽×高)	42 mm×35 mm×32 mm
壁厚	3.5 mm
穴数	6个
排数	单排

8.1.2 破坏方式及原理

分别对空钵盘和加土钵盘以弯曲和剪切两种方式进行破坏。

1. 玉米植质钵育秧盘弯曲破坏原理

进行玉米植质钵育秧盘的弯曲破坏试验时，首先将玉米植质钵育秧盘固定在平台上，待破坏的钵块悬于平台之外。破坏装置对钵盘施加压力时，处于平台上的钵盘不受力，悬空的钵块受力可等同于受均布荷载的悬臂梁，如图8-5所示。根据梁的弯曲受力分析可得出悬空钵块任意截面上的剪力和弯矩方程：

$$F(x)=qx(0\leqslant x<l) \tag{8-1}$$

$$M(x)=-\frac{qx^2}{2}(0\leqslant x<l) \tag{8-2}$$

由上述公式可得在钵盘 A 点纵向截面处，即平台边缘与悬空钵块的接触点处的截面有最大剪力 $F_{max}=ql$ 和最大弯矩 $M_{max}=ql^2/2$，由此可知钵盘 A 点处截面为危险截面。图8-6和图8-7分别为悬空钵块剪力示意图和悬空钵块弯矩示意图。

钵盘在任意截面的弯曲正应力为

$$\sigma=\frac{M_x}{W_z} \tag{8-3}$$

式中 M_x——坐标为 x 的截面的弯矩；

W_z——弯曲截面系数，其值与横截面的形状和尺寸有关。

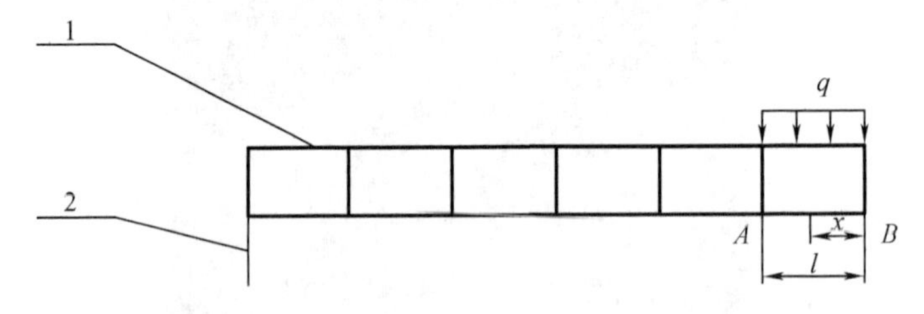

1—钵盘；2—平台。

图 8-5 钵盘弯曲破坏试验示意图

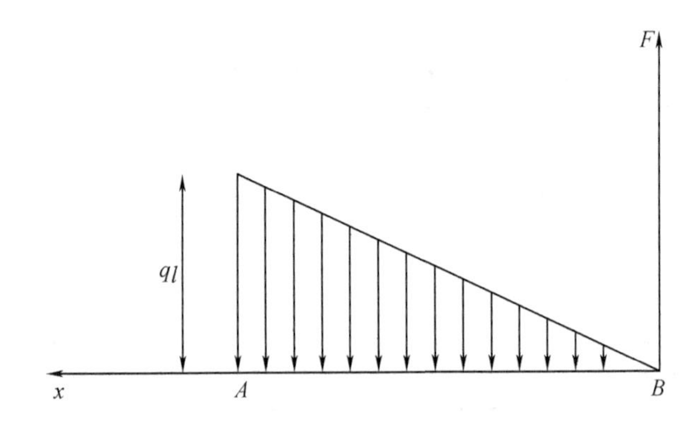

图 8-6 悬空钵块剪力示意图

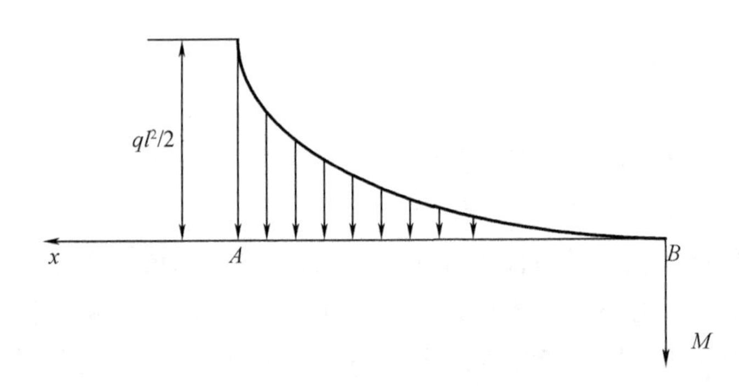

图 8-7 悬空钵块弯矩示意图

由于待破坏钵块任一点处的横截面可认为皆相同，所以钵块的弯曲横截面系数 W_z 可设为一定值。假设钵盘任意界面的正应力大于[σ]后钵盘发生断裂，由对悬空钵块的剪力和弯矩分析可知 A 点处危险截面应首先达到破坏正应力[σ]而发生断裂，进而完成钵盘的破坏。

2. 玉米植质钵育秧盘剪切破坏原理

对玉米植质钵育秧盘进行剪切试验（图 8-8）时，钵盘的放置方法与钵盘弯曲破坏试验一致。剪切破坏装置对钵盘 A 点截面进行切割过程中由于剪切装置的所有压力都集中在 A 点截面处，因此在剪切装置和钵盘的接触点会产生应力集中现象，使接触点处的应力快速达到破坏正应力[σ]，使得剪切破坏装置与钵盘在接触点处发生断裂，进而完成钵盘的破坏。

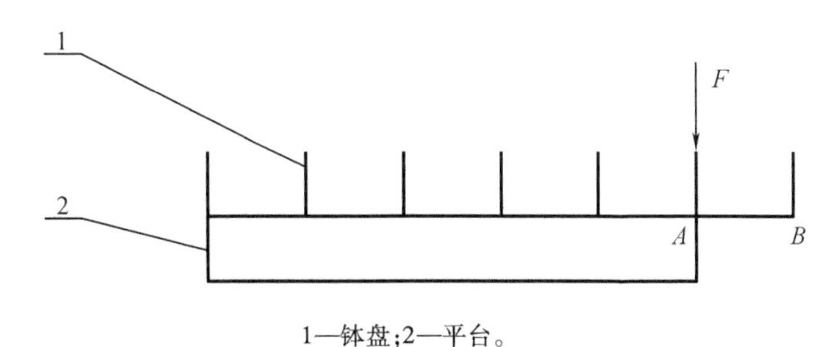

1—钵盘;2—平台。

图 8-8 钵盘剪切试验示意图

8.1.3 试验结果与分析

1. 空钵盘破坏试验结果分析

由试验结果(图 8-9)得出弯曲方式破坏钵盘所需破坏力的极值为 600 ~ 900 N,从钵盘上脱离的钵块不规整;剪切方式破坏钵盘所需破坏力的极值为 400 ~ 600 N,从钵盘上脱离的钵块较规整。破坏力在破坏装置与钵盘发生接触后相对位移为 3 ~ 5 mm 达到极值,随后钵盘破坏所需力急剧下降,直至破坏动作完成。

由弯曲破坏原理可知,在弯曲力的作用下,钵盘内部应力达到钵盘破坏强度值,从而导致钵盘断裂。但由于在实际当中钵盘各个部分的破坏强度[σ]并不完全一致,在加载过程中随着钵盘内部应力的不断增加,破坏点出现在最先达到自身破坏强度的部分,而不是最大应力部分,这就导致钵盘不能从理论上推导的位置断裂,而是根据钵盘自身的强度在随机位置发生断裂,因而不能保证完成破坏后从钵盘上脱离下规整的钵块。

剪切破坏方式为切刀利用应力集中原理直接对钵盘受力点位置进行结构破坏,使该位置破坏,强度迅速减小,继而完成对该点的破坏。因为提前对受力点结构进行破坏,该受力点强度降低且明显小于钵盘其他部分的破坏强度,这也使得其最大破坏应力小于弯曲方式最大破坏力。

由此可得出在对空钵盘进行的破坏试验中,剪切破坏方式所达到的最大破坏力小于弯曲破坏方式所达到的最大破坏力;剪切破坏方式所得到的钵块的完整度要高于弯曲破坏方式所得到钵块的完整度。

2. 装土钵盘破坏试验结果分析

由装土钵盘弯曲破坏所得到的位移-受力曲线与空钵盘破坏试验相比没有太大变化;剪切破坏试验所得最大破坏力要远低于空钵盘破坏试验,而且不同于空钵盘破坏试验中破坏力快速达到峰值,且峰值停留时间短的特点,装土钵盘破坏试验中破坏力缓慢达到峰值后有一段时间的停留才会缓慢衰减(图 8-10)。

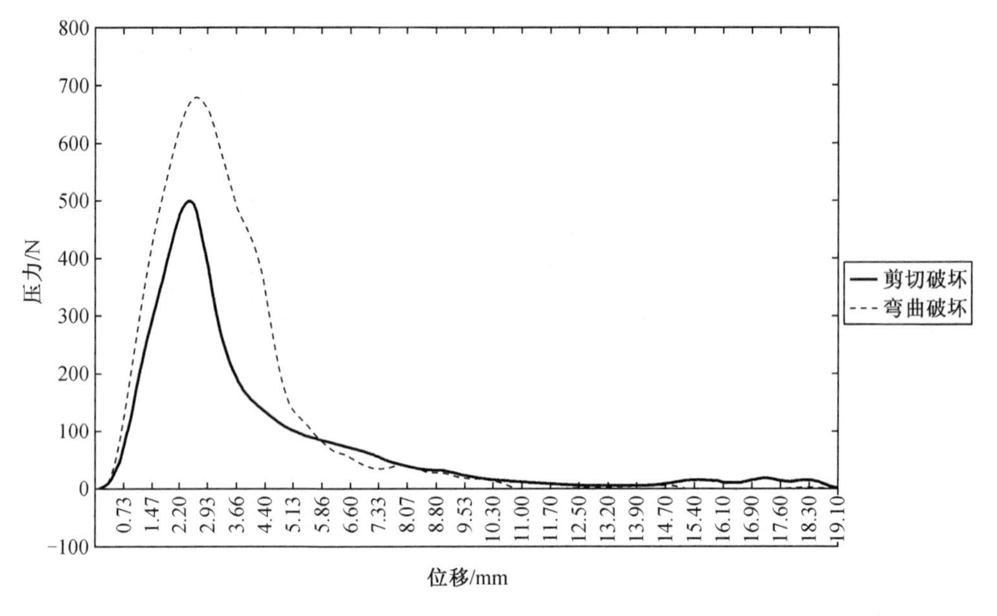

图 8－9　空钵盘破坏试验数据

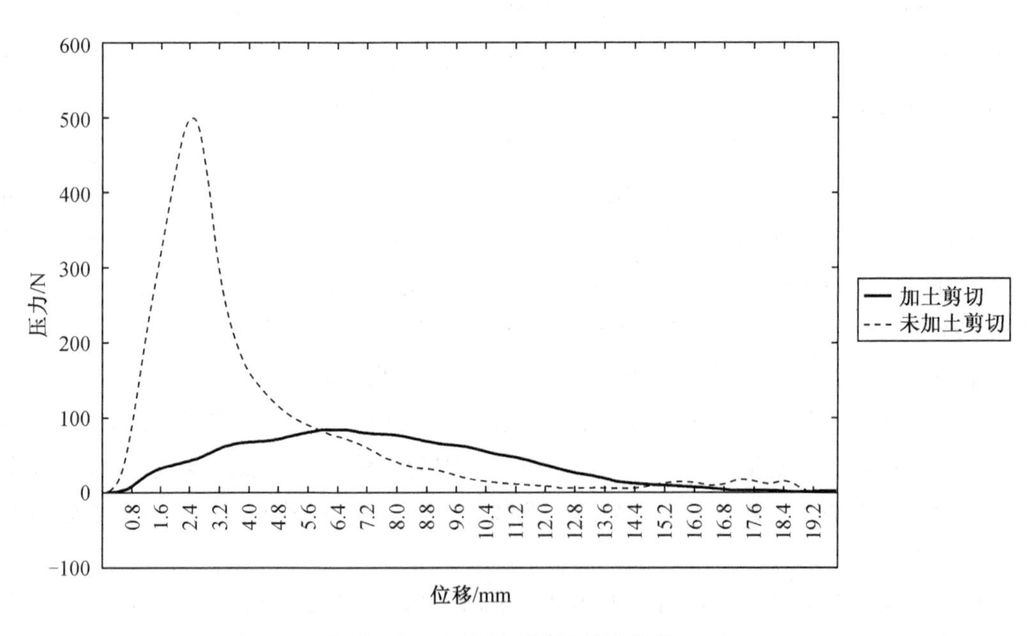

图 8－10　加土钵盘破坏试验数据

由上述试验现象分析可知，装土钵盘中的弯曲破坏方式机理与空钵盘破坏方式机理无太大差别。装土钵盘中的剪切破坏方式由于切刀中部在对钵盘的破坏过程中受到钵盘中的土壤的阻力，而使破坏方式由纯剪切破坏转变为剪切和弯曲相结合的破坏方式。其原理为首先刀刃使钵盘产生裂纹，刀刃与土接触后在接触点对钵盘施压，利用弯矩对刀刃的破坏点完成破坏，由于施压点与破坏点距离较近，因此破坏时间相对较长，使得其不会瞬间破坏钵盘，而是在峰值附近停留一段时间再发生破坏。

8.1.4 取苗机构设计原理

由剪切破坏试验中的位移 - 受力曲线可得，在破坏装置与钵盘发生接触后，在向下移动距离达到 3 ~ 5 mm 后破坏力达到峰值，随后破坏力逐渐减弱直至破坏完成，钵块从钵盘上脱离。由此可采取首先将钵盘的破坏点切割出小口，使破坏点强度降低，随后利用弯曲破坏方式完成钵盘的破坏的取苗方式。经试验验证，采取这种方式对钵盘进行破坏，能够得到较小的破坏力峰值，破坏时间短，且从钵盘上脱离的钵块具有较好的完整度。

根据试验结果设计了如图 8 - 11 所示的取苗机构，该取苗机构的工作原理为利用前端刀刃使钵盘产生裂痕，使其破坏点强度降低，随后利用压板对钵盘侧壁的弯曲力完成对钵盘的破坏。取苗机构两侧护板对完成破坏的钵块起到护持的作用。

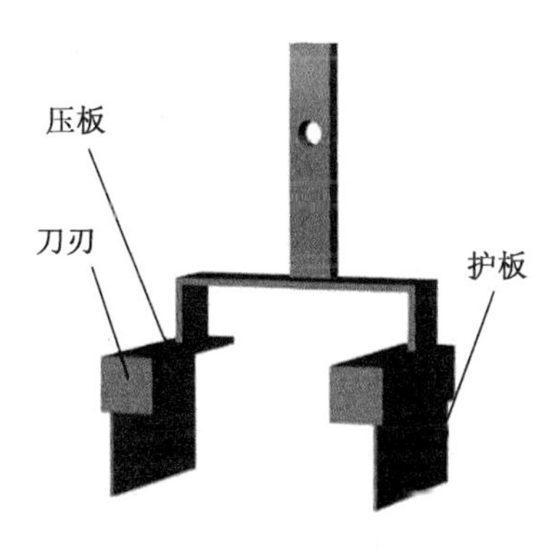

图 8 - 11 取苗机构三维模型

8.2 行星齿轮栽植机构的设计与运动学分析

8.2.1 设计思路的形成

玉米植质钵育秧盘能够被直接破坏的这一特点与水稻插秧中的毯状苗极其相似，在水稻插秧作业中根据水稻毯状苗能够直接由栽植机构移栽到田里的这一特性，相关人员研制开发了高速水稻插秧机，使栽植机构可一次完成取苗和插秧的动作，实现了移栽的自动化和高速插秧。由于水稻插秧的特殊要求，栽植机构上取秧的秧针完成插秧过程的静轨迹为"腰子形"，这使得秧苗在栽植过程中速度和加速度变化剧烈，这对直接插入泥土中的水稻移栽质量不会产生太大影响，但对于首先需要放入开好的沟内，然后再覆土的玉米钵苗移栽来说,会造成钵苗落地的不稳定,进而影响玉米钵苗的移栽质量。

在旱地移栽中余摆线轨迹被广泛应用于各种栽植器中,并且取得了很好的移栽效果,该轨迹由圆周运动和直线运动合成,简单、稳定,在移栽过程中能够实现“零速投苗”,有利于投苗的稳定性。

根据玉米植质钵苗的特性,借鉴水稻高速插秧机栽植机构和旱地栽植机构的轨迹特点,依据玉米钵苗移栽的实际情况,本课题组设计出了一种行星齿轮式栽植机构。该机构采用了常见的行星齿轮机构,结构简单,通过一定条件约束使栽植机构的取苗机构在完成钵苗移栽过程中实现余摆线轨迹;能够一次性完成玉米钵苗的取苗、送苗和投苗动作,有利于实现玉米钵苗的全自动化移栽。

8.2.2 行星齿轮栽植机构的结构组成和工作原理

设计出的适用于玉米植质钵育秧盘的行星齿轮式栽植机构如图 8-12 所示,共 5 个齿轮,呈对称分布。中间齿轮为太阳轮,和太阳轮相啮合的为中间齿轮,两端齿轮为行星齿轮。太阳轮和行星齿轮为等直径齿轮,中间齿轮直径可根据实际情况在一定范围内调整。

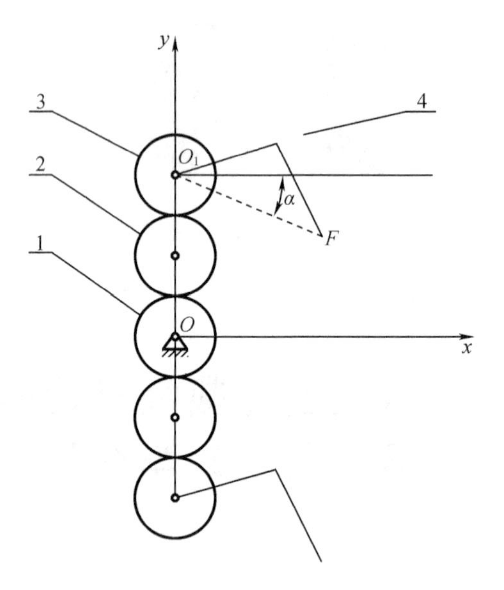

1—太阳轮;2—中间齿轮;3—行星齿轮;4—栽植臂。

图 8-12 玉米栽植机构示意图

栽植臂固定在行星齿轮上,栽植臂上的根据钵盘破坏试验结果设计的取苗机构如图 8-11所示,两侧护板与压板所形成的空间比单体钵的体积稍大,压板用于完成对钵盘的破坏,同时应保证不能与玉米秧苗发生干涉,护板具有一定的弹性,与导轨配合能实现送苗与投苗动作。

工作过程中,太阳轮在机架上固定不动,中间齿轮和行星齿轮的运动轨迹为在行星架的带动下绕太阳轮中心做圆周运动的同时由于齿轮的相互啮合作用绕自身中心做圆周运动。固定在行星齿轮上的栽植臂的绝对运动为绕太阳轮中心的圆周运动、自身的匀速转动以及机车前进速度的合成。当绕太阳轮中心的角速度与机车前进速度满足一定关系时，栽植臂的运动轨迹为余摆线，且自身始终保持平动。栽植臂上的取苗机构相对于放置钵盘的秧箱做匀速圆周运动，并利用压板相对于钵盘在垂直方向上的运动，完成对钵盘的破坏。取苗机构的两侧护板在导轨的约束作用下发生弹性形变，夹紧从钵盘上脱离的单钵，与导轨配合完成送苗动作。当失去导轨的约束后，护板自动打开完成投苗动作，玉米钵苗依靠自身重力落入已经开好的沟内。栽植机构旋转一周可完成1~2次移栽动作。

8.2.3 行星齿轮栽植机构的运动学分析

假定机车以匀速 V 向前做直线运动，栽植机构的行星架以角速度 ω 做匀速圆周运动。行星齿轮中心与太阳轮中心的距离为 R。则太阳轮中心为行星齿轮中心的回转中心，太阳轮中心距行星齿轮中心的距离 R 为回转半径。

1.行星齿轮中心的运动学分析

坐标系以太阳轮中心为原点，机车前进方向为 X 轴，垂直于前进方向为 Y 轴。

行星齿轮中心相对于机车的静轨迹为

$$\begin{cases} x_0 = R\sin \omega t \\ y_0 = R\cos \omega t \end{cases} \tag{8-4}$$

式中 ω——栽植器的角速度；

R——回转半径。

$$\omega t = \theta \tag{8-5}$$

式中 θ——运动轨迹相位角。

由此可知，行星齿轮中心的静轨迹为如图8-13所示的以 R 为半径的圆。

行星齿轮中心的相对速度：

$$\begin{cases} v_{0x} = \omega R\cos \omega t \\ v_{0y} = -\omega R\sin \omega t \end{cases} \tag{8-6}$$

行星齿轮中心的相对加速度：

$$\begin{cases} a_{0x} = -\omega^2 R\sin \omega t \\ a_{0y} = -\omega^2 R\cos \omega t \end{cases} \tag{8-7}$$

由此可得行星齿轮中心相对加速度为

$$a_0 = \omega^2 R \tag{8-8}$$

a_0方向始终指向回转中心。

行星齿轮中心相对于地面的动轨迹如图8-13所示。

其动轨迹方程为

$$\begin{cases} x_x = vt + R\sin \omega t \\ y_x = R\cos \omega t \end{cases} \tag{8-9}$$

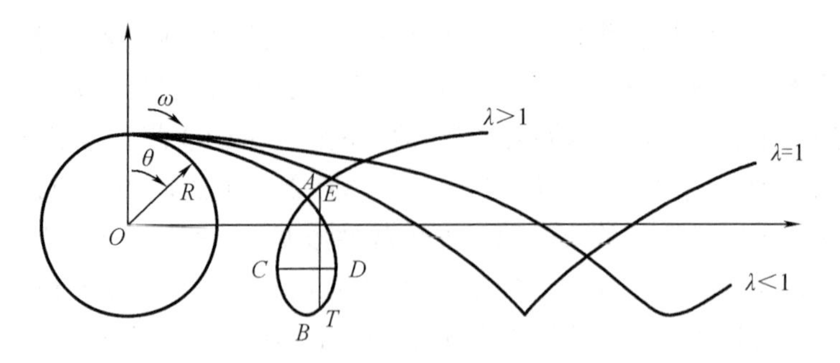

图 8－13 行星齿轮中心动轨迹

行星齿轮中心的速度为

$$\begin{cases} v_{xx} = v + \omega R\cos\ \omega t \\ v_{xy} = -\omega R\sin\ \omega t \end{cases} \tag{8-10}$$

行星齿轮中心的加速度为

$$\begin{cases} a_{xx} = -\omega^2 R\sin\ \omega t \\ a_{xy} = -\omega^2 R\cos\ \omega t \end{cases} \tag{8-11}$$

特征参数 $\lambda = R\omega/v$，当 $\lambda > 1$ 时，轨迹曲线为余摆线；当 $\lambda = 1$ 时，轨迹曲线为摆线；当 $\lambda < 1$ 时，轨迹曲线为短摆线。

当运动轨迹曲线为余摆线时，放置秧苗的秧箱位于栽植机构的前方，栽植方式为前插式。栽植臂完成抛秧动作后需跃过推出的秧苗，这种情况下就需要考虑栽植臂在跃过秧苗过程中是否与秧苗发生干涉。推秧时秧刀运动方向与机车前进方向相反，有利于实现“零速投苗”，保持秧苗落地的稳定性。

当运动轨迹曲线为短摆线时放置秧苗的秧箱位于栽植器的后方，栽植方式为后插式。采用这种方式进行栽植时栽植臂无须跃过秧苗，栽植臂与秧苗的干涉问题与余摆线轨迹相比较为简单，且有利于减小栽植器的回转半径。但由于秧箱处于投出秧苗的后方，因此需要考虑秧箱与秧苗的干涉问题。投苗时取苗机构运动方向与机车前进方向一致，无法实现“零速投苗”，不利于秧苗落地的稳定性。

所以，在综合分析传统旱地移栽机栽植机构的运动轨迹的基础上，本书选择了余摆线轨迹的运动方式。

2. 取苗机构的运动学分析

由行星齿轮机构的工作原理可知，太阳轮、中间齿轮和行星齿轮相互啮合，太阳轮为固定齿轮。假设它们的半径分别为 r_1、r_2、r_3，且有 $r_1 = r_3$。行星架以 ω 绕太阳轮中心做匀速转动，各齿轮相对角速度分别为 ω_{tr}、ω_{zr}、ω_{xr}，则由

$$\omega_a = \omega_e + \omega_r \tag{8-12}$$

式中 ω_a——绝对角速度；

ω_e——牵连角速度；

ω_r——相对角速度。

可得

$$\begin{cases}\omega_t = \omega + \omega_{tr} \\ \omega_z = \omega + \omega_{zr} \\ \omega_x = \omega + \omega_{xr}\end{cases} \tag{8-13}$$

式中 ω_{tr}——太阳轮相对角速度；

ω_{zr}—— 中间齿轮相对角速度；

ω_{xr}——行星齿轮相对角速度。

定轴系的传动比为

$$\begin{cases}\dfrac{\omega_{zr}}{\omega_{tr}} = -\dfrac{r_1}{r_2} \\ \dfrac{\omega_{xr}}{\omega_{zr}} = -\dfrac{r_2}{r_3}\end{cases} \tag{8-14}$$

由于太阳轮固定，因此有 $\omega_t = 0$。

解上述方程组可得中间齿轮和行星齿轮的相对角速度：

$$\begin{cases}\omega_{zr} = \dfrac{r_1}{r_2}\omega \\ \omega_{xr} = -\omega\end{cases} \tag{8-15}$$

它们的绝对角速度为

$$\begin{cases}\omega_z = \dfrac{r_1 + r_2}{r_2}\omega \\ \omega_x = 0\end{cases} \tag{8-16}$$

由此可知行星齿轮及与其固结的栽植臂上的取苗机构角速度为零，始终保持平动。

栽植臂始终保持平动，行星齿轮中心 O_1 点和取秧机构上任一点 F 的连线与水平线的夹角 α 为一常数（图 8-12），则取苗机构上任一点 F 动轨迹为

$$\begin{cases}x_F = L\cos\alpha + vt + R\sin\omega t \\ y_F = L\sin\alpha + R\cos\omega t\end{cases} \tag{8-17}$$

式中 L——O 点距 F 点距离。

F 点速度为

$$\begin{cases}v_{Fx} = v + \omega R\cos\omega t \\ v_{Fy} = -\omega R\sin\omega t\end{cases} \tag{8-18}$$

F 点加速度为

$$\begin{cases}a_{Fx} = -\omega^2 R\sin\omega t \\ a_{Fy} = -\omega^2 R\cos\omega t\end{cases} \tag{8-19}$$

则有

$$a_F = \omega^2 R \tag{8-20}$$

a_F方向始终由点 F 指向太阳轮中心。

8.2.4 行星齿轮栽植机构的优缺点

行星齿轮栽植机构依据玉米植质钵育秧盘的物料特性的同时借鉴了水稻高速插秧机栽植机构实现全自动化移栽的经验,并考虑了旱地移栽作业中对移栽机栽植机构的特殊要求,其具备以下优点。

1. 能够实现"零速投苗"

在旱地移栽中,由于向前运动的机车在钵苗落地过程中使钵苗具有向前的惯性和钵苗覆土的滞后性,使得钵苗在落地后具有前倾的趋势和运动,且覆土作业同样会给钵苗一个向前的力,这使得钵苗易产生向前的倒伏,影响钵苗移栽的直立度。行星齿轮栽植机构的取苗机构在运动过程中由于绕太阳轮中心做圆周运动会使钵苗在投苗瞬间具有和机车前进方向相反的横向速度,进而抵消机车的前进速度并可使钵苗具有后倾的趋势,消除覆土作业对钵苗直立度的影响,从而达到旱地移栽中的"零速投苗"的要求,提高移栽质量。

2. 取苗机构始终保持平动,有利于保持秧苗落地稳定性

由对取苗机构的运动分析可知,取苗机构角速度、角加速度始终为零,这样钵苗在落地过程中不会由于投苗位置的不同而使稳定性受到影响,这一特性同样使得提高移栽速度不会对钵苗落地的稳定性产生较大影响,更有利于实现高速移栽。

3. 栽植机构结构参数和工作参数较少,规律性强,便于对机构进行结构优化和运动学分析

经过栽植机构的运动学分析可知,栽植机构的结构参数主要有回转半径 R、栽植臂各点与行星齿轮中心的相对位置,工作参数主要有机车前进速度 V 和栽植机构的角速度 ω。取苗机构各点运动轨迹与行星齿轮的运动轨迹相同且只受回转半径 R 与角速度 ω 的影响,只是由于与行星齿轮中心相对位置的不同而产生轨迹坐标的不同。由于玉米钵苗移栽过程中钵苗的株距为定值,当栽植机构的回转半径 R 确定后,V/ω 也是一个常数。栽植机构结构参数和工作参数的以上特性,使得对机构结构的优化和运动学分析相对简单。

4. 栽植机构结构简单,性能稳定,造价低

行星齿轮栽植机构的主要零件为组成行星齿轮机构的普通齿轮、行星架和取苗机构,其结构简单,性能稳定,加工成本较低,有利于在农业生产中推广。

5. 取苗机构角度易于调整

由于行星齿轮机构采用普通的圆形齿轮,齿轮和齿轮的啮合位置可随意变动,这就可以通过调整太阳轮与中间齿轮或行星齿轮与中间齿轮的相对啮合位置达到改变取苗机构与地面夹角的角度进而改变钵苗投苗角度的目的。角度调整的范围由行星齿轮和太阳轮的齿数决定,每调节相邻一个齿的相对位置,取苗机构转动角度为 $2\pi/z$(z 为太阳轮齿数),可以在试验和移栽作业中根据实际需要适当改变取苗机构的角度,达到投苗角度调整。

6. 易于实现多功能旱地移栽机

行星齿轮栽植机构的运动轨迹为余摆线,易于实现结构参数和工作参数的调整,只需根据不同作物的株高和株距,适当调整栽植机构的结构参数和工作参数,即可达到对不同

作物的移栽要求。在玉米钵苗移栽试验中取得成功后,很容易将此栽植机构应用到其他旱地作物的钵苗移栽中去。

8.3 行星齿轮栽植机构的优化

8.3.1 优化设计技术及软件平台

1. 优化设计技术

优化设计技术是从多种方案中选择最佳方案来寻找理想的优化结果的设计方法。它以数学中的最优化理论为基础,以计算机为手段,根据设计所追求的性能目标,建立目标函数,在满足给定的各种约束条件下,寻求最优结果的设计方案。机械优化设计中包含许多设计参数,在确定设计变量时,要对各种参数加以分析,以进行取舍。建立目标函数,并将影响性能最显著的指标引入目标函数中。

优化设计有以下几个步骤:①建立数学模型。②选择最优化算法。③程序设计。④制定目标要求。⑤计算机自动筛选最优设计方案等。通常采用的最优化算法是逐步逼近法。

2. Visual Basic 程序设计语言

Visual Basic(VB)是 Microsoft 公司推出的可视化开发工具,是一种基于 Windows 操作系统的新型的现代程序设计语言,是一种易于学习、功能强、效率高的编程工具。它还有丰富的图形指令,可方便地绘制各种图形。其主要功能特点有:具有面对对象可视化的设计工具、事件驱动的编程机制、提供了易学易用的应用程序集成开发环境、结构化的程序设计语言。

8.3.2 优化参数的选取

取苗机构的动轨迹如图 8-13 所示。由于取苗机构为平动,钵盘的放置位置应在取苗机构的运动轨迹上,方向与取苗机构的运动方向保持垂直。由文献可知投苗最佳位置应处于余摆线轨迹 DB 之间。由取苗机构的运动轨迹可知,投苗后由于取苗机构有绕过钵苗的动作,所以应当考虑取苗机构与钵苗是否发生干涉的问题。由文献可知为了抵消机车前进速度和覆土作业所带来的钵苗前倾的惯性,通常秧苗与地面的夹角(以机车前进方向为正方向)应处于 90°~180°。由于取苗机构保持平动,秧苗与地面所成夹角始终不变,如需要调整角度,则在改变取苗机构与地面的夹角的同时钵盘的位置也要做相应调整。玉米钵苗的叶子具有一定的柔韧性不易损伤,但茎秆相对较脆,易受到损伤,而且取苗机构在投苗后与玉米秧苗发生干涉会降低秧苗的移栽质量,所以应根据玉米秧苗移栽的具体农艺要求和秧苗的外形特征对移栽作业中的动轨迹的参数 H(点 A 与点 B 的距离)和最大横弦值 S(点

C 与点 D 的距离)(图 8－13)以及取苗和投苗的位置、影响因素进行理论分析。

8.3.3 参数优化的数学理论

1. 参数 H 的优化

由余摆线性质可知其具有周期性、对称性。

假设取苗机构动轨迹交点 A 处相位角 θ 值为 θ_J 与 $2\pi-\theta_J(0<\theta_J<\pi)$，则由式(8－8)有

$$\begin{cases}\theta_J=\omega t_1\\2\pi-\theta_J=\omega t_2\end{cases}\tag{8-21}$$

即

$$\begin{cases}t_1=\dfrac{\theta_J}{\omega}\\t_2=\dfrac{2\pi-\theta_J}{\omega}\end{cases}\tag{8-22}$$

将上述关系代入式(8－9)，并令 $x_{\theta_J}=x_{2\pi-\theta_J}$，则有

$$\frac{v}{\omega}\theta_J+R\sin\theta_J=\frac{v}{\omega}(2\pi-\theta_J)+R\sin(2\pi-\theta_J)\tag{8-23}$$

即

$$R=\frac{v}{\omega}(\pi-\theta_J)\frac{1}{\sin\theta_J}\tag{8-24}$$

由于

$$\frac{\omega}{v}=\frac{\pi}{l}\tag{8-25}$$

式中 l——作物的株距。

即 ω/v 为常数，因此回转半径 R 值只与交点 A 处的相位角 θ_J 有关，且为 θ_J 的减函数。

由

$$H=y_{\theta_J}+R=R\cos\theta_J+R\geqslant h\tag{8-26}$$

式中 h——农作物株高上限。

可得 θ_J 与 H 的关系，如图 8－14 所示。

2. 最大横弦值 S 的优化

由式(8－5)和式(8－9)可得

$$x=\frac{v}{\omega}\theta+R\sin\theta\tag{8-27}$$

对 x 关于 θ 求导得

$$\frac{\mathrm{d}x}{\mathrm{d}\theta}=\frac{v}{\omega}+R\cos\theta\tag{8-28}$$

$$\theta_J<\theta<\pi$$

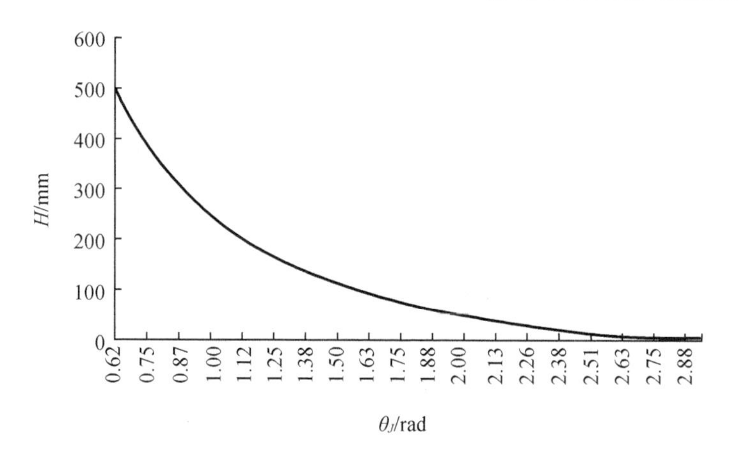

图8-14 H 随角 θ_J 的变化规律

当 $dx/d\theta=0$ 时有极值

$$\cos\theta_{\max}=-\frac{v}{\omega}\frac{1}{R} \tag{8-29}$$

即有

$$\theta_{\max}=\arccos\left(-\frac{v}{\omega}\frac{1}{R}\right) \tag{8-30}$$

$$\theta_J<\theta_{\max}<\pi$$

最大横弦值为

$$S=2\left(\frac{v}{\omega}\theta_{\max}+R\sin\theta_{\max}-l\right) \tag{8-31}$$

由此可得到与 R 值相应的 S 值，由式(8-31)可知 S 为 R 的增函数，所以当 S 值不满足要求时可适当调整 R 值。

3. 取苗点位置的选取及影响取苗质量的因素

取苗机构相对于钵盘做圆周运动，切割过程中应尽量满足垂直切钵，切割过程中钵盘和秧箱不发生相对移动，以及取苗机构不与秧苗和秧门发生干涉等。为此，钵盘应位于取苗机构轨迹的切线处，并应与取苗机构保持垂直。为了满足上述要求，切秧点应随着栽植臂与水平线夹角的变化而改变。

取苗机构的取苗轨迹如图8-15所示。假设钵盘的右侧壁上下两点在取苗轨迹上，秧苗处于钵的中心位置，钵的形心 O_1 距取苗轨迹最短距离为 D，取苗机构与秧苗茎秆的交点为 J，O_1J 的距离为 h_1，则有

$$h_1=\sqrt{R^2-(R-D)^2}=\sqrt{2RD-D^2} \tag{8-32}$$

由于玉米秧苗的叶子距根部有一段距离，h_1 足够小时取苗机构可避免与叶子发生干涉，h_1 越大，秧苗叶子越易受到损坏。由式(8-32)可知，当 D 为定值时，R 值越大，h_1 值越大。

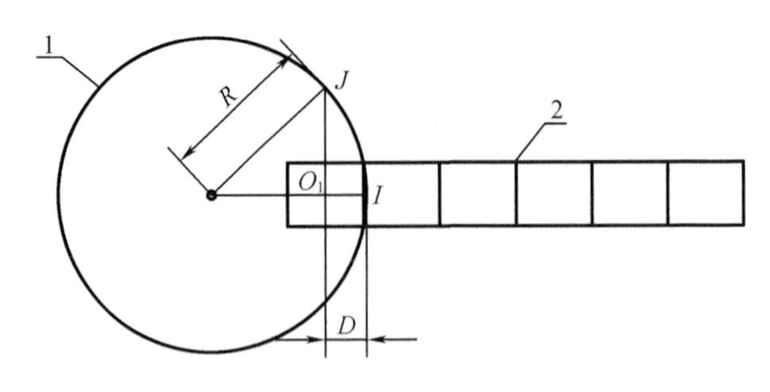

1—静轨迹;2—钵盘。

图 8 - 15　取苗机构的取苗(静)轨迹示意图

取苗机构的任一点 F 动轨迹方程为

$$\begin{cases} x_F = L\cos\alpha + vt + R\sin\alpha \\ y_F = L\sin\alpha + R\cos\alpha \end{cases} \tag{8-33}$$

4. 投秧点位置的选取及对投苗质量的影响

投苗点坐标距取苗机构跃过秧苗轴线的距离 L_{ET}(点 E 和点 T 的距离),取苗机构完成推秧后在最大横弦值处距秧苗轴线的距离 S_{CT}(点 C 和点 T 的横向坐标距离,图 8 - 13),以及秧苗投苗时的横向速度 v_{Tx},均会影响秧苗落地的稳定性。

最佳投苗点处于 DB 段(图 8 - 13),投苗点距离地面最佳距离应小于 60 mm,距离地面越近钵苗落地相对越稳定。假设将行星齿轮栽植机构投苗点距离地面最佳距离定为应小于 50 mm,由于取苗机构所形成的余摆线最低点 B 不应与地面发生接触,则应有

$$y_T - y_B = R(\cos\theta_T + 1) \leqslant 50\ \text{mm} \tag{8-34}$$

式中　θ_T——投苗点相位角。

由于 $\alpha < \theta_T < \pi$,$\cos\theta_T$ 为减函数,则可得到 θ_T 的最小值。当回转半径 R 一定时,投苗点相位角 θ_T 越小,取苗机构在最大横弦值处距离茎秆越远,越有利于避免取苗机构损伤钵苗;投苗点相位角 θ_T 越大,投苗点距离地面越近,越有利于钵苗落地的稳定性。

假设投苗后,秧苗瞬间落地,即秧苗落地横向坐标 $x_E = x_T$,投苗点距取苗机构跃过秧苗轴心线的距离 L_{ET} 越大,越有利于取苗机构跃过秧苗。由于存在 $x_E = x_T$,即有

$$l\cos\alpha + \frac{v}{\omega}\theta_E + R\sin\theta_E = l\cos\alpha + \frac{v}{\omega}\theta_T + R\sin\theta_T \tag{8-35}$$

简化得

$$\frac{v}{\omega}(\theta_E - \theta_T) = R(\sin\theta_T - \sin\theta_E) \tag{8-36}$$

则有

$$L_{ET} = y_E - y_T = R(\cos\theta_E - \cos\theta_T) \tag{8-37}$$

式(8 - 36)、式(8 - 37)同时平方相加得

$$L_{ET} = \sqrt{2R(1 - \cos(\theta_T - \theta_E)) - \left(\frac{v}{\omega}\right)^2(\theta_T - \theta_E)} \tag{8-38}$$

由此可得到不同回转半径投苗点的 L_{ET}。

取苗机构在最大横弦值处距离茎秆轴心的距离为

$$S_T = \frac{v}{\omega}(\theta_{\max} + \theta_T - \pi) + R(\sin\theta_{\max} + \sin\theta_T) - \frac{L}{2} \tag{8-39}$$

钵苗落地过程中与机车方向相反的横向速度,有助于钵苗栽植的稳定性。钵苗落地垂直方向的速度同样会影响秧苗落地的稳定性。假设钵苗在脱离取苗机构瞬间与取苗机构速度相等,由式(8-10)可得投苗点处钵苗速度为

$$\begin{cases} v_{Tx} = v + R\omega\cos\theta_T \\ v_{Ty} = -\omega R\sin\omega t \end{cases} \tag{8-40}$$

综合分析上述约束条件,通过理论分析找到最佳投苗点,可用于指导试验。

8.3.4 优化软件的开发与参数优化的实现

根据以上的数学优化模型,利用 VB 编程语言,编写了余摆线运动轨迹的优化程序。

1. 优化数学模型的建立

由取苗机构的运动学分析可知,决定取苗机构运动轨迹的主要参数有栽植机构的回转半径 R、机车前进速度 V 与栽植机构的转速 ω 的比值。

根据理论推导将玉米栽植机构的动轨迹交点 A 处相位角 θ_J 作为目标函数优化的变量,玉米秧苗的株高 h 作为约束条件,目标函数为 $H-h<\varepsilon$,其中 ε 为所取不同 θ_J 对应 H 值与 h 之差的最小值。取循环步长为 n,建立数学模型 $H(\theta_J)-h<\varepsilon(\theta_J=k\pi/n, k=1,2,\cdots,n)$,最终求得合适的 θ_J,并根据式(8-26)和式(8-31)求得相应的回转半径 R 和最大横弦值 S。优化程序图框如图 8-16 所示。

2. VB 优化程序的实现及优化结果分析

利用 VB 软件编写玉米移栽机构的优化程序,如图 8-17 和图 8-18 所示。该程序用于优化双臂栽植机构(栽植机构旋转一周完成两次栽植动作)的结构;将株距减半后同样可求得单臂栽植机构(栽植机构旋转一周完成一次栽植动作)结构的优化结果。其功能为在输入玉米钵苗的株距、株高以及循环步长后可计算得出回转半径以及它相应的最大横弦值,循环步长越大,计算精度越高。设定玉米钵苗的株距为 200 mm,株高为 200 mm,步长为 3 000,利用优化程序求得双臂移栽的回转半径为 141 mm,最大横弦值为 111.3 mm(图 8-19);求得单臂移栽的回转半径为 114.8 mm,最大横弦值为 138.4 mm(图 8-20)。

根据式(8-32)可求得双臂取苗机构与秧苗茎秆的交点距钵的形心的距离为78.7 mm;求得单臂取苗机构与秧苗茎秆的交点距钵的形心的距离为 70.2 mm。

据此可知在株距和株高相同的情况下,单臂栽植机构优化得到的回转半径要小于双臂栽植机构的回转半径;单臂栽植机构最大横弦值要大于双臂栽植机构;单臂取苗机构与秧苗茎秆的交点距钵的形心的距离要小于双臂栽植机构,因此可知单臂栽植机构的整体结构性能要优于双臂栽植机构;但由于双臂栽植机构能够旋转一周完成两次栽植动作,在栽植机构转速相同的情况下工作效率要高于单臂栽植机构。

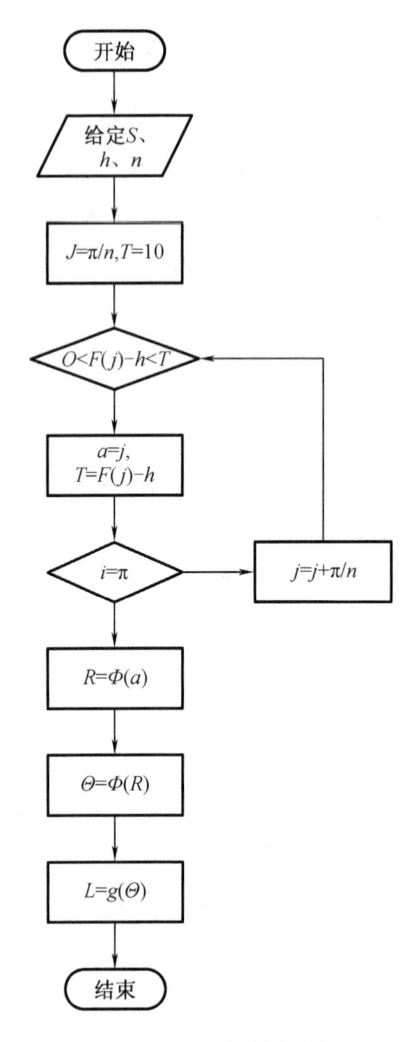

图 8－16　优化程序图框

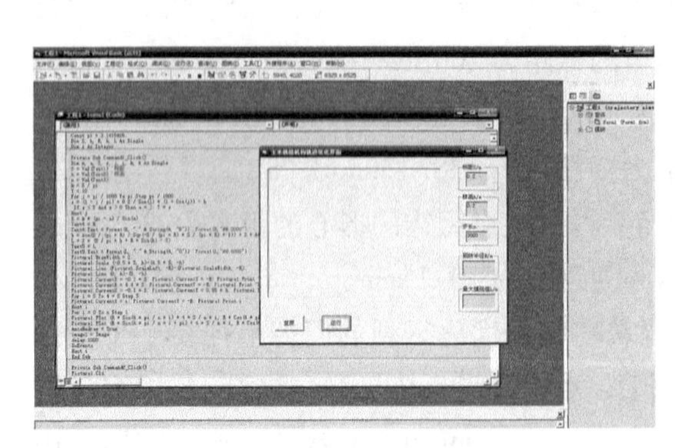

图 8－17　VB 编程窗口

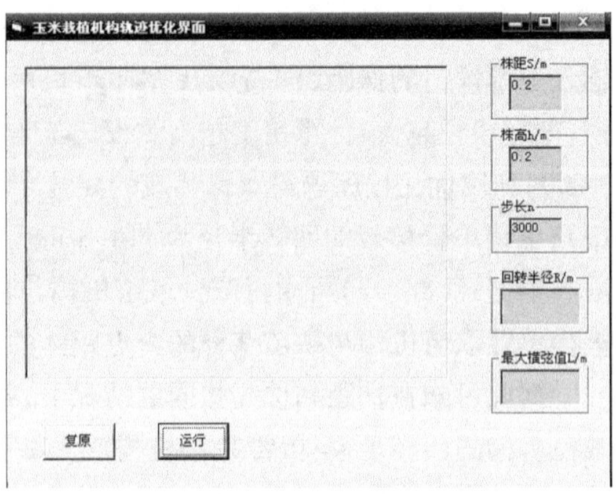

图 8－18　玉米栽植机构轨迹优化界面

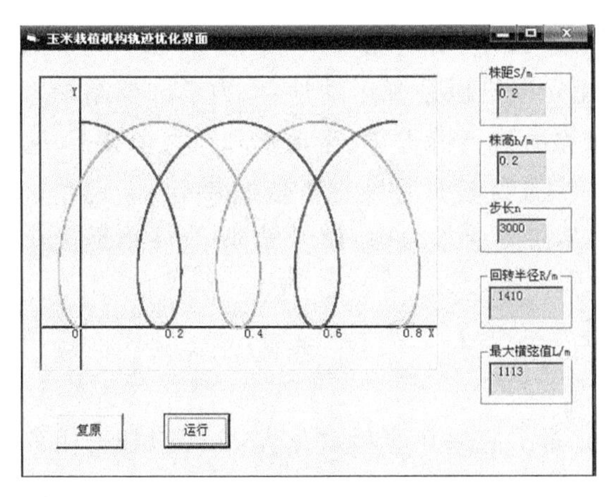

图 8-19 双臂优化结果

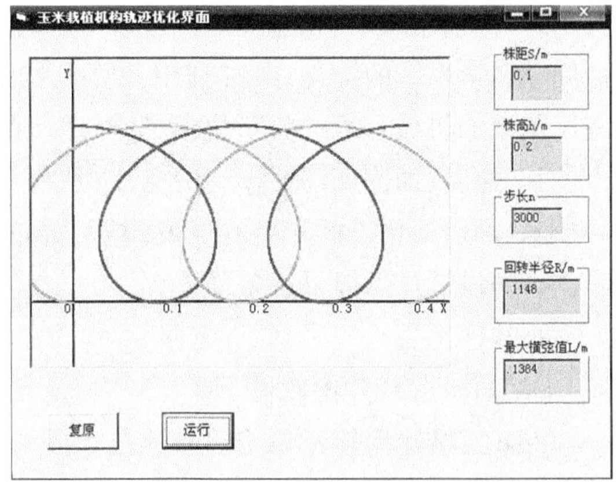

图 8-20 单臂优化结果

利用 Matlb 软件实现式(8-38)得到双臂栽植机构的 L_{ET}随 θ_T变化曲线如图 8-21 所示,得到双臂栽植机构 $R=141$ mm,当 $\theta_T=2.76$ rad 时 L_{ET}有最大值,为 215.5 mm;单臂 L_{ET}最大值 $R=114.8$ mm,当 $\theta_T=2.83$ rad 时 L_{ET}有最大值,为 208.4 mm。

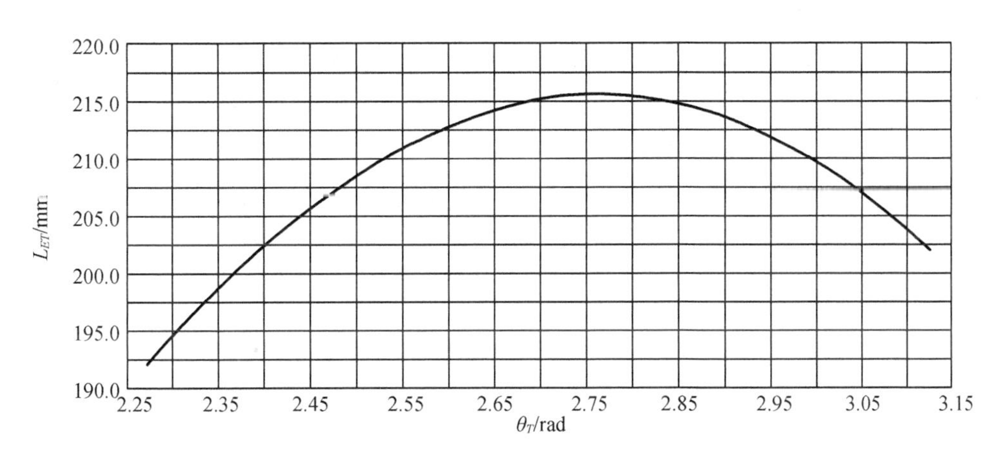

图 8-21 双臂栽植机构的 L_{ET}随 θ_T变化规律

8.4 行星齿轮栽植机构的仿真

8.4.1 虚拟样机技术及软件平台

1. 虚拟样机技术

虚拟样机技术是一种基于虚拟样机的数字化设计方法,它进一步融合了先进建模仿真技术、现代信息技术、先进设计制造技术和现代管理技术，将这些技术应用于复杂产品全生命周期和全系统的设计，同时利用计算机技术建立以机械系统运动学、动力学和控制论为理论基础的机械系统的数字化模型，对虚拟机械系统进行静力学、运动学和动力学分析，输出位移、速度、加速度和反作用力曲线，从而为得到最优设计方案提供依据和指导。运用这一技术，可以简化机械产品的开发过程，降低产品研发成本，缩短研发周期，为获得最优化和创新的设计产品提供了条件。

2. 软件平台

(1) Proe 三维建模软件

Proe 三维建模软件是美国参数技术公司的产品。它采用了模块化方式，可以根据用户的需求分别进行草图绘制、零件制作、装配设计、钣金设计和加工处理；可以通过对机械产品的三维实体建模迅速了解产品的结构，计算出产品的质量、体积、惯性矩等相关的物理量，方便掌握产品的外形特征信息；提供了拉伸、旋转、孔、轴壳等众多特征和特征构造方法，简化了复杂零件或实体模型的设计。

(2) ADAMS 虚拟样机分析软件

ADAMS 是美国 MDI 公司开发的虚拟样机分析软件。该软件使用交互式图形环境和零件库、约束库、力库，创建完全参数化的机械系统几何模型，其求解器采用多刚体系统动力学理论中的拉格朗日方程方法，建立系统动力学方程，对虚拟机械系统进行静力学、运动学和动力学分析。同时其开放性的程序结构和接口可以用于对样机分析的二次开发，但其对复杂机械系统和零部件的三维建模功能略显不足，所以在实际应用中经常将 Proe 和 ADAMS 结合起来用于虚拟样机的运动仿真，仿真流程如图 8－22 所示。

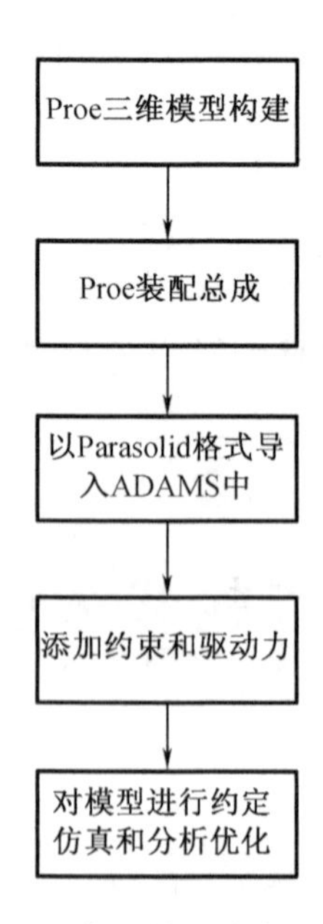

图 8－22　虚拟样机动态仿真流程

8.4.2 虚拟样机动态仿真的实现

运用 Proe 和 ADAMS 进行联合建模的虚拟样机试验，能够通过三维动态仿真更直观地观察移栽机构的运动情况，检验栽植机构的轨迹是否符合钵苗移栽的要求，对栽植机构的运动参数和结构参数进行验证和进一步优化，进而缩短设计周期，提高物料样机设计的合理性。本章以优化结果得到的回转半径 $R=141$ mm 的双臂栽植机构为例进行了三维建模和动态仿真，并对其运动参数进行了分析，确定了各个运动参数合理的投苗点范围。

在实际的机构设计中为了降低难度将太阳轮、中间齿轮和行星齿轮定为等直径齿轮。由于栽植机构动轨迹参数 H 和 S 为回转半径 R 的增函数，因此可根据实际设计需要适当增大回转半径的值。

由设计加工需要设定双臂栽植机构回转半径 $R=150$ mm，并由此得到栽植机构齿轮的基本参数：模数 $m=1.5$，齿数 $z=50$。

根据动态仿真的实际情况及简化模型的需要，将栽植机构简化为太阳轮、中间齿轮、行星齿轮、行星架和栽植臂等几部分。

1. Proe 三维建模

(1)为方便齿轮参数的更改，减少工作量，对栽植机构的齿轮进行了参数化设计(图 8－23)。

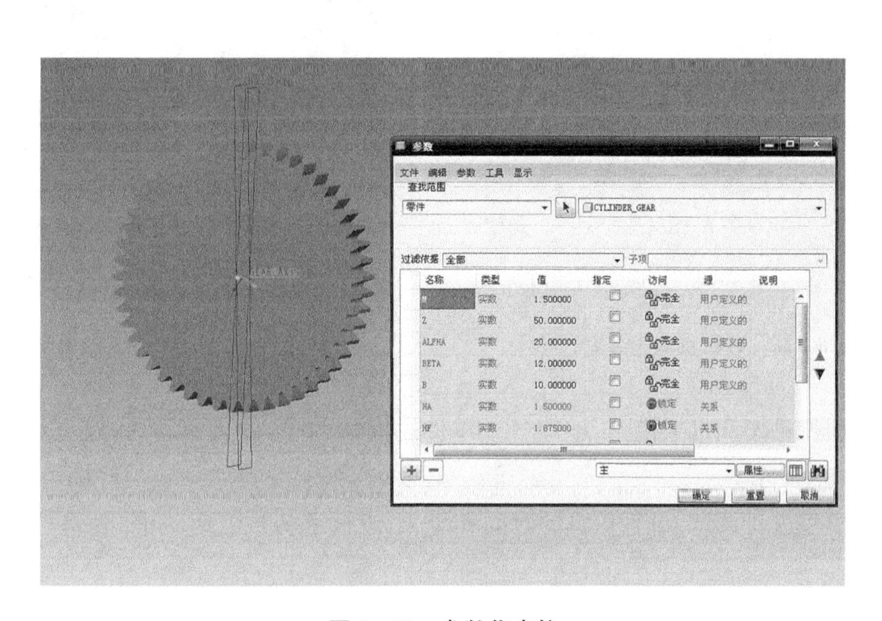

图 8－23 参数化齿轮

(2)根据双臂栽植机构齿轮的具体参数，更改齿轮三维模型的参数，完成齿轮和栽植臂的三维建模(图 8－24、图 8－25)。

图 8－24　齿轮三维模型

图 8－25　栽植臂三维模型

(3)完成栽植机构的装配,将文件保存为 Parasolid 格式,如图 8－26 所示。

2. ADAMS 运动学仿真

(1)将双臂栽植机构的 Parasolid 格式的三维建模文件导入 ADAMS 软件,如图 8－27 所示。

图 8－26　栽植机构组装图

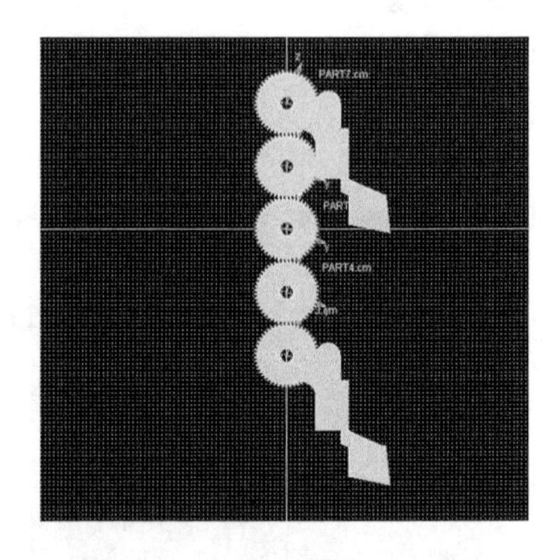

图 8－27　导入 ADAMS 的模型

(2)添加行星架和机架模型,施加各个零件之间的约束,设置驱动力,建立虚拟样机模型,如图 8－28 所示。

(3)对模型进行调试,设置仿真的时间和步长,进行运动学仿真,如图 8－29 所示。

8.4.3　取苗机构仿真结果与分析

栽植机构的行星齿轮中心的动轨迹如图 8－30 所示。由运动学公式可知取苗机构任一点的运动轨迹与行星齿轮中心的运动轨迹相同,只是根据与行星齿轮中心的相对位置的不同坐标发生改变。由图 8－30 可知当回转半径 $R = 150$ mm 时,运动轨迹交点与最低点距离 $H = 201$ mm,最大横弦值 $S = 215.8$ mm。最大横弦值应足够大,从而减少取苗机构在投苗后与钵苗发生干涉,但最大横弦值同时应尽量小于玉米钵苗的株距,以避免与完成栽植的秧苗发生干涉。

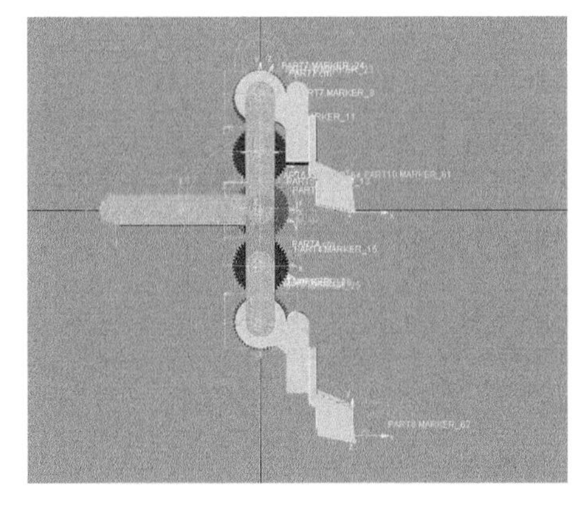

图8-28 添加约束的模型

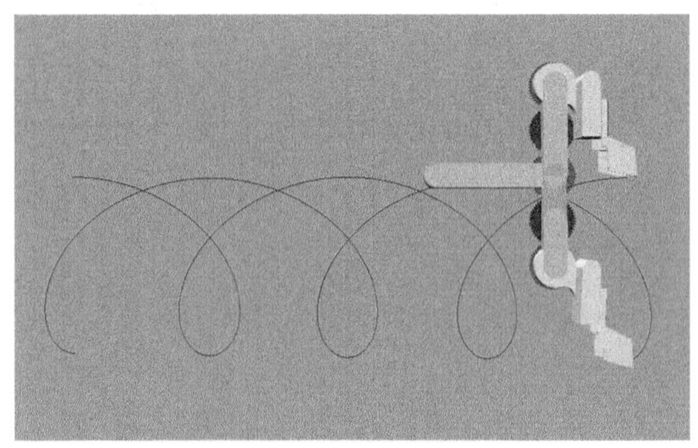

图8-29 动轨迹运动仿真

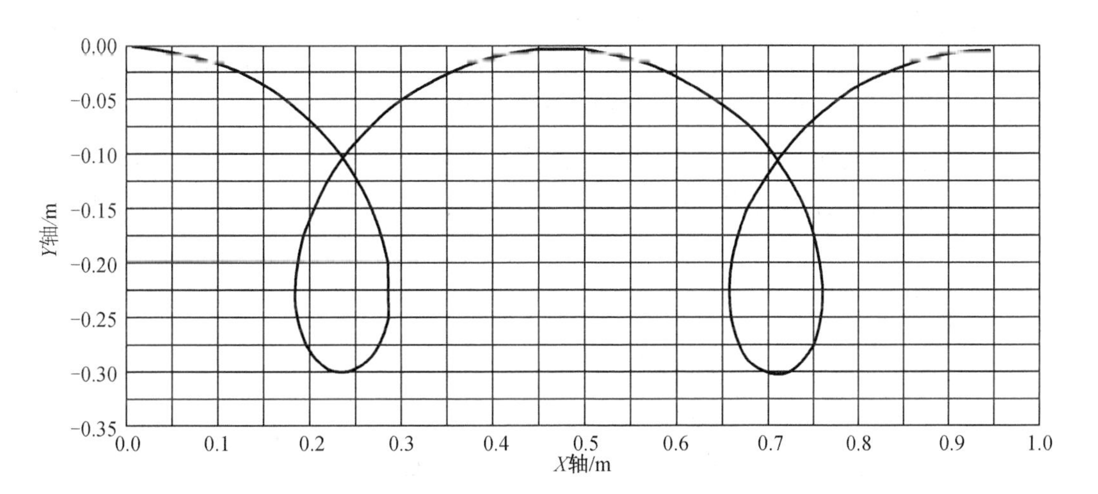

图8-30 行星齿轮中心的动轨迹

由取苗机构保持平动,可知取苗机构任一点上的速度相同,即图8-31可表示取苗机构上任一点 F 的横向速度。运动仿真中根据株距的需要设定机车前进速度为 $V=0.4$ m/s,栽植机构的角速度为 $\omega=2\pi$ rad/s。由 $\theta=\omega t$,可知当 $t=0$ s 时,即相位角 $\theta=0$ rad 时,取苗机构有最大横向速度 $V_{max}=1.41$ m/s;当相位角 $\theta=\pi$ rad 时有最小值 $V_{min}=-0.47$ m/s;当相位角 $\theta=0.66\pi$ rad 时,$V=0$ m/s,即实现真正意义上的“零速投苗”;取苗机构与机车前进速度反方向上的横向速度在相位角[0.66π,π)上为增函数,由于覆土作业会导致落地的钵苗前倾,所以投苗点位置的相位角应适当延后,即投苗点应在(0.66π,π)区间内结合覆土作业的实际情况选取。

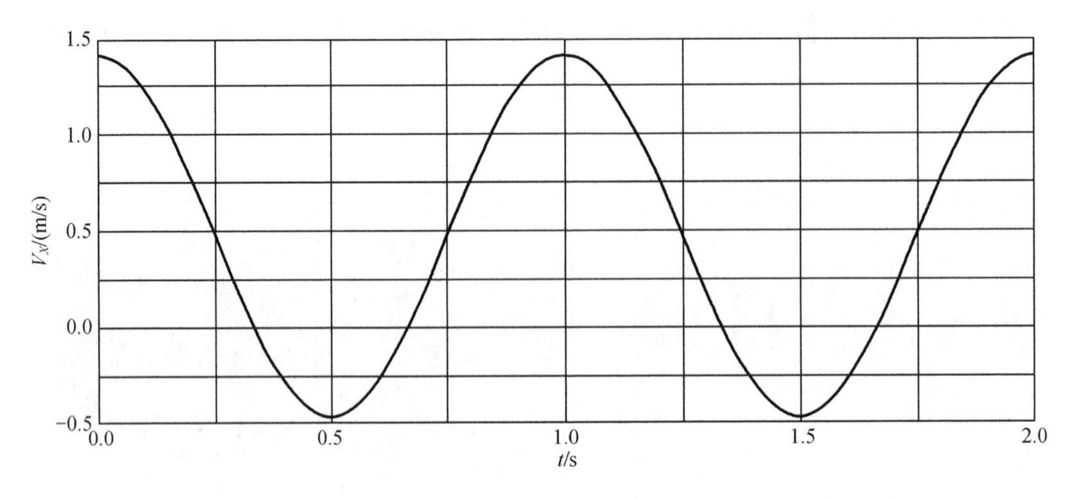

图 8 – 31　*F* 点 *X* 轴速度

图 8 – 32 表示取苗机构竖直方向上的速度。由图 8 – 32 可知，取苗机构在 0 ~ 0.5 s 的速度方向一直保持竖直向下，当 $t = 0.25$ s，即取苗机构相位角 $\theta = \pi/2$ rad 时有最大值 $V_{max} = 0.94$ m/s；相位角 $\theta = \pi$ rad 时有最小值 $V_{min} = 0$ m/s；取苗机构的竖直方向的速度在 $(\pi/2, \pi)$ 上为减函数。投苗过程中，钵苗较快的下落速度能够缩短钵苗落地时间，从而减小钵苗落地点横向坐标与投苗点横向坐标的误差；但下落速度过大会影响钵苗落地的稳定性。所以，应该根据具体情况，结合其他相关条件，在相位角 $(\pi/2, \pi)$ 之间选择取苗机构竖直方向速度的合理值。

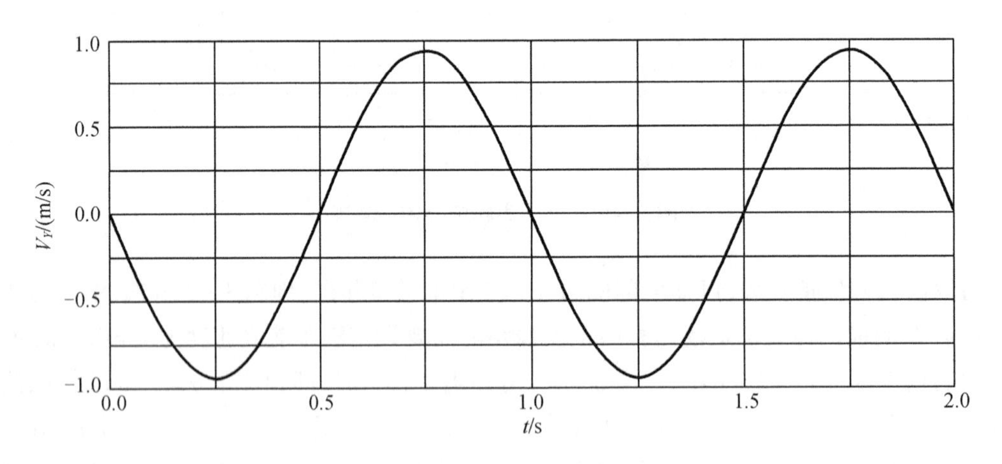

图 8 – 32　*F* 点 *Y* 轴速度

图 8 – 33 和图 8 – 34 给出了取苗机构在横向和竖直方向上的加速度的变化情况。由图 8 – 35 可证实取苗机构的加速度为一定值 $a = 5.92$ m/s^2，方向始终指向取苗机构 F 点的回转中心。

由图 8 – 36 和图 8 – 37 可知取苗机构的角速度和角加速度只是在栽植机构启动的瞬间发生较小的波动，稳定运转后基本趋于零，这使得由理论推导得到的取苗机构 $\omega = 0$ 的结果得到了验证。

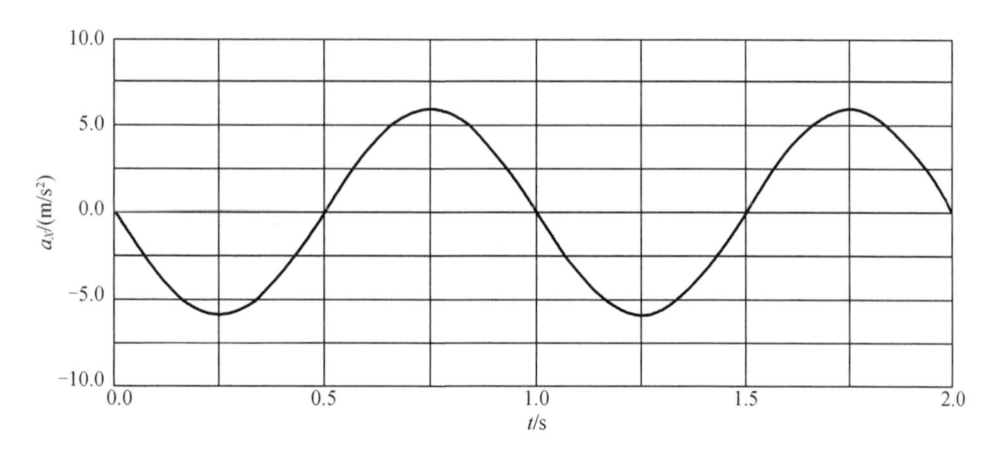

图 8-33 *F* 点 *X* 轴加速度

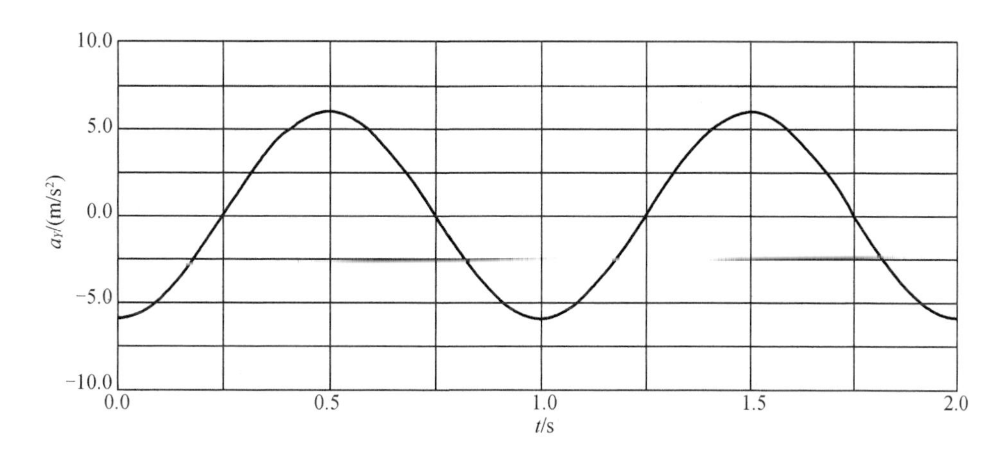

图 8-34 *F* 点 *Y* 轴加速度

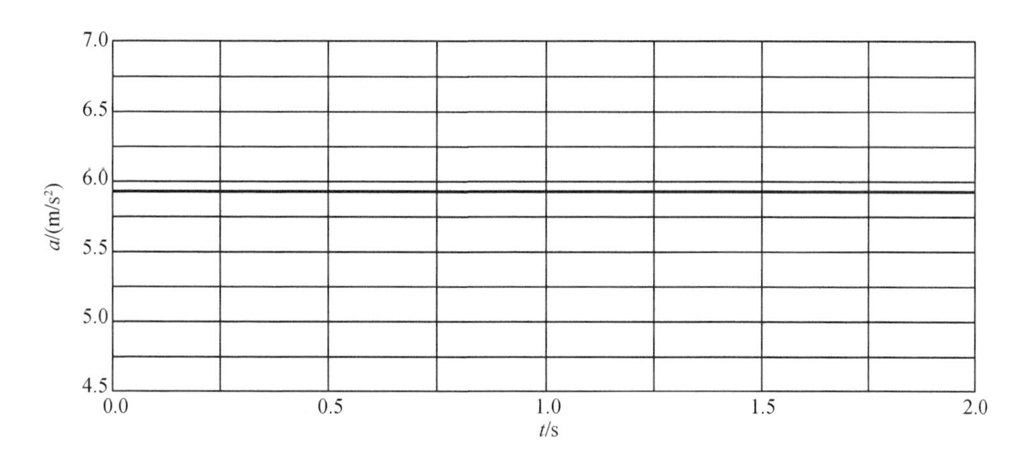

图 8-35 *F* 点加速度

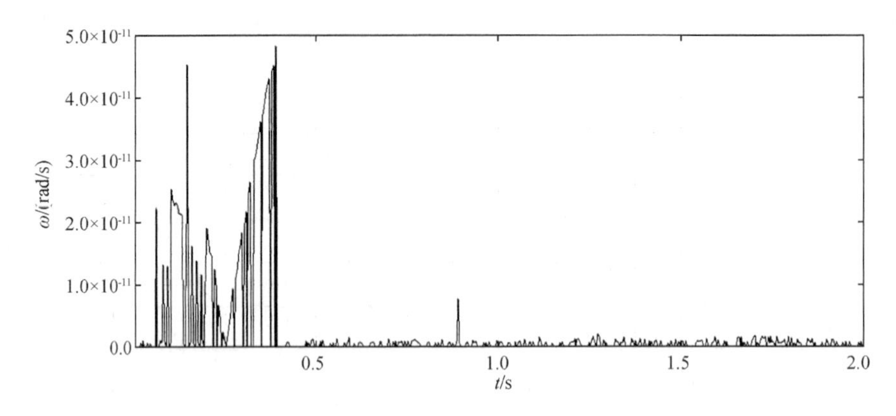

图 8 - 36　*F* 点角速度

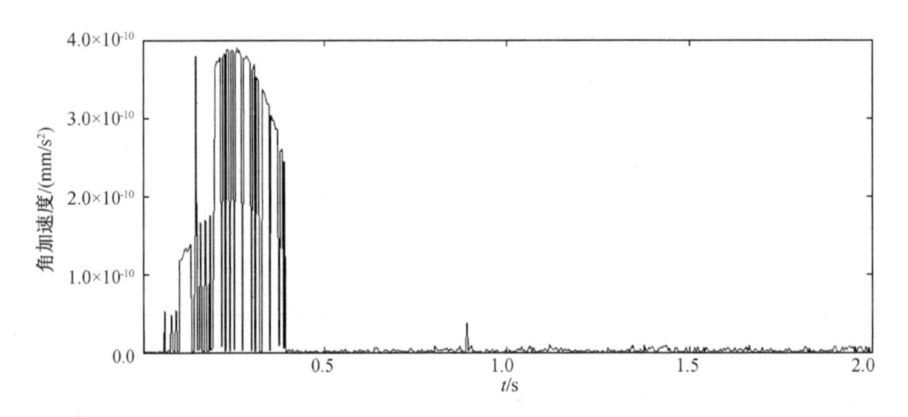

图 8 - 37　*F* 点角加速度

在太阳轮与钵苗相对静止的条件下,对栽植机构的取苗轨迹进行了如图 8 - 38 和图 8 - 39 所示的运动学仿真。利用取苗机构的取苗轨迹可对钵苗与移栽机构的相对位置进行验证,对取苗机构进行优化。由取苗机构的取苗动作发现取苗机构的竖向尺寸过大和横行尺寸过小会使取苗机构在取苗过程中对钵苗叶子造成损伤的概率增大,所以应尽量减小取苗机构的竖向尺寸和增大其横向尺寸。

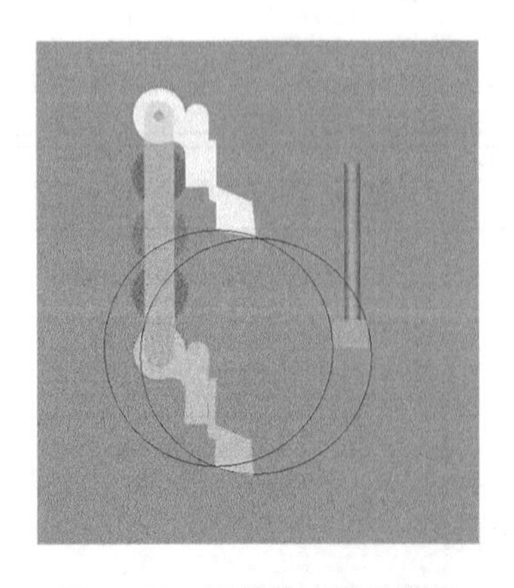

图 8 - 38　取苗轨迹运动仿真

图 8 - 39　取苗过程仿真

8.5 行星齿轮栽植机构的试验与分析

8.5.1 行星齿轮栽植机构部件的加工

洋马六行高速水稻插秧机采用偏心齿轮机构实现水稻插秧作业，为了达到水稻插秧的农艺要求其插秧轨迹为“腰子形”。水稻插秧机构太阳轮中心距行星轮中心的距离为76 mm，通过育苗发现钵苗高度一般为100～150 mm，由于取苗机构投苗点允许距离地面50 mm，所以栽植机构参数 H 大于100 mm 在理论上即满足玉米钵苗的移栽要求。当 $R=76$ mm，株距为200 mm 时，单臂移栽条件下参数 $H=113.4$ mm 符合玉米钵苗移栽要求。

于是，在试验中将水稻插秧机构中的偏心齿轮改为普通的正心齿轮，用设计的取苗机构替换水稻插秧机构的秧针。齿轮基本参数见表8－3，加工的零件如图8－40所示。

表8－3　齿轮基本参数

参数	符号	数值
模数	m	2
齿数	z	19
齿宽	b	11
齿顶高系数	ha *	1
顶隙系数	c *	0.25
齿距	p	6.28
齿厚	s	3.14
齿槽宽	e	3.14
压力角	a	20
齿根高	hf	2.5

太阳轮一侧带有卡槽，用于与机架固定；处于太阳轮和行星轮之间的中间齿轮与中间轴之间可以相对转动；行星轮与行星轴通过花键固结；栽植臂固定在行星轴上，取苗机构固定在栽植臂上。传动轴带动箱体绕太阳轮中心做圆周运动，中间齿轮和行星轮通过齿轮的啮合作用绕太阳轮中心和自身转动，从而使得和行星轮固结的栽植臂绕太阳轮中心转动的同时保持平动。

以 $\omega=2\pi$ rad/s，$V=200$ mm/s 为运动条件，利用 ADAMS 运动仿真分析得到的取苗机构动轨迹、横向（X 轴方向）速度和竖直（Y 轴方向）速度曲线如图8－41、图8－42和图

8－43 所示。动轨迹交点距最低点距离 $H=113.4$ mm，最大横弦值 $S=65.54$ mm；当投苗点相位角 $\theta_T=2.77$ rad 时，有 $L_{ET}=120.92$ mm；X 轴速度当 $t=0.32$ s，即相位角 $\theta=0.64\pi$ rad 时为"零速投苗点"，当相位角 $\theta=\pi$ rad 时有最小值 $V_X=-277.5$ mm/s；Y 轴速度当相位角 $\theta=\pi/2$ rad 时有最大值 $V_Y=-477.48$ mm/s，且随着相位角 θ 逐渐趋于 π 而逐渐趋于零。

图 8－40　栽植机构齿轮机构

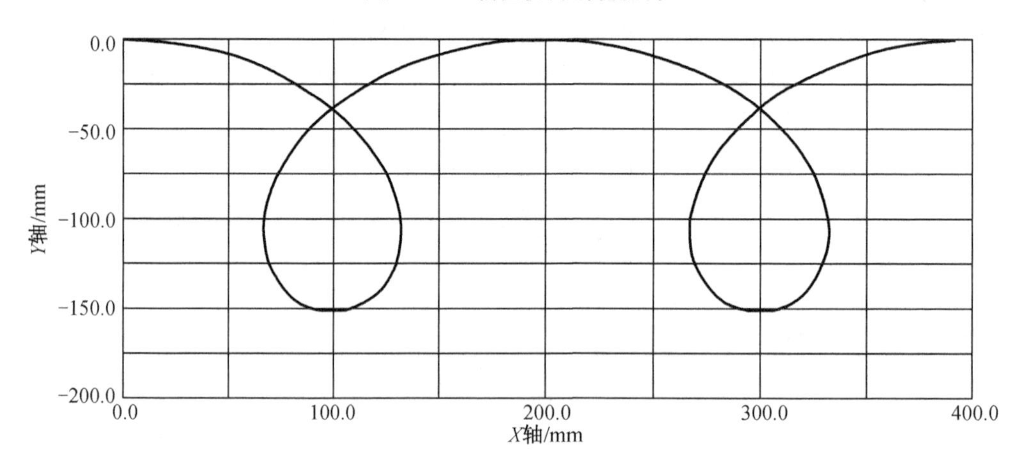

图 8－41　$R=76$ mm 单臂栽植机构取苗机构动轨迹

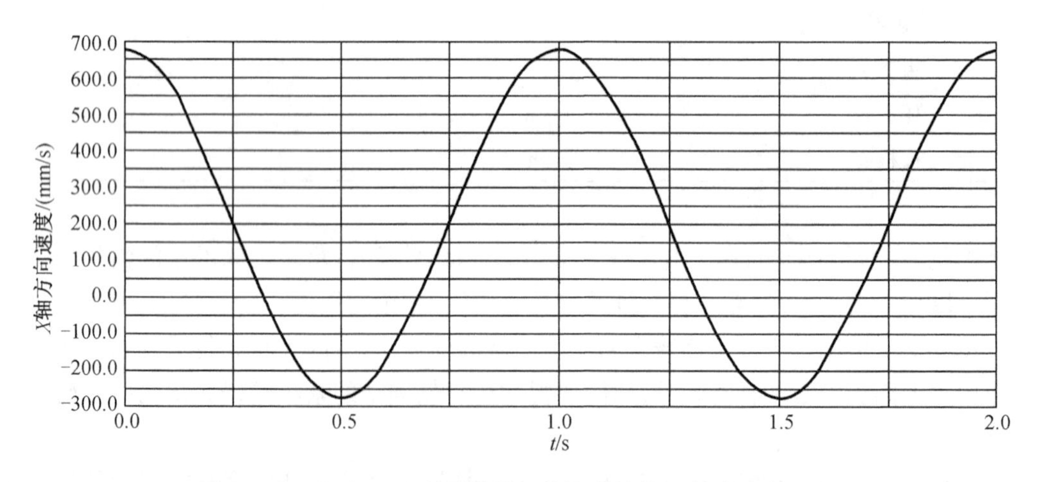

图 8－42　$R=76$ mm 单臂栽植机构取苗机构 X 轴方向速度曲线

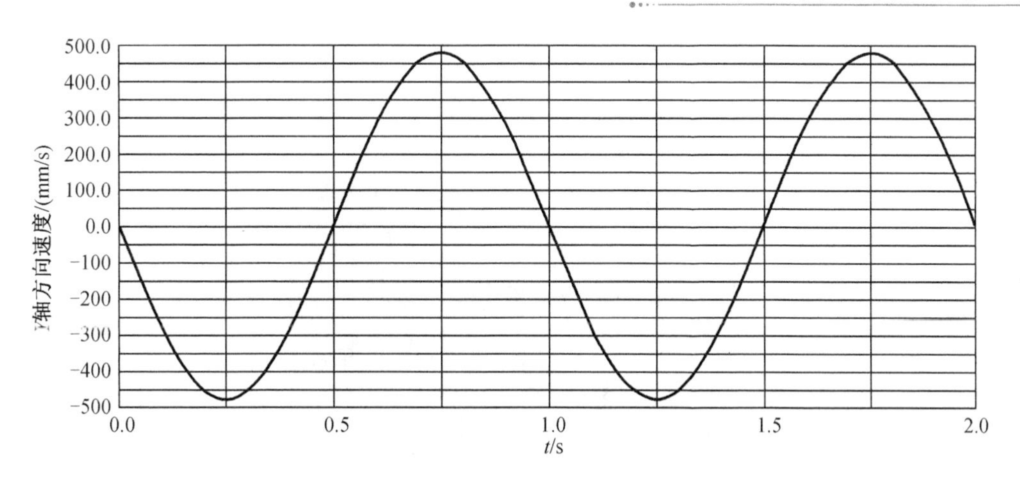

图 8－43 $R=76$ mm 单臂栽植机构取苗机构 Y 轴方向速度曲线

根据钵盘破坏试验结果和取苗机构仿真优化而设计的取苗机构如图 8－44 所示，取苗机构上的压板用于钵苗的破坏，压板前侧的两个刀刃可以首先对钵盘进行破坏，降低钵盘断裂点的强度，再利用压板的压力完成钵盘的破坏，最终完成取苗动作；两侧护板的材料为易发生弹性形变的钢片或薄铁皮，在固结在秧箱上的导轨的夹持力下发生弹性形变，并对由钵盘上脱离的钵块进行夹持，直到离开导轨后，由于失去导轨的约束而恢复原状，被其夹持的钵苗由于自身的重力发生自由落体运动，至此取苗机构在导轨的协助下完成钵苗的送苗和投苗动作，送苗距离和投苗点可利用改变导轨的长度进行调节。由于齿轮之间可以任意改变相对位置，由此可达到调节取苗机构与地面相对角度的目的，每次调节的最小角度为 $2\pi/z$（z 为太阳轮齿数）。

图 8－44 取苗机构

为了检验栽植机构的栽植效果，项目组加工了简易的栽植机构试验台，如图 8－45 所示。试验台由机架、动力机构、传动机构、秧箱、栽植机构和调速装置组成。机架可根据试验需要加装开沟覆土装置，动力机构为 1.1 kW 三相异步电动机，转速为 1 110 r/min，在电源和电机之间加装型号为 ZVF9V－P0015T4SDR 的变频器后，可利用变频器在 0～400 Hz 范围内随意调频，达到无级改变转速的目的；为了适应试验需要秧箱可在一定范围内调整角度和与栽植机构的相对位置,使钵盘位于取苗机构的取苗轨迹上,且与取苗机构保持垂直。

图8-45　栽植机构试验台

8.5.2　行星齿轮栽植机构取苗试验

1.试验目的与试验方法

在栽植机构试验台前进速度为零的条件下进行栽植机构的取苗、送苗和投苗试验,由此验证机构设计的合理性以及检测物理样机的实际工作情况。试验步骤如下:

(1)将育有玉米秧苗的钵盘置于调整好位置的秧箱上,秧箱的角度及其与栽植机构的相对位置,应使钵盘与取苗机构垂直,并且保证置于秧门处需要破坏的钵苗处于取苗机构的轨迹上。

(2)启动栽植机构以不同速度对钵盘进行破坏,找出合适的取苗速度,观察取苗效果,并对钵苗的落地状态进行评价。

2.行星齿轮栽植机构取苗试验分析

通过取苗试验发现在栽植机构转速为 $\omega = 2\pi$ rad/s 时,取苗动作比较稳定。栽植机构取苗轨迹与仿真结果相符,但在设计方面仍存在一定问题:

(1)齿轮啮合过程中产生的间隙使得栽植臂绕行星齿轮中心存在一定的自由度,这使得取苗机构在与钵盘接触的瞬间会由于受力在钵盘壁上有一定的滑动,取苗机构也因此转过一定角度,不利于取苗机构上刀刃对钵盘的切割。

(2)由于栽植机构的回转半径较小,取苗机构在向下运动的同时,存在较大的横向位移,当取苗机构对钵苗加持力不足时,这一动作会使钵苗在取苗和送苗过程中发生翻转,对取苗和投苗质量造成影响。

(3)玉米秧苗在生长过程中,由于各种因素的影响,偏离了钵体的中心位置,有的甚至处于钵的边缘位置,这使得取秧机构在取苗过程中对玉米秧苗的损伤率变大。

由此得出为了避免取苗机构在取苗过程中发生角度的改变而使之适应取苗动作的需要,应在对齿轮强度验证的基础上,减小齿轮模数;同样为了减小取苗机构在取苗过程中的横向位移，应适当在此基础上增大栽植机构的回转半径；对玉米钵苗存在的问题应与农艺方面相结合，找到合适的解决途径。

8.6　本章小结

（1）首先介绍了玉米植质钵育秧盘的破坏试验的设备、材料、评价标准，阐述了玉米植质钵育秧盘的破坏方法及原理，对玉米植质钵育秧盘进行破坏性试验并且对试验结果进行了分析。由此试验分析结果，找出了适合的植质钵育秧盘的破坏方法，并且设计出了适用于该玉米植质钵育秧盘的取苗机构。

（2）通过对玉米栽植机构进行设计方案的构思，设计出了适用于玉米植质钵育秧盘栽植的行星齿轮栽植机构，并对其进行组成以及工作原理的介绍；运用运动学原理对栽植机构的主要部件进行了运动学分析，得到了基本运动参数和取苗机构运动轨迹为余摆线时的条件；通过理论推导出取苗机构的角速度为零，即其运动形式为平动；最后对栽植机构的优缺点进行总结。

（3）介绍了优化设计技术及相应的软件平台，根据实际的农艺和栽植机构的工作需要选取了需要优化的结构和工作参数，并根据优化原理和机构运动学公式推导出参数优化的数学模型；利用优化软件实现了相关参数的优化，得出了结构参数的变化规律，并由此得出单臂栽植机构的整体结构性能要优于双臂栽植机构，但其工作效率要略逊于双臂栽植机构的结论，为栽植机构的设计与加工提供了指导。

（4）介绍了虚拟样机技术及其实现软件平台，以株距200 mm、株高200 mm为条件优化得到的双臂栽植机构回转半径为例，设计了其行星齿轮机构及其相关部件。利用三维建模软件Proe和运动分析软件ADAMS联合建模实现栽植机构的虚拟样机动态仿真，通过得到的仿真结果对双臂栽植机构的运动轨迹进行了验证，对其横向速度和竖向速度进行了分析，根据实际情况确定了它们的最佳取值范围及选取不同数值的优缺点；根据双臂栽植机构的静轨迹分析了取苗机构外形对取苗过程中钵苗的影响，并确定了双臂栽植机构的取苗机构外形的优化原则。

（5）在洋马六行高速插秧机栽植机构的基础上改装加工了栽植机构，并设计了试验所需的简易栽植机构试验台；在栽植机构试验台静止条件下进行了栽植机构对玉米钵苗的取苗试验，对栽植机构的试验效果进行分析，找出设计缺陷，并提出了改进的方案。

第9章　移栽机开沟覆土装置设计与试验

9.1　玉米植质钵苗运动轨迹及落地形态分析

本章根据覆土过程中土壤扶持钵苗直立的要求，理论分析钵苗的运动轨迹及落地角度，建立钵苗运动轨迹方程和角度变化模型，并利用高速摄像机对理论分析进行验证；探讨最佳投苗高度，得到钵苗水平位移和落地角度，从而为开沟、覆土、镇压装置的设计提供依据。

9.1.1　玉米植质钵育移栽机结构及工作原理

如图9－1所示，玉米植质钵育移栽机由移栽臂、切割夹持秧刀、供苗秧箱、变速箱、纵向供苗机构、开沟器、覆土器、镇压器组成。动力机械通过三点悬挂的方式带动移栽机前进并为移栽机纵向供苗机构和栽植臂提供动力，通过变速箱4调节供苗秧箱的供苗速度和栽植速度。作业时移栽臂1旋转到5的位置切割并夹持钵苗运动到零速投苗点，使钵苗绝对速度为零，提高落苗稳定性。钵苗脱离秧刀，落入开沟器6开出的种沟内，被覆土器7覆土扶正，再由镇压器8镇压，完成整个栽植过程。

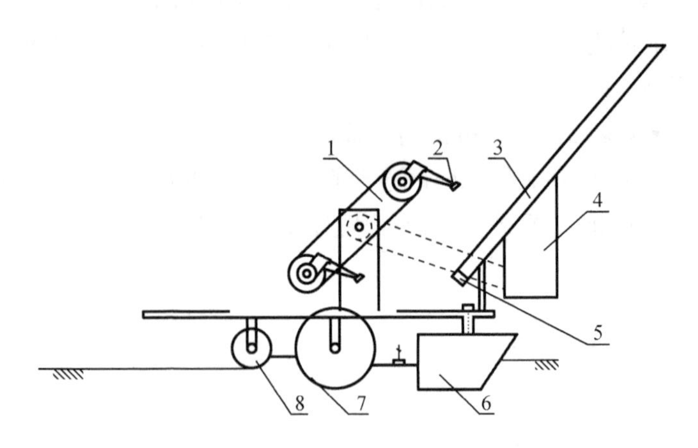

1—移栽臂；2—切割夹持秧刀；3—供苗秧箱；4—变速箱；5—纵向供苗机构；6—开沟器；7—覆土器；8—镇压器。

图9－1　玉米植质钵育移栽机示意图

9.1.2 玉米钵苗位移变化分析

玉米植质钵育移栽机采用切割夹持秧刀,分析钵盘被秧刀切割后的运动轨迹,首先说明秧刀的结构特点与工作机理。

可夹持式栽植机构工作原理如图 9－2 所示。该栽植机构的传动机构由行星轮系统组成,秧刀顶点的相对运动轨迹(即移栽机未行进时的轨迹)为圆形,亦称静轨迹。

两夹持秧刀在位置 1 时切割钵盘,在完全切割钵盘后两活动秧刀在拉杆的作用下将切下的钵苗牢牢夹持住,当栽植机构运行到位置 2 时,拉杆弹出使两活动秧刀张开,钵苗落下,完成栽植过程。

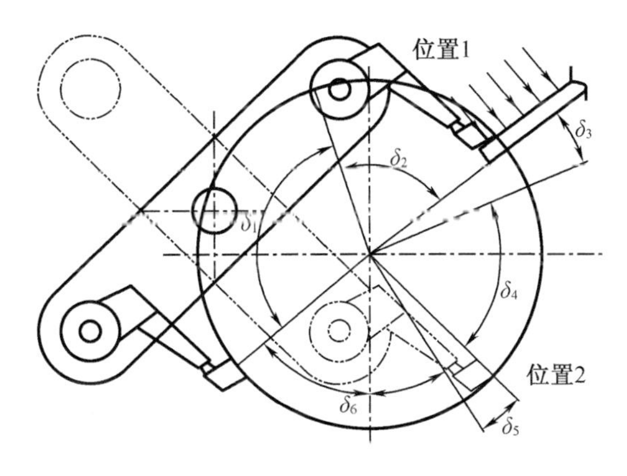

图 9－2 可夹持式栽植机构工作示意图

该栽植机构的传动部件分别由 5 个相等的正心圆柱齿轮以及拉杆、拨叉、凸轮等组成(图 9－3)。其中齿轮 7 为固定不动的太阳轮,对称两边分置两对齿轮,靠近太阳轮的为中间轮 8,两端齿轮 9 为行星轮,栽植臂 4 与行星轮固定。凸轮 1 固定在行星架的销轴上,拨叉 2 铰链于栽植臂中,与凸轮形成凸轮顶杆机构,拉杆 5 的端部有两个固定的滑块置于两活动秧刀 6 的滑槽内。

其工作原理是行星架顺时针转动时,栽植臂在行星轮的带动下做相对于行星架逆时针的相对运动,从而拨叉绕凸轮做逆时针转动;拨叉带动拉杆运动,在弹簧的作用下回位,拉杆端部的固定滑块带动有滑槽的活动秧刀绕固定轴转动,使两活动秧刀适时地平行、夹持、张开完成取苗、运苗、栽苗三个过程,从而达到移栽的目的。这里为了安装方便,以秧刀开始切割钵苗的位置为基点,研究钵苗的运动轨迹。由切割夹持秧刀的工作原理可知,钵苗在栽植过程中的运动分为两个阶段,第一个阶段是钵苗被秧刀切割夹持随秧刀运动,第二阶段是钵苗脱离秧刀落入种沟内,因此首先分析钵苗随秧刀运动时的位移变化。秧刀运动轨迹如图 9－4 所示。

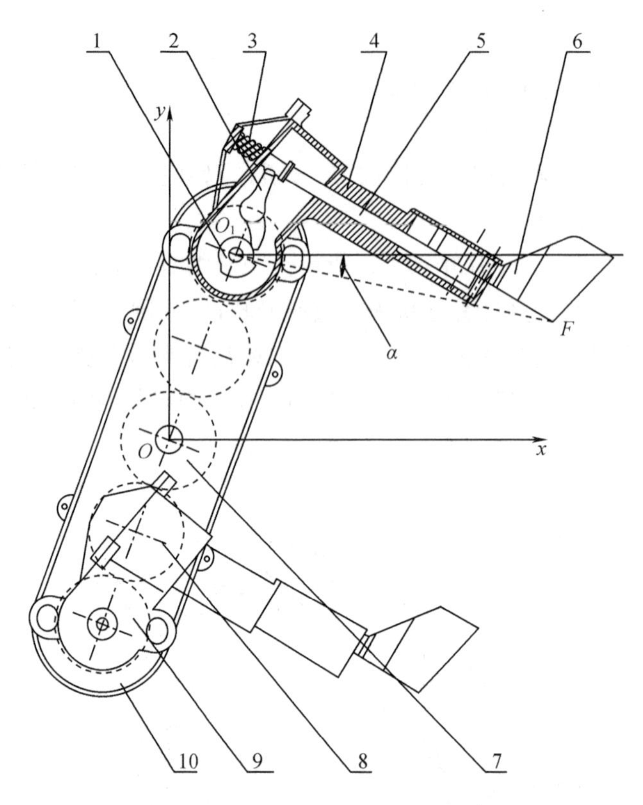

1—凸轮;2—拨叉;3—弹簧;4—栽植臂;5—拉杆;6—秧刀;7—太阳轮;8—中间论;9—行星轮;10—行星架。

图 9-3 可夹持式玉米移栽机传动部件结构简图

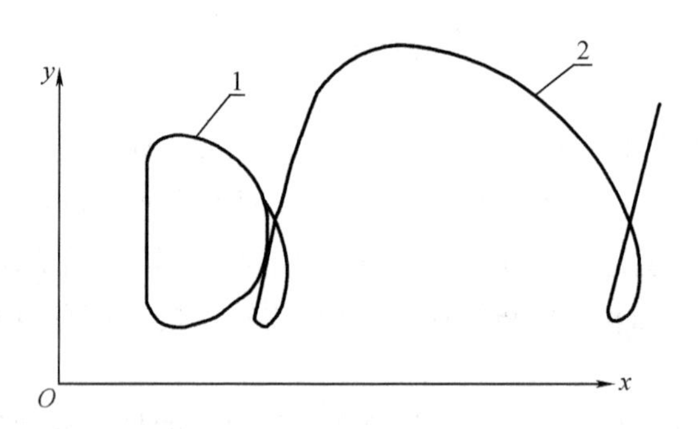

1—秧刀相对运动轨迹;2—秧刀绝对运动轨迹。

图 9-4 秧刀运动轨迹

秧刀相对运动轨迹方程为

$$\begin{cases} x=2L\cdot\cos(\varphi_0+\varphi)+S\cdot\cos\ (\alpha_0+\varphi_0+\varphi_3+\varphi) \\ y=2L\cdot\cos(\varphi_0+\varphi)+S\cdot\sin\ (\alpha_0+\varphi_0+\varphi_3+\varphi) \end{cases} \tag{9-1}$$

式中 φ_0——齿轮轴心连线与水平轴的夹角,(°);

φ_3——凸轮与秧刀连线与水平轴夹角,(°);

φ——行星轮绝对角位移,rad;

L——齿轮的直径,mm;

S——行星轮轴心到秧刀端点的距离,mm;

α_0——行星轮心和秧刀端点连线与齿轮轴心连线夹角,(°)。

钵苗随秧刀自转的绝对位移方程为

$$\begin{cases} x_1 = x + v_0 \cdot \varphi / \varphi' \\ y_1 = y \end{cases} \tag{9-2}$$

式中　v_0——机车前进速度,m/s。

钵苗脱离秧刀到落入种沟的过程中钵苗相对位移为

$$\begin{cases} x_2 = x' t \\ y_2 = h \end{cases} \tag{9-3}$$

其中,t 为下落时间;h 为投苗高度。由位移公式有

$$h = y_1' + \frac{1}{2} g t^2 \tag{9-4}$$

得到下落时间为

$$t = \sqrt{\frac{2(h - y_1')}{g}} \tag{9-5}$$

钵苗脱离秧刀到落入种沟的过程中钵苗绝对位移为

$$\begin{cases} x_3 = x' t + v_0 t \\ y_3 = h \end{cases} \tag{9-6}$$

则以秧刀切割点为基点时,钵苗运动方程为

$$\begin{cases} x_{合} = x_1 + x_3 \\ y_{合} = y_1 + h \end{cases} \tag{9-7}$$

9.1.3　玉米钵苗移栽角度变化分析

由于秧刀对钵苗的夹持点与钵苗重心不在同一点,下落过程中钵苗旋转,落地角度改变,在覆土扶正过程中覆土器工作参数也随之改变。因此,对钵苗进行运动学及力学分析,建立钵苗角度变化方程,为覆土器工作参数的研究提供依据。

如图9-5所示,通过试验方法得到钵苗的重心为 B 点,A 点为秧刀的夹持点。根据栽植臂运动的轨迹方程得到抛苗时 A 点产生的切向速度 v 为

$$v = \sqrt{(x_A')^2 + (y_A')^2} \tag{9-8}$$

钵苗脱离秧刀下落的过程中只受到重力的作用,故其机械能守恒,即

$$mgh = \frac{1}{2} m v_0^2 - \frac{1}{2} m v^2 \tag{9-9}$$

B 点对 A 点的位矢量为 $\boldsymbol{l}_{BA}$,动量为 $\boldsymbol{p} = m\boldsymbol{v}$,则由角动量守恒定律可知

$$mvl\sin\alpha = mv_0 h \sin b \tag{9-10}$$

则钵苗落地角度方程为

$$\theta = \Omega - \left\{ \arcsin \frac{(\sqrt{x_A' + y_A'}) l \sin \alpha}{\sqrt{[2gh + (\sqrt{x_A' + y_A'})^2] h}} - a \right\} \tag{9-11}$$

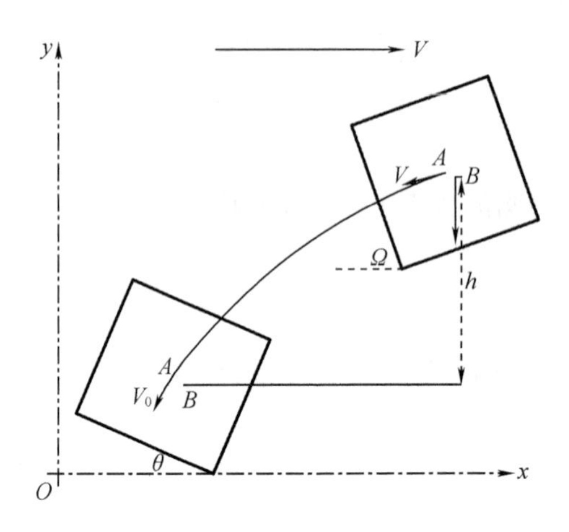

图 9-5　钵苗落地角度及位移示意图

根据前文的研究结果，当相位角为 0.66π rad，栽植臂角速度为 2π rad/s，机车前进速度为 0.43 m/s 时，实现了“零速投苗”状态，使钵苗落地绝对速度为零，保证了投苗稳定性。根据单因素试验及机器的干涉性，钵苗抛苗的离地高度的变化范围为 150 mm≤h≤250 mm，即得到不同高度下钵苗的位移变化曲线、角度变化曲线和投苗高度为 150 mm≤h≤250 mm 时钵苗的运动轨迹。

分析可知：在不同高度条件下，随着高度的减小，钵苗与水平面的夹角不断增大，表明钵苗向后倾斜的幅度越来越小；水平位移随着高度增大不断增加，但高度越高落地时钵苗的冲力就越大，容易发生弹跳。所以选取高度 150 mm 时投苗，其运动轨迹如图 9-6 所示。

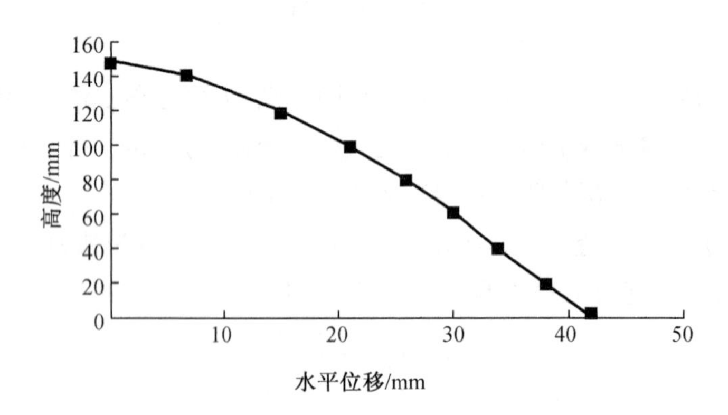

图 9-6　高度 150 mm 时钵苗运动轨迹

9.1.4 试验验证

1. 试验仪器

试验台由 TCC－3 土槽自动化试验车做牵引并提供动力，台车速度调节范围为 0.3～8 km/h，无级调速，最大提升能力为 10 kN，主传动电机额定功率为 55 kW，额定电压为 380 V，额定电流为 144 A。栽植臂的栽植频率通过变频器（型号为 ZVF9V－P0015T4SDR，变频范围为 0～400 Hz）控制三相异步电动机转速（转速为 1 110 r/min，额定功率为 1.1 kW）进行调节。采用美国 Vision Research 公司生产的 V5.1 型高速摄像机和深圳生产的枫雨杰 TM 牌 500 万像素摄像头，并利用 MIDIAS、Excel 和 Photoshop 对图像数据进行分析和处理。

2. 试验材料

使用玉米植质钵育秧盘，整体尺寸（长×宽×高）为 276 mm×42 mm×35 mm。选用“先育 335”玉米品种，当钵苗长至 3 叶 1 芯，平均株高为 184 mm 时进行移栽。

3. 试验方法

试验前设置栽植臂角速度为 2π rad/s，机车前进速度为 0.43 m/s，栽植高度为 150 mm。选取栽植作业中间位置的钵苗，利用高速摄像机得到钵苗的角度变化和水平位移，进行 5 次试验，取平均值。以此类推，分别在投苗高度为 160 mm、170 mm、180 mm、190 mm、200 mm、210 mm、220 mm、230 mm、240 mm、250 mm 时进行试验。

4. 结果分析

通过高速摄像机得到的钵苗投苗实际运动图像如图 9－7 所示，可知以秧刀开始夹持钵苗的位置为基点，钵苗存在水平位移，在空中有翻转的现象，其翻转方向与机车前进方向相反，与地面接触后具有向后倾斜的运动趋势，与理论分析的钵苗运动情况基本一致。随着钵苗抛苗高度的增加，钵苗落入种沟内弹跳的程度也随之增加，因此取最小的投苗高度，即 150 mm。

用 MIDIAS 软件分析不同高度下钵苗角度和水平位移的变化曲线图以及投苗高度为 150 mm 时钵苗的运动轨迹（图 9－8～图 9－11），与理论分析所得到的数据进行对比分析，验证理论分析的准确性。

通过拟合曲线图（图 9－8、图 9－9、图 9－11）可知，高速摄像机所得到的曲线图与理论分析得到的曲线图相似度 90%以上，理论分析得到的运动方程基本符合实际运动情况。存在差异主要是由机器的工作不稳定性以及行驶中的震动引起的。

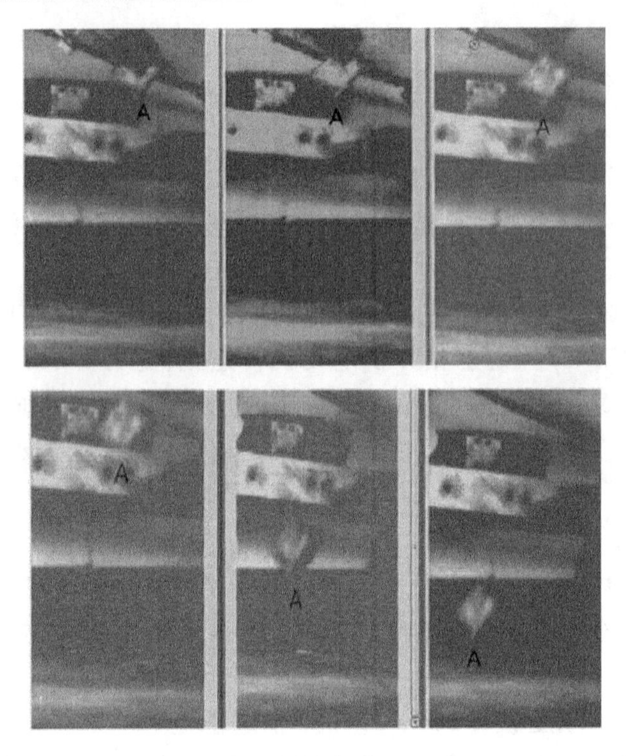

图 9－7 钵苗投苗过程

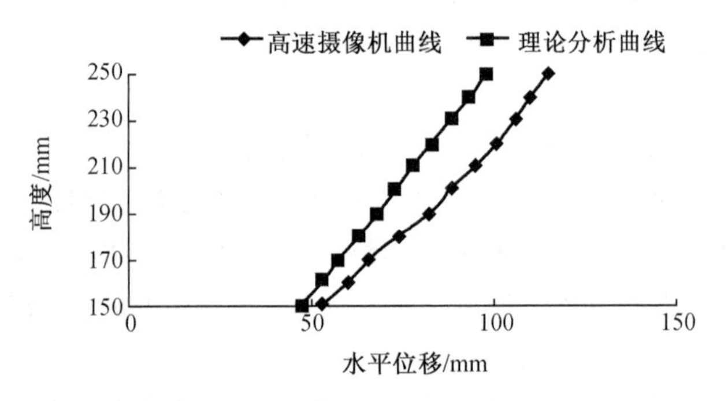

图 9－8 高度与水平位移关系

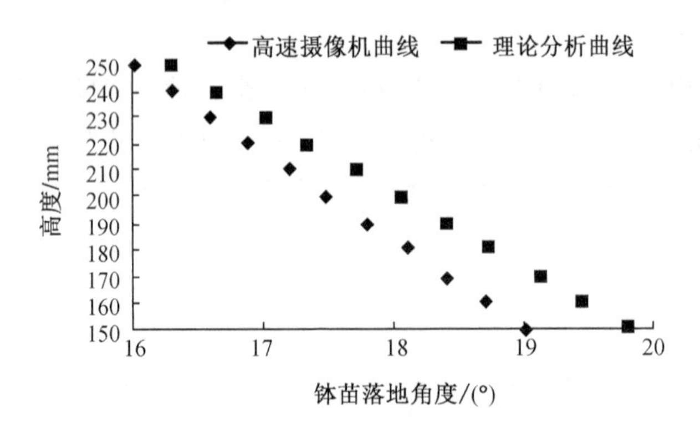

图 9－9 高度与钵苗角度变化关系

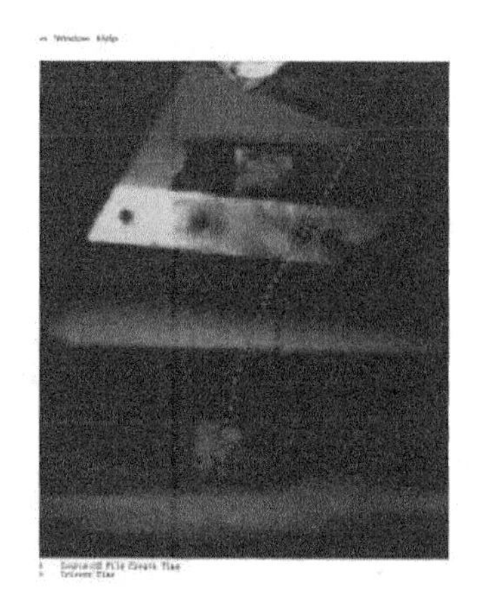

图 9-10 投苗高度 150 mm 钵苗实际运动轨迹

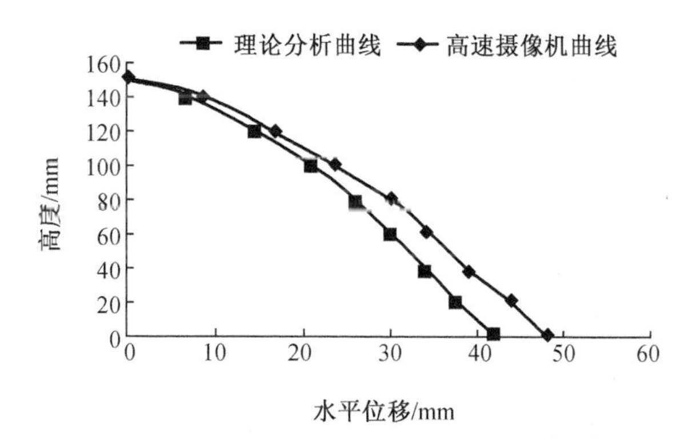

图 9-11 投苗高度 150 mm 时钵苗运动轨迹

9.2 开沟、覆土、镇压装置的设计与研究

9.2.1 开沟器设计

1. 开沟器结构设计

根据玉米钵苗的物理特性及栽植农艺技术要求,其理想沟型(图 9-12)为长方体的沟体,开沟高度为 H,保证钵苗在移栽后与地面有一定的距离。开沟宽度为 B,保证钵苗落入种沟内时保持竖直状态,不发生左右倾斜。沟底相对平整,有较好的坚实度使钵苗落入到沟底时,弹跳幅度小,有利于钵苗的生长发育。

根据理想沟型确定了的开沟器结构如图 9-13 所示,其前端以钝角破土,宽度较窄,利于入土和切土,后端宽度增加,俩侧翼板挤压土壤,开出均匀的种沟,以适应玉米钵苗宽度。

尾部布置有压实锺,用于压实沟底,保证立苗稳定性。钵苗在落入种沟后,向机车前进反方向倾斜,开沟回落的土壤及土块进入钵苗与地面的缝隙,造成种沟底部不平整,且钵苗与地面接触面积较大,在覆土过程中影响钵苗直立度。因此,开沟器后部为开放式设计,钵苗落入开沟器后部的开口便被紧随而至的覆土流覆盖、扶正,以保证栽植的直立度。

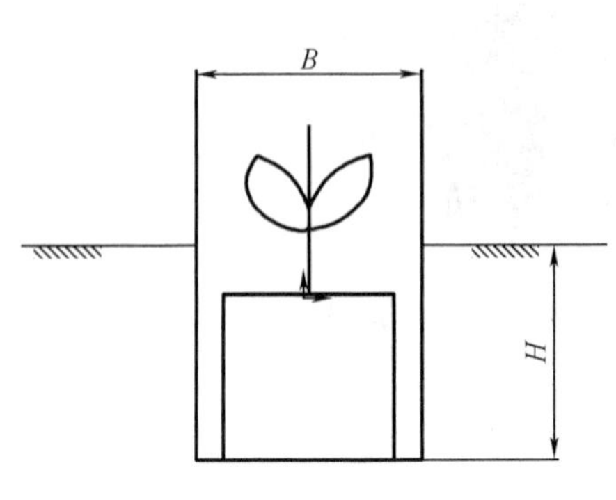

图 9-12　理想沟型

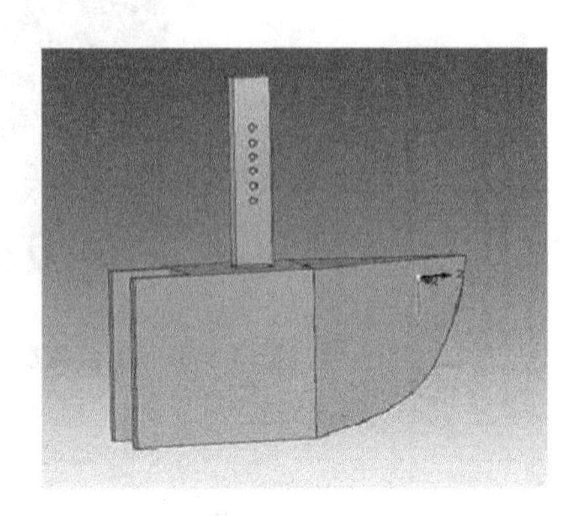

图 9-13　开沟器三维示意图

2. 开沟器主要参数确定

开沟器影响钵苗入土的主要因素有刃口曲线,开沟器宽度、高度、长度及尾部开口长度。下面对以上影响因素进行分析和研究。

(1)刃口曲线

滑刀式开沟器运动时切割阻力随着滑切角的增大而减小,随摩擦角的增大而增大。因此,当滑刀式开沟器刃口为曲线时,其工作阻力相比直线要小(图 9-14)。设计时选用指数函数曲线,并建立直角坐标系。另设 $l_{AC}=b$,过 A、B 两点做刃口曲线 AB 的切线,则θ_A、θ_B为 A、B 两点的滑切角。

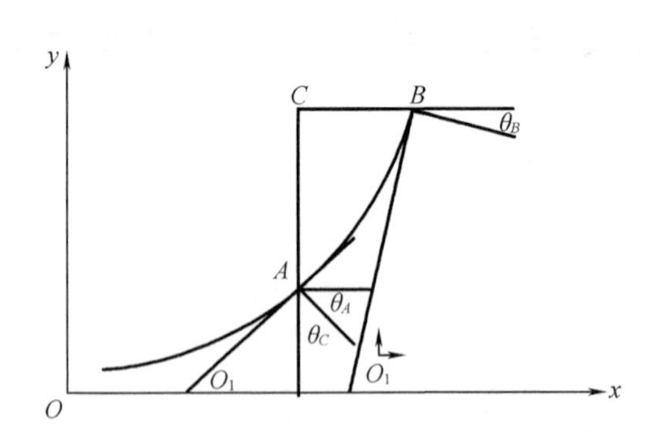

图 9-14　开沟器设计示意图

曲线 AB 的方程为

$$y=(f)^x(f\geqslant 1) \tag{9-12}$$

求导数得

$$y'=y\ln f \tag{9-13}$$

因为$\alpha_A = \frac{\pi}{2} - \theta_A$，$\alpha_B = \frac{\pi}{2} - \theta_B$，对 A、B 两点分别进行求导，有

$$y'_A = y_A \ln f = \tan\ \alpha_A = \tan\left(\frac{\pi}{2} - \theta_A\right) \tag{9-14}$$

$$y'_B = y_B \ln f = \tan\ \alpha_B = \tan\left(\frac{\pi}{2} - \theta_B\right) \tag{9-15}$$

$$y_B = y_A + b \tag{9-16}$$

联立式(9－14)至式(9－16)，有

$$\alpha = e^{\frac{(\cot\theta_B - \cot\theta_A)}{b}} \tag{9-17}$$

所以，AB 曲线方程为

$$y = (e^{\frac{(\cot\theta_B - \cot\theta_A)}{b}})^x \tag{9-18}$$

方程中的参数 b 应根据最大开沟深度确定。根据钵苗移栽农艺要求，开沟深度 $h = h_{钵} + (50 \sim 80)$ mm，故取参数 $b = 150$ mm。当$\theta_B > \varphi_m$时才能产生滑切作用，若起始θ_B过小，则滑切不能顺利完成，滑刀对土壤扰动大，土壤容易上翻，造成干湿土壤混合，故取$\theta_B = 23°$。θ_A在35°～55°范围内开沟器具有良好性能，取$\theta_A = 45°$。即滑刀刃口曲线为

$$y = (e^{0.1})^x \tag{9-19}$$

（2）开沟器高度

开沟器的高度与开沟深度和覆土厚度有关，覆土厚度参照玉米种子覆土厚度$H_{厚} = 30$ mm，开沟深度 $H = H_{钵} + (50 \sim 80)$ mm，取 $H = 60$ mm，开沟器高度应大于$H_{厚} + H$，取150 mm。

（3）开沟器长度和尾部开口长度

开沟器的长度根据开沟器的安装位置、刃口曲线在水平面上的长度和尾部开口长度确定(图9－15)。开沟器长度$H_{长} = n + s$，n 为开沟器安装位置(开沟器深度调节臂与秧刀切割钵苗位置点之间的距离)，为刃口曲线在水平面长度之和。开沟器安装位置为 128 mm，刃口曲线在水平面上的长度根据式(9－19)计算，为 45 mm。s 为尾部开口长度，根据前文分析得到钵苗抛苗水平位移为 48 mm，所以尾部开口长度应大于抛苗的水平位移，取80 mm，因此开沟器长度$H_{长} = 253$ mm，取整为 260 mm。

（4）开沟器宽度

开沟器宽度即双侧翼板间的宽度，主要是根据钵苗宽度而定，但宽度 D 还与开沟深度 H 和钵苗覆土厚度 H_n 有关(图 9－16)。

$$D = \left(\frac{H - H_n}{7.245}\right)^x \tag{9-20}$$

覆土厚度参照玉米种子覆土厚度$H_{厚} = 30$ mm，开沟深度 $H = H_{钵} + (50 \sim 80)$ mm，取 $H = 60$ mm，得到开沟器宽度 $D \approx 90$ mm。

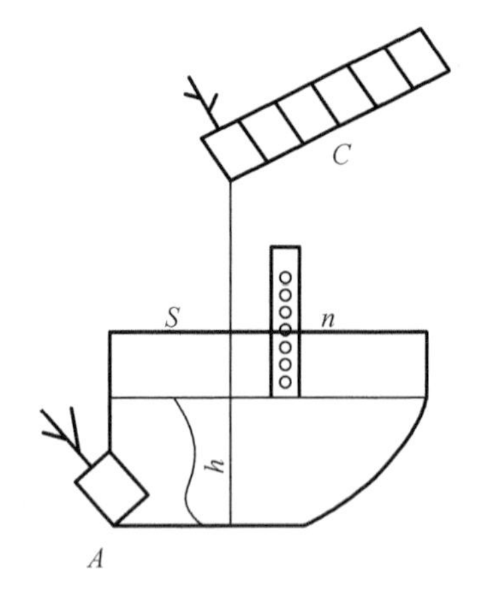

图 9－15　开沟器结构参数

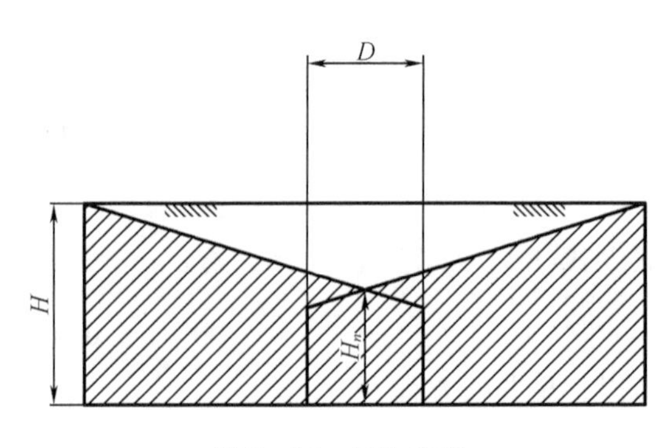

图 9－16　开沟宽度

9.2.2　覆土器的设计与影响钵苗直立度因素研究

1. 覆土器结构设计

实际中采用的覆土器有刮板式、圆盘式或由镇压轮替代，考虑到双圆盘覆土器能利用圆周刃对土壤进行切割，对土壤有推移、挤压、提升、引导的作用，覆土阻力小，工作可靠，因此采用双圆盘覆土器。

现有双圆盘覆土器采用中间连接梁，对称设计，这种结构对于玉米植质钵苗的移栽存在着刮苗、带苗的现象，所以需要重新设计覆土的结构。本研究设计的一种适用于玉米植质钵苗移栽的外连接可调覆土器，采用双圆盘覆土器，两圆盘对称设计（图 9－17），前后调节臂采用螺钉连接的方式固定在机架上，配合调节张角及倾角的圆盘臂，实现了覆土圆盘前后位置、垂直倾斜角度、水平倾斜夹角三个自由度的调节。

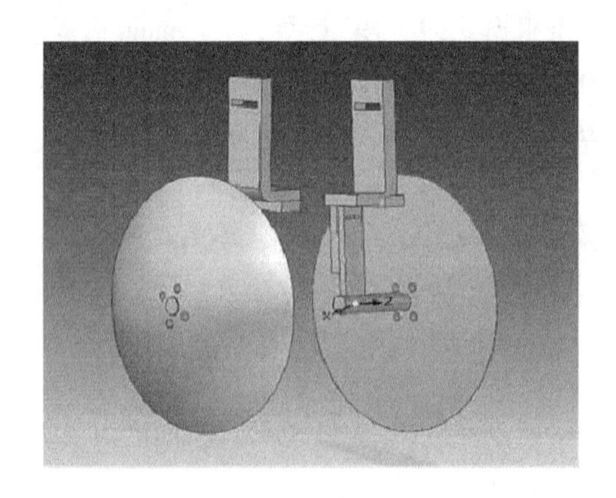

图 9－17　双圆盘覆土器三维模型

2. 覆土器张角与倾角分析

(1)覆土器作用下土壤运动分析

采用已有的双圆盘覆土器直径 $R=200$ mm,后开口宽度 $L=80$ mm。在覆土过程中,覆土器随机车以速度V_m向前运动,受到机车的拉力 F。土壤在拉力 F 的作用下扶持钵苗直立。对覆土器上的一颗土粒进行受力分析得。如图 9－18 所示,土粒 N 受到土壤作用力 F_{OA},α 为覆土器倾角,θ 为覆土器张角,摩擦力为F_f(排除土壤之间的作用力)。作用力 F_{OA}为

$$F_{OA}=F_N=\frac{P_{机}}{V_m} \tag{9-21}$$

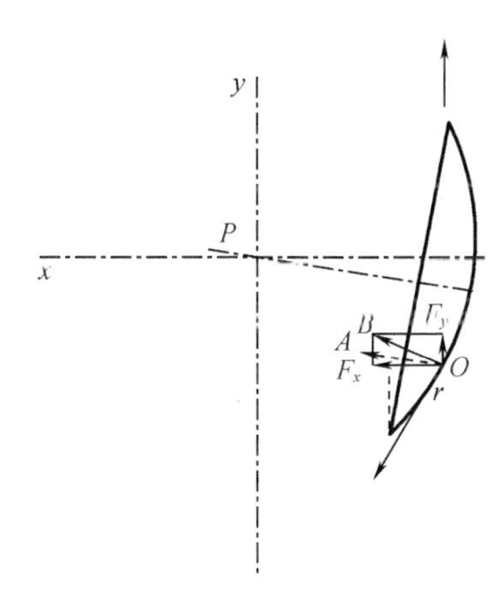

图 9－18 土粒受力示意图

F_{OB}为F_{OA}在平面 xPy 上的分力为

$$F_{OB}=F_{OA}\cos\alpha \tag{3-22}$$

摩擦力为

$$F_f=\mu F_N \tag{3-23}$$

当土粒位于覆土器尾部 m 点时,F_y存在最大值,F_x存在最小值,即

$$\begin{cases}F_y=F_{OB}\cdot\sin(15^\circ+\theta)-F_f\cdot\cos(15^\circ+\theta)\\F_x=F_{OB}\cdot\cos(15^\circ+\theta)-F_f\cdot\sin(15^\circ+\theta)\end{cases} \tag{2-24}$$

当土粒位于覆土器尾部 n 点时,F_y存在最小值,F_x存在最大值,即

$$\begin{cases}F_y=F_{OB}\cdot\sin\theta-F_f\cdot\cos\theta\\F_x=F_{OB}\cdot\cos\theta-F_f\cdot\sin\theta\end{cases} \tag{9-25}$$

F_y对钵苗有推扶作用,F_x对钵苗有挤压作用。所以,主要分析F_y以保证钵苗直立。当F_y取最大值时,覆土过程中不会出现覆土倒苗的现象,对于直立度不好的钵苗可由镇压器扶正。当F_x取最小值时,覆土过程中土壤将钵苗推倒,再由镇压器镇压,加剧钵苗倒伏程度。因此,推扶力F_y取最大值,即

$$F_y=F_{OB}\cdot\sin(15^\circ+\theta)-F_f\cdot\cos(15^\circ+\theta) \tag{9-26}$$

(2)钵苗覆土过程中受力分析

由前文可知钵苗抛苗的过程中会发生旋转(图9－19),旋转角速度为 ω ,落地瞬间在惯性力F_a的作用下以点 A 为支点向后翻转,与紧随而至的土壤相遇,受土壤作用力F_y,重力 mg。对钵苗在覆土过程中的受力情况进行分析。

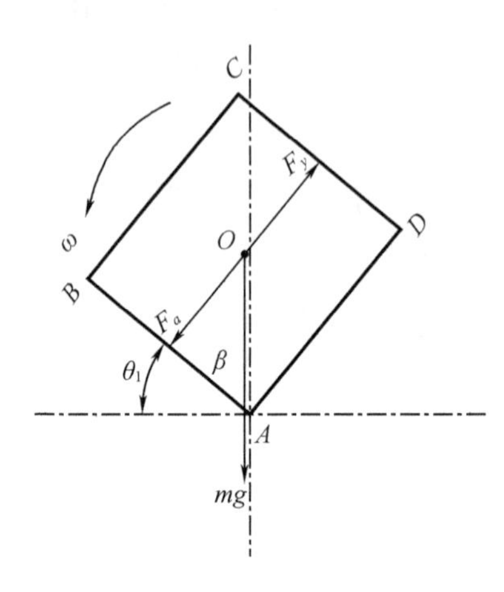

图9－19　钵苗受力分析图

旋转惯性力为

$$F_a = m\omega^2 r_a \tag{9-27}$$

则在 AD 方向的合力为

$$F_{合} = mg\cos\,\theta_1 + m\omega^2 r_a - F_y \tag{9-28}$$

钵苗由倾斜状态到竖直状态的力矩平衡方程为

$$F_{合} \cdot l = mg \cdot l_1 \tag{9-29}$$

根据以上分析可知,影响钵苗直立度的因素主要包括机车的前进速度、覆土器张角、覆土器倾角。根据前文研究,在投苗高度为150 mm,栽植臂角速度为2π rad/s,机车前进速度为0.43 m/s,落地角度为19.8°时,得到使钵苗扶正的作用力表达式为

$$\cos\,\alpha\sin\left[\sin(10° + \theta)\right] - \frac{1}{2}\sin\,(10° + \theta) \approx 0.16 \tag{9-30}$$

通过表达式可以看出覆土器张角和覆土器倾角影响钵苗扶正力的大小,即影响钵苗直立度,因此确定覆土器张角和覆土器倾角为影响钵苗直立度的因素,为试验研究提供依据。

9.2.3　镇压器的设计与研究

镇压装置的主要作用是在移栽覆土后镇压,使钵苗与土壤紧密接触,有利于钵苗生长;可减少土壤中的大孔隙,减少水分蒸发,使土壤保墒;可加强土壤毛细管作用,使水分沿毛细管上升,起到“调水”和“保墒”的作用,还可提高地温。因此,播种同时镇压对干旱地区播种是非常必要的。播种同时镇压主要是在苗幅内,而行间土壤保持疏松,因而通气性好,有利于吸纳雨水。

镇压轮对土壤的压强主要是根据土壤性质、水分、密度和作物要求而定,一般在 30 ~50 kPa。镇压轮压力的大小取决于镇压轮本身的质量和作用在它上面的附加质量。一个合格的镇压轮必须转动灵活,不粘土,不壅土,镇压力可调,镇压后土壤不产生鳞状裂纹。

1. 镇压器结构设计

覆土后土壤呈自然疏松状态,与钵苗结合不紧密,不利于保墒和苗的生长。镇压时不得将钵压碎,以防伤根,应使钵保持直立。镇压后,土壤应与钵苗紧密结合,具有合适的峰实度以保墒;形成垄台以防倒伏和便于中耕培土。因而,提出如下镇压轮设计要求:镇压器下陷量可调,转动灵活,无卡死现象,镇压后应达到如图 9 -20 所示的截面形状。

结合以上要求,确定采用对置锥鼓式镇压轮,形状结构如图 9 -21 所示。其工作面为锥面,对土壤有推送和"钳夹"作用(圆柱面可使其行走稳定)。

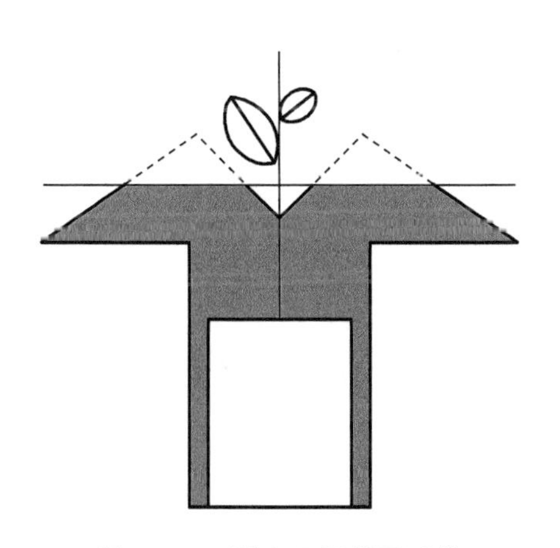

图 9 -20 覆土理想截面形状

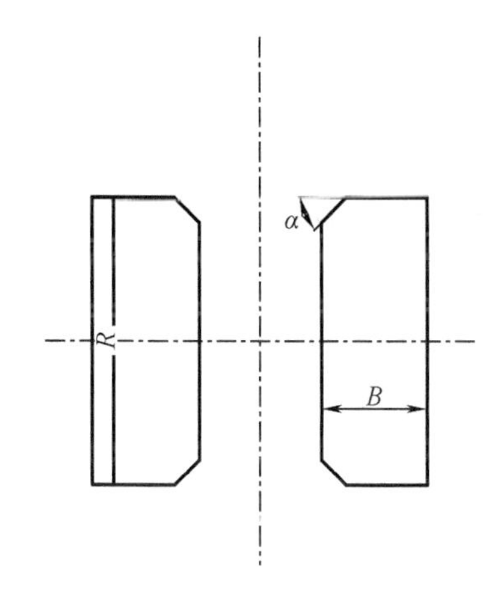

图 9 -21 覆土器示意图

2. 对置式圆柱形镇压轮结构参数确定

(1)镇压轮直径

这里设计镇压轮直径 $D=180$ mm,轮重 1.86 kg,土壤对镇压轮的摩擦系数为 0.6,摩擦力矩为 0.126 N/m,带入镇压轮正常转动公式为

$$D\geqslant\frac{\omega_r}{sf} \tag{9-31}$$

式中 D——镇压轮直径,mm;

ω_r——摩擦力矩,N · m;

s——镇压轮重力及其附加载荷,N;

f——土壤对镇压轮的摩擦系数,无量纲常数。

满足镇压轮正常转动条件。

(2)镇压轮宽度

镇压轮宽度由垄台宽度而定,现为单垄种植方式,垄台宽度为 350 mm。由于大田作业具有复杂性,两镇压轮间距大于钵盘宽度,取 80 mm,单侧镇压轮宽度 130 mm。

（3）镇压轮倾角

为了让镇压轮更加贴合土壤，达到最佳的工作状态，镇压轮倾角应该等于土壤的自然休止角，也就是土壤自由下落时与水平面的角度，根据文献可知土壤的自然休止角为 23°。

3. 对置式圆柱形镇压器对钵苗直立度的影响分析

根据已有研究，镇压轮工作时应产生 30 ~ 50 kPa 的压强，压紧后的土壤容重为 0.8 ~ 1.29 g/cm^3。有文献指出，对土壤进行镇压时，土壤可用伯格斯四元件流度模型来表示，主要变形量由瞬时和延迟变形量组成；也可用刚性轮在土壤中的沉陷来表示。本研究采用图 9 - 22 所示模型近似分析镇压轮对土壤的压实。设下陷量为 Z，此时镇压力均匀作用于 AB 弧区内，则所需压力为

$$F = pb\pi D\frac{\theta}{2\pi} = \frac{1}{2}pbD\theta \tag{9-32}$$

式中 p——压强，Pa；

b——镇压轮宽度，mm；

D——镇压轮直径，mm；

θ——下陷量为 Z 时覆土轮转角，(°)。

$$\theta = \arccos\frac{\frac{1}{2}D - Z}{D} \tag{9-33}$$

由图 9 - 22 可知，镇压器对钵苗的作用力分解为F_x和F_y，取 A 点的土粒进行力学分析，即

$$\begin{cases} F_x = F\cos\lambda - F_f\sin\lambda \\ F_y = F\sin\lambda - F_f\cos\lambda \end{cases} \tag{9-34}$$

由上述分析可知F_x对钵苗有扶正作用，F_y对钵苗有夹持作用，而钵苗下陷量影响土壤对钵苗的作用力，因此确定影响钵苗直立度的因素为镇压器下陷量。

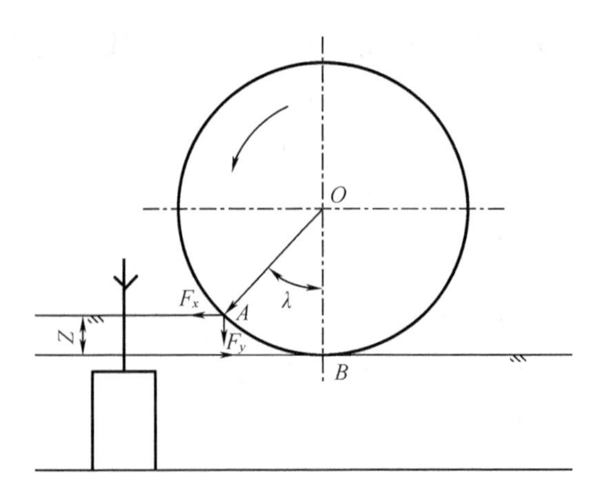

图 9 - 22 覆土器压实与扶正

9.3　玉米植质钵育移栽机性能试验与分析

以前文得到的钵苗下落运动轨迹及角度变化方程为基础，对开沟、覆土、镇压进行研究，确定结构及主要参数，加工相应机构，制作玉米植质钵育移栽机开沟、覆土、镇压装置试验台，并进行大量试验，验证理论分析的正确性和准确性。

9.3.1　试验仪器及用苗

1. TCC－3 土槽自动化试验车

试验台由 TCC－3 土槽自动化试验车（图 9－23）做牵引并提供动力，台车速度调节范围为 0.3～8 km/h 无级调速，最大牵引力 P_{max} =2 000 kg（5 kg/h），最大提升能力为 10 kN，主传动电机额定功率为 55 kW，额定电压为 380 V，额定电流为 144 A。

2. 开沟、覆土、镇压试验台

栽植臂的栽植频率通过变频器（型号为 ZVF9V－P0015T4SDR，变频范围为 0～400 Hz）控制三相异步电动机转速（转速为 1 110 r/min，额定功率为 1.1 kW）进行调节。开沟器开沟深度调节范围为 50～120 mm，覆土器张角调节范围为 0°～50°，倾角调节范围为 0°～40°，镇压器下陷量调节范围为 0～50 mm。开沟、覆土、镇压试验台如图 9－24 所示。

图 9－23　TCC－3 土槽自动化试验车

图 9－24　开沟、覆土、镇压试验台

3. 试验用苗

使用玉米植质钵盘，整体尺寸（长×宽×高）分别为 276 mm×42 mm×35 mm。选用“先育 335”玉米品种，以正常田间管理培育秧苗，当钵苗长至 3 叶 1 芯，平均株高 184 mm 时进行移栽。

图 9-25　玉米植质钵育秧苗

9.3.2　试验方案

1. 试验因素

根据以上研究得到影响钵苗直立度的因素为覆土器张角和倾角、镇压器下陷量。通过单因素试验确定各影响因素的取值范围，设镇压器下陷量 X_1、覆土器张角 X_2、覆土器倾角 X_3 的变换范围见表 9-1。

表 9-1　试验因素及变化范围

影响因素	因素名称	变化范围
X_1	镇压器下陷量	20 ~ 40 mm
X_2	覆土器张角	10° ~ 36°
X_3	覆土器倾角	0° ~ 30°

2. 试验指标

直立度(%)：$Y_1 = N/M$。N 代表直立株数，M 代表试验段内总株数。$Y_1 > 70\%$ 为良好；$70\% > Y_1 > 40\%$ 为合格；$Y_1 < 40\%$ 为不合格。

3. 试验方案

表 9-2 为因素水平编码表。

表 9-2　因素水平编码表

编码值	因素水平		
	镇压器下陷量 X_1/mm	覆土器张角 X_2/(°)	覆土器倾角 X_3/(°)
上星号臂 1.628	40	36	30
上水平 1	35	29.5	22.5
零水平 0	30	23	15

表 9 -2(续)

编码值	因素水平		
	镇压器下陷量 X_1/mm	覆土器张角 X_2/(°)	覆土器倾角 X_3/(°)
下水平 -1	25	16.5	7.5
下星号臂 -1.628	20	10	0
变化区间 Δ	5	6.5	7.5

根据因素水平编码表建立三因素二次回归正交旋转组合,设计矩阵与结算表,见表 9 -3。

表 9 -3 回归正交试验方案

处理号	X_0	X_1	X_2	X_3	X_1X_2	X_1X_3	X_2X_3	X_1'	X_2'	X_3'	Y
1	1	1	1	1	1	1	1	0.406	0.406	0.406	78
2	1	1	1	-1	1	-1	-1	0.406	0.406	0.406	84
3	1	1	-1	1	-1	1	-1	0.406	0.406	0.406	73
4	1	1	-1	-1	-1	-1	1	0.406	0.406	0.406	77
5	1	-1	1	1	-1	-1	1	0.406	0.406	0.406	81
6	1	1	-1	-1	-1	-1	1	0.406	0.406	0.406	88
7	1	-1	-1	1	1	-1	-1	0.406	0.406	0.406	80
8	1	-1	-1	-1	1	1	1	0.406	0.406	0.406	73
9	1	1.682	0	0	0	0	0	2.234	-0.594	-0.594	74
10	1	-1.682	0	0	0	0	0	2.234	-0.594	-0.594	71
11	1	0	1.682	0	0	0	0	-0.594	2.234	-0.594	86
12	1	0	-1.682	0	0	0	0	-0.594	2.234	-0.594	69
13	1	0	0	1.682	0	0	0	-0.594	-0.594	2.234	84
14	1	0	0	-1.682	0	0	0	-0.594	-0.594	2.234	80
15	1	0	0	0	0	0	0	-0.594	-0.594	-0.594	83
16	1	0	0	0	0	0	0	-0.594	-0.594	-0.594	85
17	1	0	0	0	0	0	0	-0.594	-0.594	-0.594	83
18	1	0	0	0	0	0	0	-0.594	-0.594	-0.594	78
19	1	0	0	0	0	0	0	-0.594	-0.594	-0.594	83
20	1	0	0	0	0	0	0	-0.594	-0.594	-0.594	79
21	1	0	0	0	0	0	0	-0.594	-0.594	-0.594	81
22	1	0	0	0	0	0	0	-0.594	-0.594	-0.594	82
23	1	0	0	0	0	0	0	-0.594	-0.594	-0.594	83
$\alpha_j = \sum x_j^2$	23	13.6	13.65	13.65	8	8	8	15.88	15.88	15.88	$\sum y^2 = 1\,471$

表 9－3(续)

处理号	X_0	X_1	X_2	X_3	X_1X_2	X_1X_3	X_2X_3	X_1'	X_2'	X_3'	Y
$\beta_j = \sum x_j y$	1836	-4.9	-156	-3.27	-4	-1	-1	-46.52	-18.24	7.208	$SS_y=557.30$
$b_j = B_j/a$	79.8	-0.3	4.143	-0.23	-0.5	-1	-2	-2.928	-1.148	0.453	$SS_R=444.05$
$Q_j = B_j^2/a_j$	—	-1.7	234.5	0.788	2.00	12	3	136.2	20.65	3.270	$SS_r=113.254$

4. 试验结果与分析

表 9－4 为玉米移栽试验结果。

表 9－4　玉米移栽试验结果

序号	镇压器下陷量 X_1/mm	覆土器张角 X_2/(°)	覆土器倾角 X_3/(°)	直立度 Y_1/%
1	35	29.5	22.5	58.37
2	35	29.5	7.5	56.26
3	35	16.5	22.5	61.36
4	35	16.5	7.5	60.28
5	25	29.5	22.5	75.8
6	25	29.5	7.5	74.25
7	25	16.5	22.5	76.12
8	25	16.5	7.5	78.63
9	40	23	22.5	55.88
10	20	23	7.5	48.12
11	30	36	22.5	46.19
12	30	10	7.5	42.12
13	30	23	30	43.03
14	30	23	0	48.31
15	30	23	15	55.12
16	30	23	15	78.23
17	30	23	15	70.13
18	30	23	15	82.01
19	30	23	15	84.13
20	30	23	15	83.23
21	30	23	15	82.12
22	30	23	15	80.67
23	30	23	15	80.11
来源	平方和	自由度	均方	F 值

表9-4(续)

序号	镇压器下陷量 X_1/mm	覆土器张角 X_2/(°)	覆土器倾角 X_3/(°)	直立度 Y_1/%
回归	3 711.948 0	9	412.438 7	$F_2=15.126\ 33$
剩余	1 045.914 9	13	80.455 0	
失拟	735.013 3	5	147.002 7	$F_1=3.782\ 62$
误差	310.901 6	8	38.862 7	
总和	4 757.863 0	22		

(1)试验直立度回归模型

$$\hat{y}=69.5-0.835\ 3\ x_1-2.623\ 5\ x_2-0.427\ x_3-0.629\ x_1^2+0.654\ 2\ x_2^2+0.383\ 57\ x_3^2+0.125\ 2\ x_1x_2-0.737\ 6\ x_2x_3-0.32\ x_1x_3$$

(2)试验回归显著性检验

$F_1<3.69$ 不显著,方程拟合良好。

$F_2>4.17$ 显著,方程有意义。

(3)试验单因素对性能指标影响的图形分析

利用多元二次回归方程模型 $y=b_0+\sum_{j=1}^{m}b_jx_j-\sum_{i\leqslant j}b_{ij}x_ix_j+\sum_{j=1}^{m}b_{jj}x_j^2$ 进行单因素分析,其中固定的 $m-1$ 个元素,可导出单变量回归模型 $y=a_0+a_kx_k+a_{kk}x_k^2$。

双因素曲线是在 m 个因素的二次回归模型中,固定 $m-2$ 个因素,可得到两个因素与指标的回归子模型 $y=a_0+a_sx_s+a_tx_t+a_{st}x_sx_t+a_{ss}s_s^2+a_{tt}x_t^2$,用两因素曲面图的方法来描述两个因素对指标的效应,获得对性能指标的影响。

①镇压器下陷量与直立度之间的关系分析

在模型中将倾角与张角两个因素分别固定在-1,0,1 三个水平,可得出覆土器下陷量和直立度之间的一元回归模型:

曲线1$(x_1,-1,-1)$:$\hat{y}=72.5-0.252\ 1\ x_2-0.121\ 2\ x_2^2$

曲线2$(x_1,0,0)$:$\hat{y}=69.5-0.623\ 5\ x_2-1.013\ 2\ x_2^2$

曲线3$(x_1,1,1)$:$\hat{y}=63.5-0.710\ 1\ x_2-0.629\ x_2^2$

②覆土器张角与直立度之间的关系分析

在模型中将倾角与镇压器下陷量两个因素分别固定在-1,0,1 三个水平,可得出张角和直立度之间的一元回归模型:

曲线1$(x_1,-1,-1)$:$\hat{y}=80.25-0.960\ 5\ x_1-7.256\ x_1^2$

曲线2$(x_1,0,0)$:$\hat{y}=69.5-0.835\ 3\ x_1-6.29\ x_1^2$

曲线3$(x_1,1,1)$:$\hat{y}=69.5-0.710\ 1\ x_1-5.37\ x_1^2$

③覆土器倾角与直立度之间的关系分析

在模型中将张角与镇压器下陷量两个因素分别固定在-1,0,1 三个水平,可得出倾角和直立度之间的一元回归模型:

曲线1$(x_1, -1, -1)$：$\hat{y} = 72.5 - 5.9605 x_2 - 4.256 x_2^2$

曲线2$(x_1, 0, 0)$：$\hat{y} = 69.5 - 2.6235 x_2 - 1.29 x_2^2$

曲线3$(x_1, 1, 1)$：$\hat{y} = 66.2 - 1.5251 x_2 - 5.37 x_2^2$

由图9－26(a)可看出：随着覆土器下陷量增加，钵苗直立度增大，变化不显著。

由图9－26(b)可看出：钵苗直立度随着张角的增大先增加后减小，在0水平时，直立度出现最大值。主要原因是随着张角的增大，覆土器在水平方向的分力增加，将钵苗扶正，超过扶正力的临界点，将钵苗覆倒，影响效果显著。

由图9－26(c)可看出：钵苗直立度随着倾角的增大先增加后减小，在0水平时，直立度出现最大值，影响效果显著。

由图9－26(d)可看出：当覆土器下陷量固定不变时，钵苗直立度随张角的增加先增大后减小，影响效果显著。当张角固定不变时，钵苗直立度随覆土器下陷量增大而变化平缓，影响效果不显著。在张角与覆土器下陷量交互作用中，张角是影响钵苗直立度的主要因素。

由图9－26(e)可看出：当张角固定不变时，钵苗直立度随倾角的增加先增大后减小，影响效果显著。当倾角固定不变时，钵苗直立度随张角增加先增大后减小，影响效果显著。但由图也可看出张角变化对钵苗直立度影响较倾角变化对钵苗直立度影响更加明显，即在张角与倾角交互作用中，张角是影响钵苗直立度的主要因素。

由图9－26(f)可看出：当覆土器下陷量固定不变时，钵苗直立度随倾角的增加先增大后减小，影响效果显著。当倾角固定不变时，钵苗直立度随覆土器下陷量增大而变化平缓，影响效果不显著。在倾角与覆土器下陷量交互作用中，倾角是影响钵苗直立度的主要因素。

由上述分析可得出影响因素贡献率张角＞倾角＞镇压器下陷量，镇压器下陷量对钵苗直立度影响不大。

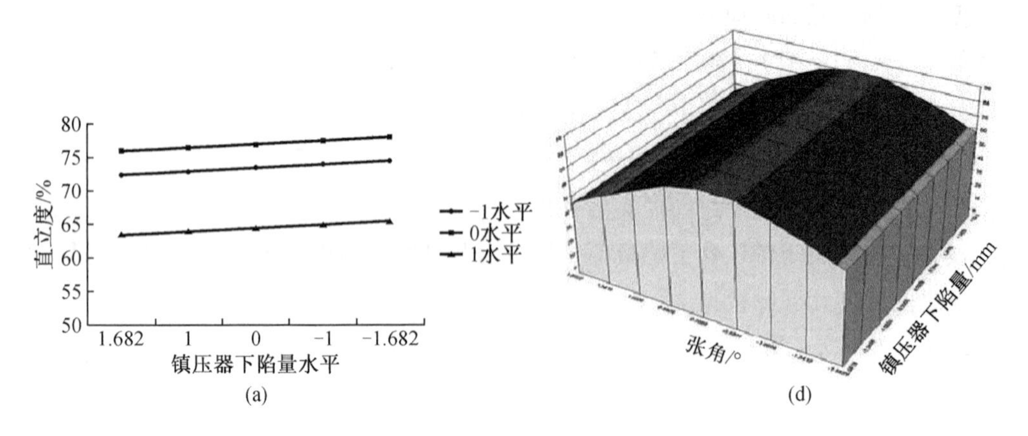

图9－26　直立度单、双因素曲线

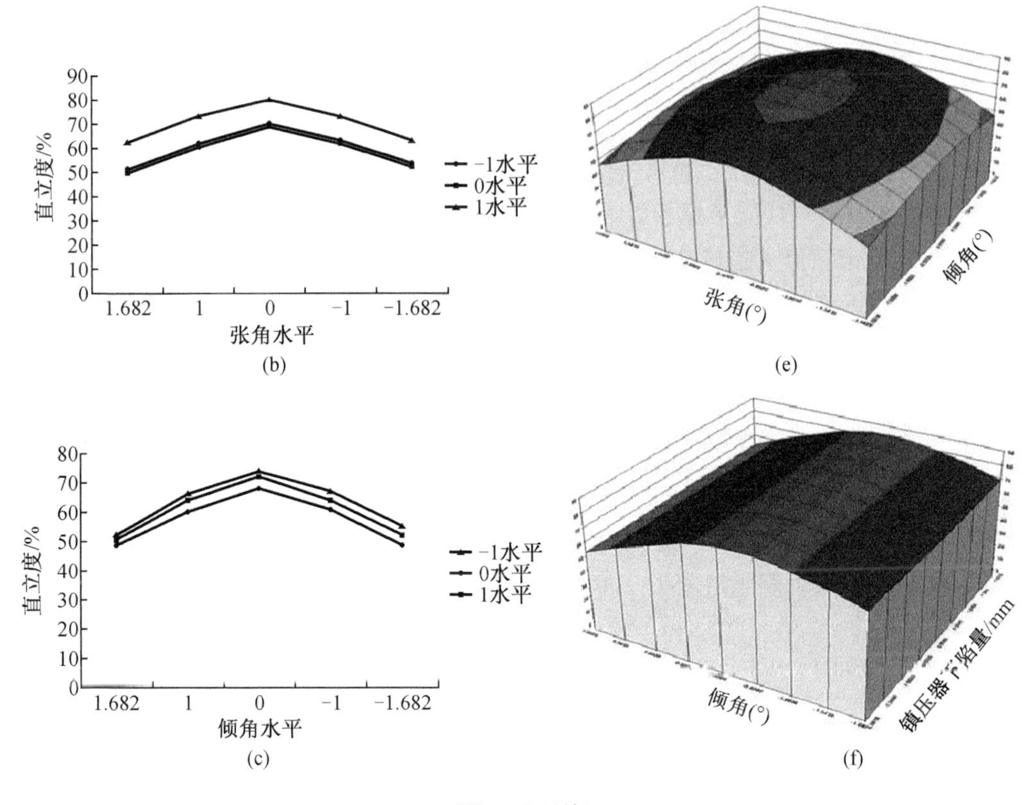

图 9-26（续）

5. 性能优化

根据移栽机栽植性能的要求，采用主目标函数法，借助 MATLAB 软件进行优化求解，以直立度性能指标的回归方程作为目标函数。

$$\min \hat{y}=69.5-0.8353x_1-2.6235x_2-0.427x_3-6.29x_1^2+6.542x_2^2+3.8357x_3^2+0.1252x_1x_2-7.376x_2x_3-3.2x_1x_3$$

$$S.t\quad 0\leqslant 69.5-0.6235x_2-1.0132x_2^2\leqslant 2$$

$$-1.682\leqslant x_1\leqslant 1.682$$

$$-1.682\leqslant x_2\leqslant 1.682$$

$$-1.682\leqslant x_3\leqslant 1.682$$

根据之前分析所得出的评价指标和各影响因素的回归方程，利用 MATLAB 的数据处理软件，对得到的方程进行优化分析。

$$\hat{y}=69.5-0.8353x_1-2.6235x_2-0.427x_3-0.629x_1^2+0.6542x_2^2+0.38357x_3^2+0.1252x_1x_2-0.7376x_2x_3-0.32x_1x_3$$

由运算得出钵苗直立度最大值 y，性能指标参数值见表 9-5。

表 9-5　优化结果

y	x_1	x_2	x_3
82.35	22.3	14.5	19.4

综合考虑各因素对性能指标的影响后得出装置的最佳参数组合方案:覆土器张角 23°,覆土器倾角 15°,镇压器下陷量 20 mm。

9.3.3　试验验证

利用玉米植质钵育移栽机试验台,在试验条件为玉米植质钵盘培育,整体尺寸(长×宽×高)为 276 mm×42 mm×35 mm。选用“先育 335”玉米品种,钵苗长至 3 叶 1 芯,平均株高为 184 mm,栽植臂角速度为 2π rad/s,机车前进速度为 0.43 m/s,栽植高度为 150 mm,覆土器张角为 23°,覆土器倾角为 15°,镇压器下陷量为 20 mm 时,进行试验,所得性能指标见表 9-6。

表 9-6　验证试验所得性能指标

组别	钵苗直立度/%	株距/mm
1	82.8	22
2	81.3	21
3	80.1	20
4	79.9	20
5	80.2	21
6	80.0	19
平均	80.36	20.75

由最佳参数组合方案所进行的验证试验结果中,钵苗直立度平均值为 80.36%,株距平均值为 20.75 mm,满足技术要求。

9.4　本章小结

(1)在已有栽植器的研究的基础上,通过理论分析秧刀切割钵苗到钵苗落地过程中钵苗角度变化及位移变化,经高速摄像机验证,得到钵苗运动轨迹及角度变化模型,并确定最佳投苗高度为 150 mm,钵苗落地角度为 19.8°,水平位移为 48 mm。

(2)对玉米植质钵育移栽机开沟器进行研究,根据栽植实际情况及理想沟型,设计采用滑刀式开沟器，并对开沟器主要参数进行研究，得出开沟器刃口曲线 $y=(e^{0.1})^x$，开沟器高度为 150 mm，开沟器宽度为 90 mm，开沟器长度为 260 mm，掏空部分长度为 80 mm。

（3）采用双圆盘覆土器，根据玉米植质钵苗移栽特性，采用外连接对置式双圆盘覆土器，并对覆土器结构进行设计。实现了覆土圆盘前后位置、垂直倾斜角度、水平倾斜夹角三个自由度的调节。对钵苗在覆土过程中的受力情况进行分析，建立钵苗扶正作用力表达式，确定钵苗直立度影响因素为覆土器张角和倾角。对玉米植质钵育移栽机覆土机构进行了设计，采用外连接式圆柱形对置覆土器，分析了覆土器主要工作参数，确定镇压器宽度为 130 mm，镇压轮直径为 180 mm，镇压轮倾斜角为 23°，并对影响钵苗直立度的因素进行了研究，得到镇压器下陷量。

（4）通过三因素二次回归正交旋转组合试验方法，对本课题组设计的开沟覆土镇压装置的主要参数对玉米钵苗直立度的影响进行了分析，建立装置主要参数对玉米钵苗直立度评价指标的数学模型，利用 DPS 软件分析各影响因素贡献率，通过 MATLAB 进行优化求解，得到最佳参数组合为覆土器张角 23°，覆土器倾角 15°，镇压器下陷量 20 mm。验证了开沟、覆土、镇压装置在玉米钵苗移栽过程中工作的可靠性和合理性。

第 10 章　玉米植质钵育秧盘育苗移栽试验

10.1　钵盘剪切力学性能试验分析

经过前面的试验研究,确定了钵盘较优的合成物料配比和压制成型、干燥固化成型的工艺参数组合。但在试验中发现,秸秆质量分数对钵盘剪切力变化影响最大,而且钵盘如能满足基本的储存、运输和育苗要求,不同秸秆配比钵盘会有针对性地适应不同土壤条件的需求,因此对不同秸秆质量分数钵盘的剪切力学性能做了进一步试验研究。

10.1.1　同一切割速率下钵盘剪切力学性能试验分析

1. 测试材料和方法

制备秸秆质量分数分别为 6%、10%、15%、20%、25% 的 5 种玉米植质钵盘,经干燥固化后用于育苗试验,待植质钵盘所育的玉米秧苗约 95% 以上长到 3 叶 1 芯时,停止浇水 2 d 后,作为待测试的材料。并将待测试钵盘抽象成连续性、均匀性和各向同性的理想化模型,不考虑由于物料混合不均匀、填料不均匀、压制压力分布不均匀等问题引起的钵盘性能变化。

试验测试时,将待测试的钵盘水平放置在自主设计加工的剪切平台上,切刀面与待检测钵盘保持垂直,每次一个钵盘水平向前伸出,下方悬空,将两侧切刀分别对齐钵盘的长条方向的侧壁上,且紧贴钵盘两侧边的间隔壁。剪切试验开始时,将秸秆质量分数分别为 6%、10%、15%、20%、25% 的 5 种育完玉米秧苗的植质钵盘按上述要求放置,并布置好和切刀的对应位置,设定切割速率以均匀速度施加载荷,得到力 - 位移曲线。每一试验重复 3 次,取平均值。钵盘切割试验过程如图 10 - 1 所示。

2. 同一切割速率下钵盘的力 - 位移曲线变化规律

在切割速率为 100 mm/min 的条件下,对 5 种不同秸秆质量分数的钵盘进行剪切性能测试,获得力 - 位移曲线,如图 10 - 2 所示。

图 10 - 2 表明,曲线的起点不是从零点开始,这是因为设置了试验开始的起始力是 0.02 kN所致。当切刀未与钵盘接触时,试验曲线不记录,只有到切刀与钵盘接触且剪切力达到 0.02 kN 时才开始记录试验数据,这也能保证试验开始前对切刀与钵盘的垂直距离调整差距不对试验产生影响。从起始点开始后,5 种钵盘都在很小的变形下载荷快速增大到

0.086～0.087 kN，这是由于剪切开始时钵盘首先发生弹性变形，钵盘被压缩；然后在0.086～0.087 kN范围内的某数值力的作用下，切刀进一步挤压钵盘，此时剪切力基本保持不变，钵盘进入塑性变形阶段。当位移达到4 mm左右时，载荷开始快速增大，原因是钵盘在位移4 mm左右处切刀锥形切口处受挤压发生破裂，对钵盘产生撕裂，此时剪切力要破坏钵盘物料之间的结合力，同时切刀刃口两侧开始与钵盘切口处产生摩擦力，随着切刀向下切入深度增加产生的摩擦力加大，从而剪切时需要的剪切力越来越大。当到达曲线波峰处时达到最大剪切力，钵盘被切断，剪切过程完成，系统开始卸载。在切割速率为100 mm/min条件下，随着钵盘中秸秆质量分数的增加，切断钵盘所需的最大剪切力逐渐减小，说明钵盘硬度越来越小，抗剪强度逐渐减小。

图10－1　钵盘切割试验

3. 同一切割速率下钵盘的剪切强度变化规律

在100 mm/min切割速率下，对5种不同秸秆质量分数的钵盘进行剪切性能测试，获得剪切强度变化曲线，如图10－3所示。

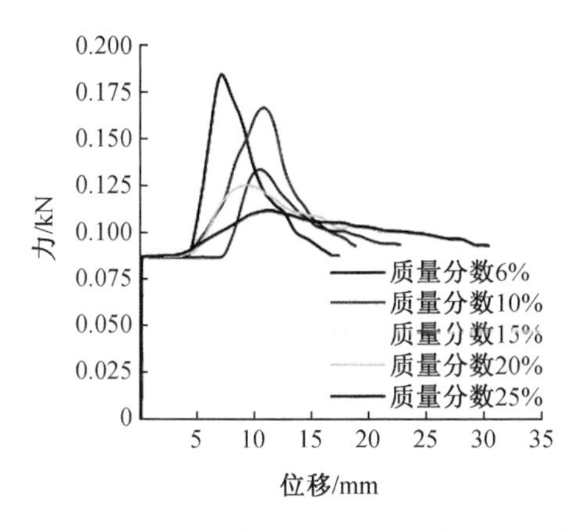

图10－2　不同秸秆质量分数的钵盘在切割速率为100 mm/min下的力－位移曲线

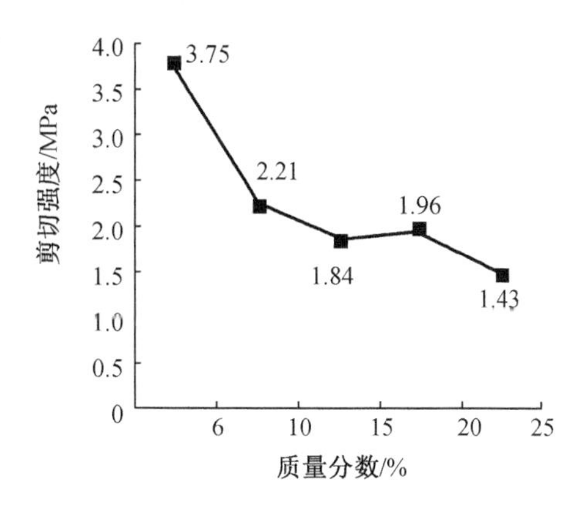

图10－3　100 mm/min切割速率下5种不同秸秆质量分数的钵盘剪切强度变化曲线

由图10－3可知，随着秸秆质量分数的增加，剪切强度总体呈降低趋势，但在秸秆质量分数从15%增加到20%的阶段，剪切强度逐渐增加，说明秸秆质量分数在该范围内对钵盘硬度起强化作用，在气候和土壤条件对秸秆的腐解能力容许的条件下，该比例范围内的秸秆含量的钵盘硬度和剪切强度较好。在前文中确定的较佳的秸秆质量分数为 16.44%，恰好在该范围内，进一步验证了秸秆质量分数为 16.44% 是比较理想的。

10.1.2 不同切割速率下钵盘剪切力学性能试验分析

在切割速率分别为 100 mm/min、200 mm/min、500 mm/min 的条件下，对同一秸秆质量分数的钵盘进行剪切性能试验，获得 5 种不同秸秆质量分数钵盘的力 – 位移曲线，如图 10 – 4 所示。

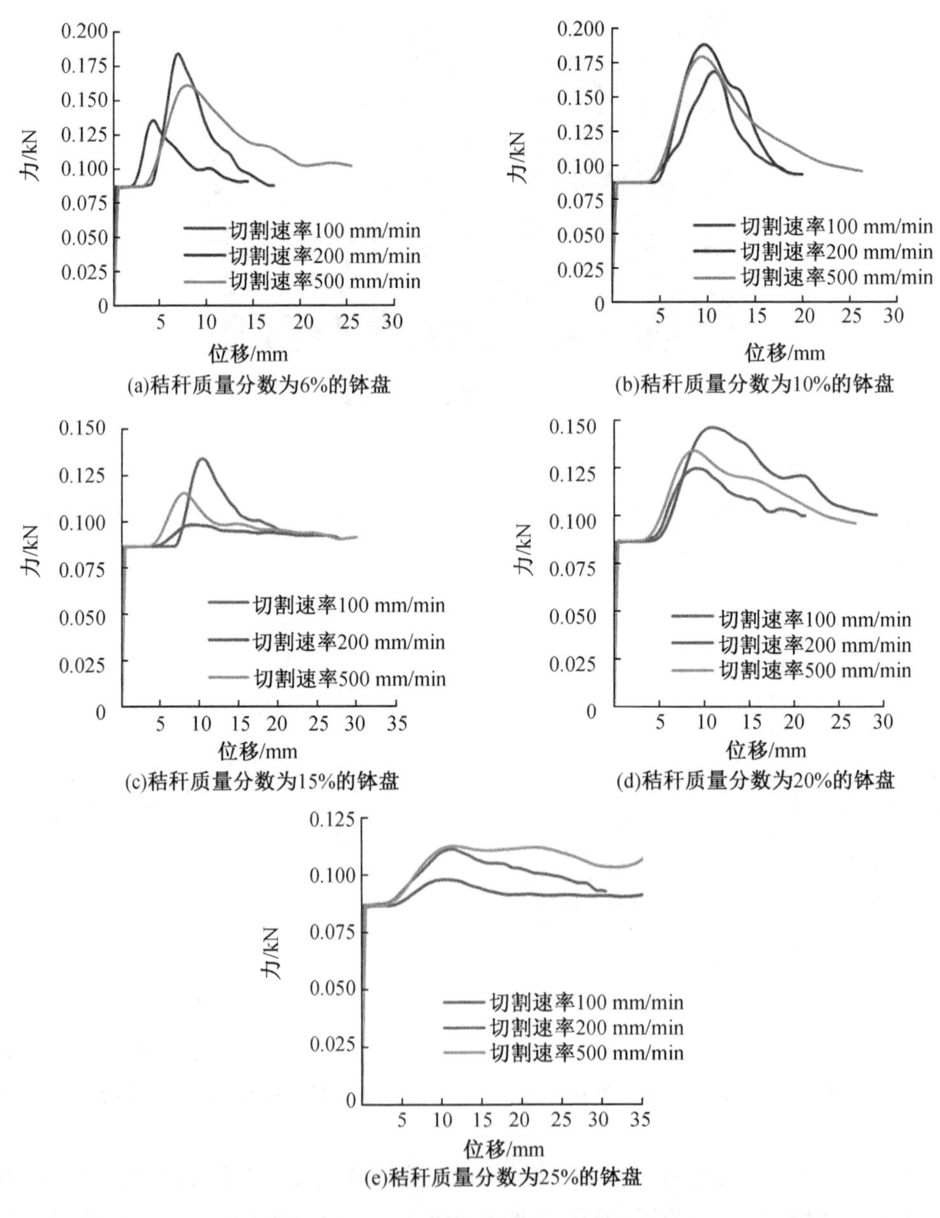

图 10 – 4 5 种秸秆质量分数的钵盘在 3 种不同切割速率下的力 – 位移曲线

由图 10－4 可知，切割位移达到 5 mm 左右时，同一钵盘在不同切割速率下均开始进入塑性变形阶段，剪切力迅速提高；当位移达到 10 mm 左右时（基本在 8～12 mm），切割钵盘达到最大剪切力，钵盘基本被切断，之后所需的剪切力逐渐降低。但是秸秆质量分数为 25% 的钵盘达到最大剪切力后，在切割过程中所需的剪切力相对最大剪切力数值下降趋势不大。这是由于随着秸秆质量分数增加，切割过程中钵盘中较长秸秆不能被瞬间切断，被切刀向下推移，产生少量秸秆堆积，致使剪切力下降趋势不大。综合考虑 5 种不同秸秆质量分数的钵盘，在 3 个不同切割速率下剪切力变化趋势未呈现一致的变化规律。

10.1.3　不同切割速率对钵盘剪切强度的影响

在切割速率为 100 mm/min、200 mm/min、500 mm/min 条件下，分别对 5 种不同秸秆质量分数的钵盘进行剪切试验，试验重复 3 次，得到 5 种不同秸秆质量分数的钵盘在不同加载速率下的剪切强度，见表 10－1。

表 10－1　不同切割速率下 5 种不同秸秆质量分数的钵盘剪切强度　（单位：MPa）

切割速率/（mm/min）	秸秆质量分数/%				
	6	10	15	20	25
100	3.75	2.21	1.84	1.96	1.43
200	4.45	2.75	1.56	1.90	1.40
500	2.80	2.74	2.02	2.16	1.44
剪切强度平均值	3.67	2.57	1.81	2.01	1.42

运用 SPSS 软件对不同切割速率下同一秸秆质量分数钵盘的剪切强度进行线性回归分析，分析得出切割速率 x_1 的 $P=0.793$，即切割速率对钵盘的剪切强度影响不显著（$P>0.05$），分析结果见表 10－2。切割速率对钵盘剪切强度影响不显著，该结果可为实际移栽作业中回转器的运动速度参数设计提供理论支持，即设计回转器运动速度时，不必过多考虑对钵盘剪切强度的影响。

表 10－2　线性回归分析系数 a 的结果

模型	非标准化系数		标准系数	t 值	P 值
	B	标准误差			
常量	3.209	0.340		9.429	0.000
x_1	0.034	0.128	0.043	0.268	0.793
x_2	−0.373	0.073	−0.830	−5.121	0.000

10.2 钵盘三个阶段点时剪切力性能变化规律试验分析

玉米植质钵育秧盘经过压制成型、干燥固化和育苗环境后，随着钵育秧苗移栽到田间，在制备和使用过程中钵盘抗剪切的能力会发生变化。对应钵盘不同成分配比、压缩成型工艺参数组合、干燥固化工艺参数组合、育苗环境和条件，钵盘的剪切力会发生不同的变化，掌握钵盘在上述关键阶段点剪切力的变化规律，一定程度上可以验证钵盘制备的工艺参数组合是否合理，并为玉米移栽机栽植机构的关键部件切刀的设计提供理论依据。

经过前面章节的试验研究与分析，确定了钵盘制备较佳的成型压力为 26 MPa，钵盘合成物料各成分配比为秸秆质量分数 16.44%、增强基质质量分数 57.3%、水的质量分数 19.96%、生物淀粉胶质量分数 0.04%、固体凝结剂质量分数 6.26%。采用上述钵盘物料成分配比，在 26 MPa 的成型压力下制备钵盘，待压缩成型后，测定钵盘所能承受的剪切力。然后在干燥固化工艺参数为干燥时间 25 min、过热蒸汽温度 164.25 ℃、过热蒸汽质量流量 3.0 $kg \cdot m^{-2} \cdot s^{-1}$的情况下，对钵盘进行干燥固化，待干燥固化后测定钵盘所能承受的剪切力。利用制备的钵盘进行育苗，待所育玉米秧苗长到 3 叶 1 芯时，停止浇水 2 d 后，测定钵盘所能承受的剪切力。从钵盘制备与使用中的 3 个关键阶段点对钵盘剪切力进行试验研究，寻求钵盘剪切力变化规律。在切割速率为 500 mm/min 的条件下，钵盘制备和使用过程中的三个阶段点剪切力变化曲线如图 10-5 所示。

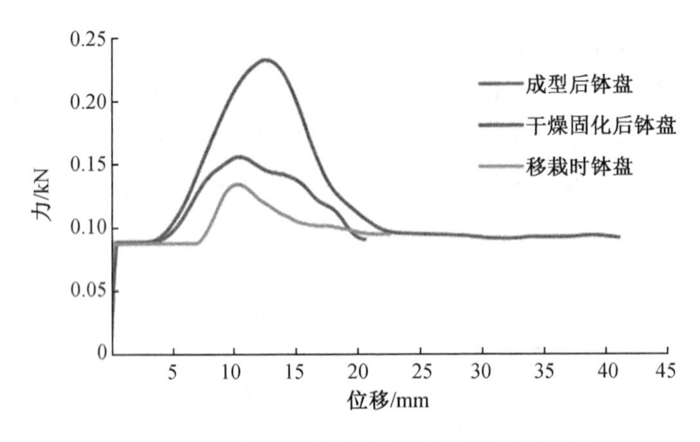

图 10-5 在三个阶段点钵盘剪切力变化曲线

图 10-5 表明，在剪切开始阶段同前边测试 5 种不同秸秆质量分数的钵盘类似，不同阶段点的钵盘在很小的变形下载荷迅速增大到 0.086 ~ 0.087 kN。在剪切力作用下，钵盘首先发生弹性变形，但历时很短，对应的位移很小。然后钵盘进入弹塑性变形阶段，切刀向下运行一定位移后进入塑性变形阶段。其中压制成型后的钵盘在切刀向下位移达到 3.518 mm 时

进入塑性变形,干燥固化后的钵盘在切刀向下位移达到3.196 mm时进入塑性变形,育苗移栽时钵盘在切刀位移达到6.946 mm时才进入塑性变形,可见育苗移栽时的钵盘在剪切力作用下发生弹塑性变形的时间较长。

在三个阶段点时钵盘所能承受的最大剪切力和产生最大剪切力时对应的位移分别是:成型后钵盘最大剪切力为0.155 5 kN,对应位移为10.442 mm;干燥固化后钵盘最大剪切力为0.232 3 kN,对应位移为12.528 mm;移栽时钵盘最大剪切力为0.133 8 kN,对应位移为10.415 mm。显然,压制成型后的钵盘经过干燥固化后,最大剪切力增大明显,表明干燥固化工艺效果较为理想。经过育苗过程后,钵盘承受剪切力的能力大大下降,最大剪切力下降到比压制成型后还要略小,但数值上较为接近压制成型后钵盘所能承受的最大剪切力。因此,如果切刀能很好地克服制备后钵盘的抗剪能力,剪切经过育苗后进行移栽时的钵盘便完全没有问题。进而,通过对制备后的钵盘进行剪切力测试,基本能预估出育苗移栽时钵盘的抗剪切力能力。

10.3 钵盘育苗移栽试验

10.3.1 育苗试验

采用玉米品种为“先育335”,该玉米品种是美国先锋公司选育的玉米杂交品种,具有高产、稳产、抗倒伏、适应性广、熟期适中、株型合理等优点。在我国东北地区“先育335”的生育期为127 d左右。育苗时,先在钵孔内放上底土4~5 mm,然后利用玉米精量播种技术及配套装置播种,每个钵孔精播1粒玉米种子,然后覆土20~25 mm,育苗环境温度控制在20~25 ℃,每天定期通风,上午9:00—10:00浇水一次。在玉米植质钵育秧盘内播种后,在5~6 d时,玉米种子出苗,25~27 d时育苗秧苗生长到3叶1芯,作为待移栽钵苗。通过育苗过程监测玉米株高和叶片生长情况,长势良好。

(a)

(b)

图10-6 钵盘育苗

10.3.2 实验室移栽试验

玉米在移栽到大田前在黑龙江八一农垦大学土槽实验室进行移栽试验，观测钵盘切割效果和被切割下的钵盘落地的直立度情况。通过对播种机机架进行改进设计，加工制造出钵盘测试试验台，试验台由 TCC－3 土槽自动化试验车做牵引并提供动力。土槽车的最大牵引力为 2 000 kg，最大提升能力为 10 kN，动力输出转速无级调速范围为 0～1 000 r/min，速度无级调速变化范围为 0.3～8 km/h，最大制动距离≤8 m。试验台切割钵盘的关键部件为回转式切割器，其动力由三相异步电机提供，电机额定功率为 1.1 kW，转速为 1 110 r/min，电机转速由变频器来控制，变频器型号为 ZVF9V－P0015T4SDR，变频范围为 0～400 Hz。实验室育苗移栽试验及钵苗投苗后的情况如图 10－7 所示。

(a)

(b)

图 10－7 实验室进行育苗移栽试验

图 10－7 表明，通过实验室育苗移栽试验，设计加工的玉米植质钵育秧盘的抗剪强度能较好地满足移栽试验，在切刀的切割力作用下保证良好的完整度和切割断面的齐整度。移栽时被切割下的钵盘保持良好的完整度能有效避免由于钵盘变形较大出现输送不畅，保证钵盘供苗机构的输送质量。钵盘切割后完整度较好，也能保证钵盘重心相对变化小，便于设计投苗垂直角。本试验中投苗垂直角设置为 17.5°，钵苗的投苗效果较好，基本能保证 87.5% 的钵苗投苗后处于相对直立状态，但也出现完全倒伏的钵苗，且占到 4.7%。因此，设计的玉米移栽机的投苗机构仍需进一步改进。

10.3.3 大田移栽试验

经过实验室育苗移栽试验后，对钵育秧苗进行大田移栽试验。试验地点在黑龙江八一农垦大学农学院试验田，移栽时间为 2015 年 5 月 18 日，移栽的同时进行玉米大田直播。在钵苗移栽后的一个月，即 6 月 18 日时对大田直播的秧苗进行间苗，此时大田直播的秧苗大部分长至 3 叶 1 芯，移栽后的钵苗大部分已长至 5 叶 1 芯。待秋天玉米成熟时，对玉米进行适时收获。通过大田试验观测，在 9 月 15 日左右，进行大田移栽和育苗移栽的玉米秧苗已成熟,可进行收获。大田直播与育苗移栽的秧苗生长情况、移栽钵苗根系生长情况和收获时移栽钵苗根系生长情况分别如图 10－8、图 10－9 和图 10－10 所示。

图 10－8 移栽后钵苗与大田直播秧苗生长情况

(a) (b)

图 10－9 移栽后钵苗根系生长情况

图 10－10 收获时移栽钵苗根系生长情况

图 10－8 表明,移栽的玉米秧苗长势较好,在大田直播的玉米秧苗长到 3 叶 1 芯时,移栽后的钵苗绝大部分已长到 5 叶 1 芯,且植株强壮。图 10－9 表明,钵苗根系生长受到一定

限制，在钵盘被切割掉一侧间隔立壁处，根系已扎到土壤中，其他部分根系大部分仍被限制在钵孔内，只有少数根系已穿透钵盘材料扎到土壤中，这表明在钵苗长到5叶1芯之前钵苗根系生长受到钵盘材料的限制，生长受到一定阻碍。图10－10表明，移栽后的钵苗收获时根系已完全展开，与大田直播的秧苗根系生长基本一样，根系也较为粗壮，钵盘材料已基本腐解，仅能看到指甲盖大小的钵盘材料残留，这表明钵苗根系生长前期虽受到一定限制，但是对根系整体生长影响并不是很大，且钵盘材料在钵苗生长过程中降解程度较好。经过与大田直播的玉米秧苗相比较，利用植质钵育秧盘育苗移栽后的玉米产量有明显提升，分别取100株成熟的育苗移栽和大田直播植株，进行测产，育苗移栽后的玉米产量比大田直播的玉米产量提高11.3%。

10.4 本章小结

(1)对5种不同秸秆质量分数钵盘在相同切割速率下和3种不同切割速率下进行剪切力学性能试验分析，结果如下：

①在切割速率为100 mm/min的条件下，随着秸秆质量分数的增大，切割钵盘所需的最大剪切力逐渐减小，剪切强度呈总体下降趋势，但在秸秆质量分数为15%～20%时，剪切强度随秸秆质量分数的增大而略有增加，表明研究中确定的较佳的秸秆质量分数为16.44%的钵盘较为合理。

②在切割速率分别为100 mm/min、200 mm/min、500 mm/min的条件下，随着切割速率的增大，同一秸秆质量分数钵盘的剪切力变化情况未呈现较为一致的变化规律。

③利用SPSS分析软件，对不同切割速率下的5种不同秸秆质量分数钵盘剪切强度进行线性回归分析，得出切割速率 x_1 的 $P=0.793$，即切割速率对钵盘的剪切强度影响不显著($P>0.05$)，为移栽机回转器的运动参数设计提供了一定的理论依据。

(2)在切割速率为500 mm/min的条件下，得出钵盘三个阶段点的最大剪切力和产生最大剪切力时所对应的切刀的位移，其中成型后为0.155 5 kN，对应位移为10.442 mm；干燥固化后为0.232 3 kN，对应位移为12.528 mm；移栽时为0.133 8 kN，对应位移为10.415 mm。依据上述试验结果，可通过对钵盘成型后所能承受的最大剪切力进行测试，预估育苗移栽时钵盘的抗剪切能力。

(3)通过育苗和移栽试验，表明研制的较佳成分配比的钵盘，经过较佳干燥固化工艺后，育苗效果和移栽后长势良好，较为有力地验证了设计的玉米植质钵育秧盘具有一定使用价值。

参考文献

[1] 杜彦朝,赵伟,陈钢.我国玉米单粒精播的发展趋势[J].种子世界,2010(01):1-5.

[2] 张冕,姬江涛,杜新武.国内外移栽机研究现状与展望[J].农业工程学报,2012(2):21-23.

[3] 方宪法.我国旱作移栽机械技术现状及发展趋势[J].农业机械,2010(1):35-36.

[4] 毛欣.玉米芽种钵盘精量播种机理与装置参数研究[D].大庆:黑龙江八一农垦大学,2015.

[5] PRASANNA KUMAR G V, RAHEMAN H. Automatic feeding mechanism of a vegetable transplanter[J]. International Journal of Agricultural and Biological Engineering, 2012,5(2): 20-27.

[6] FENG Q C, ZHAO C J, JIANG K, et al. Design and test of tray-seeding sorting transplanter[J]. International Journal of Agricultural and Biological Engineering, 2015,8(2): 14-20.

[7] LI L H, WANG C, ZHANG X Y, et al. Improvement and optimization of preparation process of seedling-growing bowl tray made of paddy straw[J]. International Journal of Agricultural and Biological Engineering, 2014,7(4): 13-22.

[8] ZHANG W, NIU Z Y, LI L H, et al. Design and optimization of seedling-feeding device for automatic maize transplanter with maize straw seedling-sprouting tray[J]. International Journal of Agricultural and Biological Engineering, 2015,8(6): 1-12.

[9] 李连豪,张伟,汪春,等.水稻植质钵盘高强度结构设计与性能试验[J].农业机械学报,2014,45(11):88-97.

[10] PAN M Z, ZHOU D G, ZHOU X Y, et al. Improvement of straw surface characteristics via thermomechanical and chemical treatments[J]. Bioresource Technology, 2010,101(11): 7930-7934.

[11] TALEBNIA F, KARAKASHEV D, ANGELIDAKI I. Production of bioethanol from wheat straw: an overview on pretreatment, hydrolysis and fermentation[J]. Bioresource Technology, 2010,101(13): 4744-4753.

[12] XU Q, LI S, FU Y Q, et al. Two-stage utilization of corn straw by Rhizopus oryzae for fumaric acidproduction[J]. Bioresource Technology, 2010,101(13): 6262-6264.

[13] ZHOU X Y, ZHENG F, LI H G, et al. An environment-friendly thermal insulation material from cotton stalk fibers[J]. Energy and Buildings, 2010,42(7): 1070-1074.

[14] KAPARAJU P, FELBY C. Characterization of lignin during oxidative and hydrothermal pre-treatment processes of wheat straw and corn stover[J]. Bioresource Technology, 2010,101(9): 3175 -3181.

[15] BINOD P, SINDHU R, SINGHANIA R R, et al. Bioethanol production from rice straw: an overview[J]. Bioresource Technology, 2010,101(9): 4767 -4774.

[16] 郭艳庭. CT -4S 型甜菜移栽机[J]. 农牧与食品机械,2011,3(5):24 -25.

[17] 廖娜,陈龙健,黄光群,等. 玉米秸秆木质纤维含量与应力松弛特性关联度研究[J]. 农业机械学报,2011,42(12):127 -132.

[18] 张志军,王慧杰,李会珍,等. 秸秆育苗钵在棉花育苗移栽上的应用及效益分析[J]. 农业工程学报,2011,27(7):279 -282.

[19] 张志军,王慧杰,李会珍,等. 秸秆育苗钵质量和性能影响因素及成本分析[J]. 农业工程学报,2011,27(10):83 -87.

[20] 高路. 2ZY -2 型油菜移栽机的设计[J]. 江苏农机与农艺,2011(1):6 -7.

[21] 王君玲,高玉芝,尹维达. 秸秆类型对秸秆育苗钵成型质量的影响[J]. 沈阳农业大学学报,2010,41(3):357 -359.

[22] 裘啸,阎维平,鲁许鳌,等. 秸秆成型燃料自然干燥特性的实验研究[J]. 可再生能源,2010,28(4):69 -74.

[23] 侯振东,田潇瑜,徐杨. 秸秆固化成型工艺对成型块品质的影响[J]. 农业机械学报,2010,41(5):86 -89.

[24] 李飞跃,汪建飞. 中国粮食作物秸秆焚烧排碳量及转化生物炭固碳量的估算[J]. 农业工程学报,2013,29(14):1 -7.

[25] 毕于运,王亚静,高春雨. 中国主要秸秆资源数量及其区域分布[J]. 农机化研究,2010(3):1 -7.

[26] 李建政,王道龙,高春雨,等. 欧美国家耕作方式发展变化与秸秆还田[J]. 农机化研究,2011(10):205 -210.

[27] 于正亮,缪为文. 秸秆直接还田效应分析[J]. 现代农业科技,2011(9):296,299.

[28] 王红彦,王飞,孙仁华,等. 国外农作物秸秆利用政策法规综述及其经验启示[J]. 农业工程学报,2016,32(16):216 -222.

[29] 毕于运. 秸秆资源评价与利用研究[D]. 北京:中国农业科学院,2010.

[30] 周应恒,张晓恒,严斌剑. 韩国秸秆焚烧与牛肉短缺问题解困探究[J]. 世界农业,2015(4):152 -154.

[31] 戴志刚,鲁剑巍,李小坤,等. 不同作物还田秸秆的养分释放特征试验[J]. 农业工程学报,2010,26(6):272 -276.

[32] 张四海,曹志平,胡婵娟. 添加秸秆碳源对土壤微生物生物量和原生动物丰富度的影响[J]. 中国生态农业学报,2011,19(6):1283 -1288.

[33] 刘鹏,那伟,王秀玲,等.吉林省主要农作物秸秆资源评价及能源化利用分析[J].吉林农业科学,2010,35(3):58-64.

[34] 徐利,侯亚龙,罗昌荣.酸法水解玉米芯制备还原糖液及其在烟用反应型香料中的应用[J].食品与生物技术学报,2011,30(3):381-387.

[35] MENEZES E G T, CARMO J R. Optimization of alkaline pretreatment of coffee pulp for production of bioethanol[J]. Biotech Prog, 2014, 30(2): 451-462.

[36] YANG S, YUAN T, LI M, et al. Hydrothermal degradation of lignin: products analysis for phenol formaldehyde adhesive synthesis [J]. International Journal of Biological Macromolecules, 2015, 72: 54-62.

[37] 郑春阳,刘珺,魏国祥,等.嗜热内切-1,4-β-木聚糖酶在枯草杆菌中的表达及酶学性质[J].食品与生物技术学报,2013,32(12):1333-1337.

[38] 张欣悦,汪春,李连豪,等.水稻植质钵育秧盘制备工艺及参数优化[J].农业工程学报,2013,29(5):153-162.

[39] 陈洪波.生物质压制成型机理及设备的研究[D].太原:太原理工大学,2013.

[40] 李书红,王颉,宋春风,等.不同干燥方法对即食扇贝柱理化及感官品质的影响[J].农业工程学报,2011,27(5):373-377.

[41] 史勇春,李捷,李选友,等.过热蒸汽干燥凝结段的干燥动力学特性[J].农业工程学报,2012,28(13):211-216.

[42] 张绪坤,姚斌,吴起,等.用傅里叶数与优化法分析污泥过热蒸汽干燥有效扩散系数[J].农业工程学报,2015,31(6):230-236.

[43] ADAMSK I, ROBER T, PAKOWSK I, et al. Identification of effective diffusivities in anisotropic material of pine wood during drying with superheated steam [J]. Drying Technology, 2013, 31(3): 264-268.

[44] CHOICHAROEN K, DEVAHASTIN S, SOPONRONNARIT S. Comparative evaluation of performance and energy consumption of hot air and superheated steam impinging stream dryers for high-moisture particulate materials[J]. Applied Thermal Engineering, 2011, 31(16): 3444-3452.

[45] 王维斌,傅宪辉,李选友,等.过热蒸汽干燥传热传质特性的理论分析与试验[J].农机化研究,2010(10):33-36.

[46] SA-ADCHOM P, SWASDISEVI T, NATHAKARANAKULE A, et al. Mathematical model of pork slice drying using superheated steam[J]. Journal of Food Engineering, 2011, 104(4): 499-507.

[47] 陈风,陈永成,王维新.旱地移栽机现状和发展趋势[J].农机化研究,2005(3):24-26.

[48] 卢勇涛,李亚雄,刘洋,等.国内外移栽机及移栽技术现状分析[J].新疆农机化,2011(3):29-32.

[49] 韩长杰,张学军,杨宛章,等. 旱地钵苗自动移栽技术现状与分析[J]. 农机化研究,2011(11): 238 - 240.

[50] 杜雪亭,汪春,车刚,等. 植质钵育秧盘蒸汽烘干工艺参数的优化研究[J]. 农机化研究,2011(10):107 - 110.

[51] 于修刚,袁文胜,吴崇友. 我国油菜移栽机研发现状与链夹式移栽机的改进[J]. 农机化研究,2011(1):232 - 239.

[52] 孙荣国,李成华,张伟. 挠性夹盘式移栽机移栽过程中钵苗运动分析[J]. 农机化研究,2006(2):45 - 47.

[53] 董哲,林选知,张瑞勤,等. 导苗管式移栽机的烟苗移栽质量影响因素分析[J]. 农机化研究,2012(4):38 - 41.

[54] 刘洋,李亚雄,吕新民,等. 吊篮式裸根棉苗膜上移栽机的设计[J]. 西北农业学报 2010,19(12):202 - 206.

[55] 张祖立,王君玲,张为政,等. 悬杯式蔬菜移栽机的运动分析与性能试验[J]. 农业工程学报,2011,27(11) :21 - 25.

[56] 郭瑞,郑文刚,姜凯,等. 输送带 - 转杯组合式喂苗机构的设计[J]. 农机化研究,2011(4):57 - 61.

[57] 丁文芹,毛罕平,胡建平,等. 穴盘苗自动移栽机的结构设计及运动仿真分析[J]. 农机化研究,2011(10):75 - 137.

[58] 陈建能,王伯鸿,张翔,等. 多杆式零速度钵苗移栽机植苗机构运动学模型与参数分析[J]. 农业工程学报,2011,27(11) :7 - 12.

[59] 叶秉良,俞高红,陈志威,等. 偏心齿轮 - 非圆齿轮行星系取苗机构的运动学建模与参数优化[J]. 农业工程学报,2011,27(12) :7 - 12.

[60] 俞高红,刘炳华,赵云,等. 椭圆齿轮行星轮系蔬菜钵苗自动移栽机构运动机理分析[J]. 农业机械学报,2011,42(4) :53 - 57.

[61] 刘炳华. 蔬菜钵苗自动移栽机构的机理分析与优化设计[D]. 杭州:浙江理工大学, 2011.

[62] 陈达,周丽萍,杨学军. 移栽机自动分钵式栽植器机构分析与运动仿真[J]. 农业机械学报,2011,42(8):54 - 57.

[63] 罗维,李瑞琴. 机构优化设计综述与研究[J]. 现代机械,2011(3):47 - 51.

[64] 董立立,赵益萍,梁林泉,等. 机械优化设计理论方法研究综述[J]. 机床与液压,2010,38(15):114 - 119.

[65] 郗晓焕,王金武,郎春玲,等. 液态施肥机椭圆齿轮扎穴机构优化设计与仿真[J]. 农业机械学报,2011,42(2):80 - 83.

[66] 刘丽. 基于 VB 的轴类零件优化设计研究[J]. 机械设计与制造,2010(3):84 - 86.

[67] 惠学芹,陈西府. ADAMS 在机械系统分析中的研究现状及发展[J]. 盐城工学院学

报,2010,23(3):44 – 53.

[68] 刘亚华,王金武,王金峰. 基于 Pro/E 及 ADAMS 液态施肥机扎穴机构的设计与仿真[J]. 东北农业大学学报,2010,42(2):134 – 137.

[69] 张美艳,韩小秋. 基于 Pro/E 与 ADAMS 管道机器人设计仿真[J]. 机械设计与制造,2011(7):22 – 24.

[70] 中国农业机械化科学研究院. 农业机械设计手册[M]. 北京:中国农业科学技术出版社,2007.

[71] 颜辉. 组合内窝孔玉米精密排种器优化设计新方法研究[D]. 长春:吉林大学,2012.

[72] 王立影. 发展保护性耕作的意义及作用[J]. 现代农业科技,2011(02):260.

[73] 赵东, 陈元春, 郭康权. 模具结构对玉米秸秆粒杯形件成型的影响 [J]. 木材工业,2002,16(3):20 – 22.

[74] 张颖,张运胜. 秸秆焚烧的危害及其还田技术[J]. 农村新技术,2011(01):57.

[75] 王乐宝,杨克军. 寒地玉米浸种催芽与种子拌种技术研究[J]. 农学学报,2013,3(08):7 – 10.

[76] 祝荣峰,张晓兰. 玉米营养钵育苗移栽与常规种植的对比试验[J]. 吉林农业,2013(06):62.

[77] 裘利钢, 俞高红. 蔬菜钵苗自动移栽机送苗装置的设计与试验 [J]. 浙江理工大学学报,2012,29(05):683 – 688.

[78] 徐飞军. 高速水稻插秧机移箱机构优化设计[D]. 杭州:浙江理工大学,2008.

[79] 王良文,李安生,唐维纲,等. 棘轮机构的参数设计[J]. 机械传动, 2010,34(12):27 – 30.

[80] 王侃,杨秀梅. 虚拟样机技术综述[J]. 新技术新工艺,2008(03):39 – 32.

[81] 宋淑君. 半喂入式联合收割机脱粒分离装置的试验研究与分析[D]. 镇江:江苏大学, 2009.

[82] 吴群英,林亮. 应用数理统计[M]. 天津:天津大学出版社,2004.

[83] 万霖. 钉齿式轴流脱粒与分离装置参数的试验研究[D]. 大庆:黑龙江八一农垦大学, 2005.

[84] 赵凤芹,于文翠,赵匀. 偏心齿轮分插机构运动学分析与试验研究[J]. 沈阳农业大学学报,2005,36(2):112 – 115.

[85] 衣淑娟,蒋恩臣. 轴流脱粒与分离装置脱粒过程的高速摄像分析[J]. 农业机械学报,2008,2(5):52 – 55.

[86] 衣淑娟,汪春,毛欣,等. 轴流滚筒脱粒后自由籽粒空间运动规律的观察与分析[J]. 农业工程学报,2008,2(15):136 – 139.

[87] 哈尔滨工业大学理论力学教研室. 理论力学:(Ⅰ),(Ⅱ)[M]. 7 版. 北京:高等教育出版社,2009.

[88] 王静,廖庆喜,田波平.高速摄像技术在我国农业机械领域的应用[J].农机化研究,2011,2(1):15-18.

[89] 顾耀权.滑刀式开沟器设计与试验[J].农业机械学报,2013,2(4):32-34.

[90] 陈家远.玉米高产栽培技术[J].现代农业科技,2011,22(3):23-25.

[91] 张国忠.旱作钵苗移栽开沟覆土机械技术研究[J].华中农业大学学报,2012,4(3):23-26.

[92] 杨欣,刘俊峰,冯晓静.小麦精密排种器特征造型及装配关联设计[J].农业工程学报,2012,28(3):89-92.

[94] 贾晶霞,张东兴,郝新明,等.马铃薯收获机参数化造型与虚拟样机关键部件仿真[J].农业机械学报,2005,36(11):64-67.